"十二五"国家计算机技能型紧缺人才培养
教育部职业教育与成人教育司
全国职业教育与成人教育教学用书行业规划教材

新编

After Effects CS6 标准教程

编著/尹小港

光盘内容
15个项目的视频教学文件、练习文件和范例源文件

海洋出版社
2013年·北京

内 容 简 介

本书是专为想在较短时间内学习并掌握影视后期特效软件 After Effects CS6 的使用方法和技巧而编写的标准教程。本书语言平实，内容丰富、专业，并采用了由浅入深、图文并茂的叙述方式，从最基本的技能和知识点开始，辅以大量的上机实例作为导引，帮助读者轻松掌握 After Effects CS6 的基本知识与操作技能，并做到活学活用。

本书内容：全书共分为 10 章，主要介绍了影视特效基础知识、影视编辑工作流程、创建二维合成项目、关键帧动画与运动追踪、遮罩与抠像特效、文字的编辑与特效应用、色彩校正特效应用、创建三维合成、Effects 特效的应用等知识。最后通过"资讯栏目片头—第一资讯"、"纪录片片头—水问"、"访谈栏目片头—人间故事会"、"法制栏目片头—焦点"和"体育栏目片头—竞技面面观"5 个综合范例介绍了使用 After Effects CS6 进行影视特效后期制作的方法。

本书特点：1. 基础知识讲解与范例操作紧密结合贯穿全书，边讲解边操练，学习轻松，上手容易；2. 提供重点实例设计思路，激发读者动手欲望，注重学生动手能力和实际应用能力的培养；3. 实例典型、任务明确，由浅入深、循序渐进、系统全面，为职业院校和培训班量身打造。4. 每章后都配有练习题，利于巩固所学知识和创新。5.书中实例均收录于光盘中，采用视频讲解的方式，一目了然，学习更轻松！

适用范围：适用于全国高校影视动画后期特效专业课教材；社会培训机构影视动画后期特效课培训教材；用 After Effects 从事影片后期特效制作的从业人员实用的自学指导书。

图书在版编目（CIP）数据

新编 After Effects CS6 标准教程/ 尹小港编著. -- 北京：海洋出版社，2013.9
ISBN 978-7-5027-8637-3

Ⅰ.①新… Ⅱ.①尹… Ⅲ.①图象处理软件—教材 Ⅳ.①TP391.41

中国版本图书馆 CIP 数据核字(2013)第 197117 号

总 策 划：刘斌	发 行 部：(010) 62174379（传真）(010) 62132549
责任编辑：刘斌	(010) 62100075（邮购）(010) 62173651
责任校对：肖新民	网　　址：http://www.oceanpress.com.cn/
责任印制：赵麟苏	承　　印：北京画中画印刷有限公司
排　　版：海洋计算机图书输出中心 晓阳	版　　次：2013 年 9 月第 1 版
出版发行：海洋出版社	2013 年 9 月第 1 次印刷
地　　址：北京市海淀区大慧寺路 8 号（707 房间）	开　　本：787mm×1092mm　1/16
100081	印　　张：18.25
经　　销：新华书店	字　　数：438 千字
技术支持：010-62100055	印　　数：1~4000 册
	定　　价：35.00 元　（1DVD）

本书如有印、装质量问题可与发行部调换

前　言

　　After Effects 是 Adobe 公司开发的一款功能强大的影视后期特效制作与合成设计软件，在非线性影视编辑领域中拥有出色的专业性能，广泛应用于电影后期特效、电视特效制作、电脑游戏动画视频、多媒体视频编辑等领域。

　　本书用简洁易懂的语言、丰富实用的范例，带领读者从了解非线性编辑与专业影视后期特效的基础知识开始，循序渐进地学习并掌握使用 After Effects CS6 进行各种影视特效编辑制作的实用技能，并在每个部分的软件功能了解与学习后，立即安排典型的操作实例，对该部分的编辑功能进行实践练习，使读者逐步掌握影视后期特效编辑的全部工作技能。

　　本书共分为 10 章，主要内容介绍如下：

　　第 1 章主要介绍影视特效编辑的基础知识，快速认识 After Effects CS6 的工作界面和主要工作窗口、功能面板的用途。

　　第 2 章主要介绍影视项目编辑工作流程中各个环节的主要内容，并通过一个典型的影视编辑实例，带领读者快速体验使用 After Effects CS6 进行影视项目编辑的完整实践流程。

　　第 3 章主要介绍在 After Effects CS6 中创建二维合成项目的各种编辑操作技能，包括图层的创建与编辑、图层的属性设置、轨道蒙版的设置、父子图层关系设置等内容。

　　第 4 章主要介绍在创建的合成项目中，进行关键帧动画的创建和设置以及运动追踪特技的应用与设置方法。

　　第 5 章主要介绍在合成中的素材对象上，绘制并创建遮罩特效的方法以及利用抠像特效命令和工具编辑抠像特技影片的实用技能。

　　第 6 章主要介绍文本输入工具的使用和属性设置方法、字符面板和段落面板的功能与设置方法以及使用预设的文字特效快速编辑精彩的文字特效动画的方法。

　　第 7 章主要介绍应用各种色彩校正命令，进行影像色彩校正与色彩特效编辑的各种方法。

　　第 8 章主要介绍在 After Effects CS6 中创建三维合成项目的各种编辑操作技能，包括设置 3D 图层属性、操作 3D 空间视图、摄像机与灯光创建与设置等方法。

　　第 9 章主要介绍 After Effects CS6 中几类常用图像处理特效命令的设置参数与应用效果，并通过典型的实例练习，掌握特效命令的应用设置方法。

　　第 10 章通过安排多个典型的设计实例，介绍在 After Effects CS6 中利用动画编辑与各种特效应用功能，对影视后期制作工作进行实践操作，进一步掌握符合实际工作需要的影视特效编辑技能。

　　在本书的配套光盘中提供了本书所有实例的源文件、素材和输出文件以及包含全书所有实例的多媒体教学视频，方便读者在学习中参考。

　　本书适合作为广大对视频编辑感兴趣的初、中级读者的自学参考图书，也适合各大中专院校相关专业作为教学教材。

本书由尹小港编写，参与本书编写与整理的设计人员还有徐春红、严严、覃明撰、高山泉、周婷婷、唐倩、黄莉、张颖、贺江、刘小容、黄萍、周敏、张婉、曾全、李静、黄琳、曾祥辉、穆香、诸臻、付杰、翁丹等。对于本书中的疏漏之处，敬请读者批评指正。

编　者

目 录

第 1 章 影视后期特效与 After Effects CS6 1

1.1 影视后期特效基础知识 1
  1.1.1 认识影视后期特效合成 1
  1.1.2 了解影视合成相关概念 2
1.2 快速认识 After Effects CS6 4
  1.2.1 安装 After Effects CS6 的系统要求 4
  1.2.2 安装必要的辅助程序 4
  1.2.3 After Effects CS6 的工作界面 7
  1.2.4 工作空间的设置与应用 7
  1.2.5 设置软件的基本参数 10
1.3 认识主要的工作窗口与功能面板 22
  1.3.1 Project 项目窗口 22
  1.3.2 Timeline 时间线窗口 24
  1.3.3 Composition 合成窗口 28
  1.3.4 Tools 工具面板 32
  1.3.5 Info 信息面板 34
  1.3.6 Preview 预览面板 34
  1.3.7 Effects & Presets 特效与预设动画面板 35
1.4 习题 36

第 2 章 After Effects CS6 影视编辑基本工作流程 37

2.1 影视项目编辑的准备工作 37
2.2 素材的导入与管理 37
  2.2.1 将素材导入到 Project（项目）窗口 37
  2.2.2 导入序列图像 38
  2.2.3 导入含有图层的素材 40
  2.2.4 导入文件夹 41
  2.2.5 新建文件夹 42
  2.2.6 重新载入素材 43
  2.2.7 替换素材 44
  2.2.8 素材与文件夹的重命名 45

2.3 创建合成项目 45
  2.3.1 新建合成 45
  2.3.2 修改合成属性 47
2.4 在时间线中编排素材 47
  2.4.1 将素材加入时间线窗口 47
  2.4.2 修改图像素材的默认持续时间 48
  2.4.3 调整入点和出点 49
2.5 为素材添加特效 50
  2.5.1 添加特效 51
  2.5.2 复制特效 52
  2.5.3 关闭特效 52
  2.5.4 删除特效 52
2.6 预览合成项目 53
2.7 影片的渲染输出 53
  2.7.1 渲染参数设置 54
  2.7.2 输出模块参数设置 56
  2.7.3 设置输出保存路径 58
2.8 课堂实训——美丽的地球风景 59
2.9 习题 65

第 3 章 创建二维合成 67

3.1 创建图层 67
  3.1.1 由导入的素材创建图层 67
  3.1.2 使用剪辑创建图层 67
  3.1.3 使用其他素材替换目标图层 69
  3.1.4 创建和编辑文本图层 70
  3.1.5 创建和修改固态图层 71
  3.1.6 创建虚拟物体图层 72
  3.1.7 创建矢量形状图层 72
  3.1.8 创建调整图层 72
  3.1.9 创建 Photoshop 文件图层 73
3.2 图层的编辑 75
  3.2.1 选取目标图层 75
  3.2.2 调整图层的层次 75
  3.2.3 修改图层的持续时间 76

3.2.4 修改图层的颜色标签 ... 77
3.3 图层的属性设置 ... 77
 3.3.1 Anchor Point（轴心点） ... 78
 3.3.2 Position（位置） ... 78
 3.3.3 Scale（缩放） ... 79
 3.3.4 Rotation（旋转） ... 79
 3.3.5 Opacity（不透明度） ... 80
3.4 图层样式效果的设置 ... 80
3.5 图层的混合模式 ... 84
3.6 轨道蒙版的设置 ... 88
3.7 图层的父子关系 ... 90
3.8 课堂实训——鲜花绽放 ... 92
3.9 习题 ... 96

第 4 章 关键帧动画与运动追踪 ... 97

4.1 认识关键帧动画 ... 97
4.2 创建关键帧动画 ... 97
4.3 编辑关键帧动画 ... 99
 4.3.1 添加与删除关键帧 ... 99
 4.3.2 选取与移动关键帧 ... 101
 4.3.3 复制与粘贴关键帧 ... 102
 4.3.4 调整动画的路径 ... 102
 4.3.5 调整动画的速度 ... 103
 4.3.6 设置关键帧插值运算 ... 104
4.4 运动追踪特效编辑应用 ... 106
 4.4.1 运动追踪的设置 ... 107
 4.4.2 运动追踪的创建 ... 109
 4.4.3 运动追踪的类型 ... 110
4.5 课堂实训 ... 112
 4.5.1 新年倒计时 ... 112
 4.5.2 手心里的火球 ... 119
4.6 习题 ... 124

第 5 章 遮罩与抠像特效 ... 125

5.1 遮罩特效的编辑 ... 125
 5.3.1 遮罩的创建 ... 125
 5.3.2 遮罩的编辑 ... 127
 5.3.3 遮罩的合成模式 ... 129
5.2 创建遮罩动画 ... 131
5.3 抠像特效的编辑 ... 131

5.3.1 使用 Keying（键控）特效抠像 ... 132
5.3.2 使用 Roto 画笔工具抠像 ... 139
5.4 课堂实训快乐舞动 ... 142
 5.4.1 快乐舞动 ... 142
 5.4.2 绿屏抠像 ... 148
5.5 习题 ... 151

第 6 章 文字的编辑与特效应用 ... 152

6.1 文字的创建与编辑 ... 152
 6.1.1 文字的输入工具 ... 152
 6.1.2 文本层的属性设置 ... 153
6.2 字符与段落的格式化 ... 154
 6.2.1 Character（字符）面板设置 ... 154
 6.2.2 Paragraph（段落）面板设置 ... 155
6.3 应用预设的文字特效 ... 156
6.4 课堂实训——语文古诗视频课件 ... 157
6.5 习题 ... 160

第 7 章 色彩校正特效的应用 ... 161

7.1 Color Correction（色彩校正）特效 ... 161
 7.1.1 Auto Color（自动色彩） ... 161
 7.1.2 Auto Contrast（自动对比度） . 162
 7.1.3 Auto Levels（自动色阶） ... 162
 7.1.4 Black & White（黑与白） ... 163
 7.1.5 Brightness & Contrast（亮度与对比度） ... 163
 7.1.6 Broadcast Colors（广播色） ... 163
 7.1.7 CC Color Neutralizer（CC 色彩中和） ... 164
 7.1.8 CC Color Offset（CC 色彩偏移） ... 164
 7.1.9 CC Kernel（CC 核心） ... 164
 7.1.10 CC Toner（增色） ... 165
 7.1.11 Change Color（改变颜色） ... 165
 7.1.12 Change to Color（改变为颜色） ... 166
 7.1.13 Channel Mixer（通道混合器） ... 166

7.1.14 Color Balance（色彩平衡）... 167
7.1.15 Color Balance (HLS)（HLS色彩平衡）... 167
7.1.16 Color Link（色彩连接）... 168
7.1.17 Color Stabilizer（色彩稳定器）... 168
7.1.18 Colorama（物色光）... 169
7.1.19 Curves（曲线）... 170
7.1.20 Equalize（均衡）... 171
7.1.21 Exposure（曝光）... 171
7.1.22 Gamma/Pedestal/Gain（GPG曲线控制）... 172
7.1.23 Hue/Saturation（色相/饱和度）... 172
7.1.24 Leave Color（去色）... 173
7.1.25 Levels（色阶）... 174
7.1.26 Levels (Individual Controls)（单独色阶控制）... 174
7.1.27 Photo Filter（相片滤镜）... 175
7.1.28 PS Arbitrary Map（PS图像映射）... 175
7.1.29 Selective Color（精选色彩）... 176
7.1.30 Shadow/Highlight（阴影/高光）... 176
7.1.31 Tint（色彩）... 177
7.1.32 Tritone（三色谱）... 177
7.1.33 Vibrance（振动）... 178
7.2 课堂实训——太阳花上的变色龙... 178
7.3 习题... 181

第8章 创建三维合成... 182

8.1 认识三维合成... 182
8.2 3D层的创建与设置... 182
  8.2.1 通过转换图层创建3D层... 182
  8.2.2 查看三维合成的视图... 183
  8.2.3 移动3D层... 184
  8.2.4 旋转3D层... 185
  8.2.5 设置坐标模式... 186
  8.2.6 3D层的材质选项属性... 187

8.3 摄像机与灯光... 188
  8.3.1 创建并设置摄像机层... 188
  8.3.2 创建并设置灯光层... 192
  8.3.3 灯光的属性选项... 194
8.4 课堂实训——动感立体相册... 196
8.5 习题... 203

第9章 Effects特效的应用... 204

9.1 Blur & Sharpen（模糊与锐化）特效... 204
  9.1.1 Box Blur（方形模糊）... 204
  9.1.2 Camera Lens Blur（镜头模糊）... 205
  9.1.3 Channel Blur（通道模糊）... 207
  9.1.4 Compound Blur（混合模糊）... 207
  9.1.5 Directional Blur（定向模糊）... 208
  9.1.6 Fast Blur（快速模糊）... 209
  9.1.7 Gaussian Blur（高斯模糊）... 209
  9.1.8 Radial Blur（径向模糊）... 209
  9.1.9 Reduce Interlace Flicker（消除交错闪烁）... 210
  9.1.10 Sharpen（锐化）... 211
  9.1.11 Smart Blur（整齐模糊）... 211
  9.1.12 Unsharp Mask（钝化遮罩）... 211
9.2 Distort（扭曲）特效... 212
  9.2.1 Bezier Warp（曲线扭曲）... 212
  9.2.2 Bulge（凹凸）... 213
  9.2.3 Corner Pin（边角定位）... 213
  9.2.4 Displacement Map（置换）... 214
  9.2.5 Liquify（液化）... 214
  9.2.6 Magnify（放大）... 217
  9.2.7 Mesh Warp（网格扭曲）... 218
  9.2.8 Mirror（镜像）... 218
  9.2.9 Offset（偏移）... 219
  9.2.10 Optics Compensation（镜头畸变）... 219
  9.2.11 Polar Coordinates（极坐标）... 220

9.2.12	Reshape（重塑变形）............221		9.3.10	Eyedropper Fill（点眼药器填充）..................................238
9.2.13	Ripple（波纹）......................222		9.3.11	Fill（填充）..........................239
9.2.14	Smear（涂抹）......................223		9.3.12	Fractal（不规则纹理）..........239
9.2.15	Spherize（球面化）................223		9.3.13	Grid（网格）........................240
9.2.16	Transform（变换）................224		9.3.14	Lens Flare（镜头光晕）........241
9.2.17	Turbulent Displace（噪波偏移）..................................225		9.3.15	Paint Bucket（涂料桶）........242
9.2.18	Twirl（漩涡）........................226		9.3.16	Radio Waves（放射波纹）....243
9.2.19	Warp（变形）........................227		9.3.17	Ramp（渐变）......................244
9.2.20	Wave Warp（波浪变形）........228		9.3.18	Scribble（涂抹）..................245
9.3	Generate（产生）特效..................228		9.3.19	Stroke（笔触）....................246
9.3.1	4-Color Gradient（4色渐变）..................................229		9.3.20	Vegas（维加斯）..................247
			9.3.21	Write-on（写上）................248
9.3.2	Advanced Lightning（高级光电）..................................229		9.4	课堂实训——飘逸文字.......................249
			9.5	习题..252
9.3.3	Audio Spectrum（音频波谱）..................................230		第10章	综合实例..............................253
9.3.4	Audio Waveform（音频波形）..................................232		10.1	资讯栏目片头——第一资讯...........253
			10.2	纪录片片头——水问...................257
9.3.5	Beam（光束）........................233		10.3	访谈栏目片头——"人间"故事会...................................262
9.3.6	Cell Pattern（细胞形状）......234			
9.3.7	Checkerboard（方格图案）.....235		10.4	法制栏目片头——"焦点"...........268
9.3.8	Circle（圆）..........................236		10.5	体育栏目片头——竞技面面观.........273
9.3.9	Ellipse（椭圆）......................238		课后习题答案..281

第 1 章 影视后期特效与 After Effects CS6

学习要点

- 了解影视后期特效合成的基本概念和相关知识
- 了解 After Effect CS6 的功能特点
- 熟悉 After Effect CS6 的工作界面，掌握设置工作空间的方法
- 熟悉 After Effect CS6 的主要工作窗口

1.1 影视后期特效基础知识

自从电影、电视媒体诞生以来，影视后期合成技术就伴随着影视工业的发展不断地革新。在早期的黑白影片时期，影视后期合成技术主要是通过在电影的拍摄、胶片的冲印过程中加入特别的人工技术，实现直接拍摄所不能得到的影像效果。在计算机诞生以后，计算机图像处理技术的发展为影视后期特效的进步提供了前所未有的推动作用。各种专门服务于影视编辑领域的软件程序也逐渐在发展的过程中，为电影、电视内容提供了更加丰富、奇妙的视觉特效，使观众可以得到越来越多盛宴般的视觉享受。

1.1.1 认识影视后期特效合成

在影像技术进入到数字媒体时代后，影视编辑技术也就从线性编辑开始向非线性编辑发展，也就是将传统的通过摄像机用胶片拍摄、记录得到的影像画面、声音等素材资源，利用专门的硬件和程序采集、转换成可以文件形式记录保存的数字媒体资源，可以很方便地直接输入到专业的影视编辑软件中，对数字媒体素材进行编排、裁剪、分割、合成、添加各种特效等处理，然后再输出成需要的影视媒体文件，方便在电影、电视、网络等各种现代媒体中放映展示，这个过程就是所谓的影视后期特效合成。在如图 1-1 所示的影片中，拍摄影片时不可能使用真枪实弹，但可以通过在后期合成时，在原始素材层的上面，加入机枪扫射的火光、弹跳出来的弹壳影像，再配合激烈的枪声音效，便可以得到逼真的枪战画面，这就是典型的影视后期特效合成应用。

图 1-1 通过后期处理制作逼真影像

1.1.2 了解影视合成相关概念

在进行影视后期特效合成编辑的学习之前，需要先了解关于视频处理的各种必要的基础知识，理解相关的概念、术语的含义，以方便在后面的学习中快速掌握各种视频编辑操作的实用技能。

1. 帧和帧速率

在电视、电影以及网络 Flash 影片中的动画，其实都是由一系列连续的静态图像组成，这些连续的静态图像在单位时间内以一定的速度不断地快速切换显示时，由于人眼所具有的视觉残像生理特性，就会产生"看见了运动的画面"的"感觉"，这些单独的静态图像就称为帧；而这些静态图像在单位时间内切换显示的速度，就是帧速率（也称作"帧频"），单位为帧/秒（fps）。帧速率的数值决定了视频播放的平滑程度，帧速率越高，动画效果越顺畅；反之就会有阻塞、卡顿的现象。在影视后期编辑中也常常利用这个特点，通过改变一段视频的帧速率，来实现快动作与慢动作的表现效果。

2. 电视制式

最常见的视频内容，就是在电视中播放的电视节目，它们都是经过视频编辑处理后得到的。由于各个国家对电视影像制定的标准不同，其制式也有一定的区别。制式的区别主要表现在帧速率、宽高比、分辨率、信号带宽等方面。传统电影的帧速率为 24fps，在英国、中国、澳大利亚、新西兰等地区的电视制式，都是采用这个扫描速率，称之为 PAL 制式；在美国、加拿大等大部分西半球国家以及日本、韩国等地区的电视视频内容，主要采用帧速率约为 30fps（实际为 29.7fps）的 NTSC 制式；在法国和东欧、中东等地区，则采用帧速率为 25fps 的 SECAM（Séquential Couleur Avec Mémoire，顺序传送彩色信号与存储恢复彩色信号）制式。

除了帧速率方面的不同以外，图像画面中像素的高宽比也是这些视频制式的重要区别。在进行影视项目的编辑、素材的选择、影片的输出等工作时，都要注意选择合适或指定的视频制式进行操作。

3. 视频压缩

视频压缩也称为视频编码。通过电脑或相关设备对胶片媒体中的模拟视频进行数字化后，得到的数据文件会非常大，为了节省空间和方便应用、处理，需要使用特定的方法对其进行压缩。

视频压缩的方式主要分为两种：有损和无损压缩。无损压缩是利用数据之间的相关性，将相同或相似的数据特征归类成一类数据，以减少数据量；有损压缩则是在压缩的过程中去掉一些人眼和人耳所不易察觉的图像或音频信息，这样既大幅度地减小了文件尺寸，也能够同样地展现视频内容。不过，有损压缩中丢失的信息是不可恢复的；丢失的数据量与压缩比有关，压缩比越大，丢失的数据越多，一般解压缩后得到的影像效果越差。此外，某些有损压缩算法采用多次重复压缩的方式，这样还会引起额外的数据丢失。

有损压缩又分为帧内压缩和帧间压缩。帧内压缩也称为空间压缩（Spatial compression），当压缩一帧图像时，它仅考虑本帧的数据而不考虑相邻帧之间的冗余信息。由于帧内压缩时各个帧之间没有相互关系，所以压缩后的视频数据仍可以以帧为单位进行编辑。帧内压缩一般得不到很高的压缩率。帧间压缩也称为时间压缩（Temporal compression），是基于许多视频或动画的连续前后两帧具有很大的相关性，或者说前后两帧信息变化很小（也即连续的视频其相邻帧之间具有冗余信息）这一特性，压缩相邻帧之间的冗余量就可以进一步提高压缩量，减小压缩比，对帧图像的影响非常小，所以帧间压缩一般是无损的。帧差值（Frame differencing）算法是一种典型的时间压缩法，它通过比较本帧与相邻帧之间的差异，仅记录本帧与其相邻帧的差值，这样可以大大减少数据量。

4. 视频格式

在使用了某种方法对视频内容进行压缩后，就需要用对应的方法对其进行解压缩来得到动画播放效果。使用的压缩方法不同，得到的视频编码格式也不同。目前视频压缩编码的方法有很多，下面来了解一下几种常用的视频文件格式。

- AVI 格式（Audio\Video Interleave）：专门为微软 Windows 环境设计的数字式视频文件格式，这种视频格式的优点是兼容性好、调用方便、图像质量好，缺点是占用空间大。
- MPEG 格式（Motion Picture Experts Group）：该格式包括了 MPEG-1、MPEG-2、MPEG-4。MPEG-1 被广泛应用于 VCD 的制作和一些视频片段下载的网络上，使用 MPEG-1 的压缩算法可以将一部 120 分钟长的非视频文件的电影压缩到 1.2 GB 左右。MPEG-2 则应用在 DVD 的制作方面，同时在一些 HDTV（高清晰电视广播）和一些高要求视频编辑、处理上也有一定的应用空间。MPEG-4 是一种新的压缩算法，可以将一部 120 分钟长的非视频文件的电影压缩到 300 MB 左右，以供网络播放。
- QuickTime 格式（MOV）：苹果公司创立的一种视频格式，在图像质量和文件大小的处理上具有很好的平衡性，既可以得到更加清晰的画面，又可以很好地控制视频文件的大小。
- REAL VIDEO 格式（RA、RAM）：主要定位于视频流应用方面，用于网络传输与播放。它可以在 56K MODEM 的拨号上网条件下实现不间断的视频播放，同时也必须通过损耗图像质量的方式来控制文件的体积，图像质量通常很低。
- ASF 格式（Advanced Streaming Format）：是微软为了和 Real Player 竞争而发展出来的一种可以直接在网上观看视频节目的流媒体文件压缩格式，可以实现一边下载一边播放，不用存储到本地硬盘。由于它使用了 MPEG4 的压缩算法，所以在压缩率和图像的质量方面都很好。
- DIVX 格式：这种视频编码技术使用 MPEG-4 压缩算法，可以对文件尺寸进行高度压缩，保留非常清晰的图像质量。用该技术来制作的 VCD，可以得到与 DVD 画质相近的视频，而制作成本却要低廉得多。

5. SMPTE 时间码

在视频编辑中，通常用时间码来识别和记录视频数据流中的每一个帧画面，从一段视频的起始帧到终止帧，其间的每一帧都有一个唯一的时间码地址。根据动画和电视工程师协会 SMPTE（Society of Motion Picture and Television Engineers）使用的时间码标准，其格式是"小时：分钟：秒：帧"。

电影、录像和电视工业中使用不同帧速率，各有其对应的 SMPTE 标准。由于技术的原因，NTSC 制式实际使用的帧率是 29.97 帧/秒而不是 30 帧/秒，因此在时间码与实际播放时间之间有 0.1%的误差。为了解决这个误差问题，设计出丢帧格式，即在播放时每分钟要丢 2

帧（实际上是有两帧不显示而不是从文件中删除），这样可以保证时间码与实际播放时间的一致。与丢帧格式对应的是不丢帧格式，它会忽略时间码与实际播放帧之间的误差。

> **TIPS** 为了方便用户区分视频素材的制式，在对视频素材时间长度的表示上也做了区分。非丢帧格式的 PAL 制式视频，其时间码中的分隔符号为冒号（:），例如 0:00:30:00。而丢帧格式的 NTSC 制式视频，其时间码中的分隔符号为分号（;），例如 0;00;30;00。在实际编辑工作中，可以据此快速分辨出视频素材的制式以及画面比例等。

6. 数字音频

数字音频是一个用来表示声音振动频率强弱的数据序列，由模拟声音经采样、量化和编码后得到。数字音频的编码方式也就是数字音频格式，不同数字音频设备一般对应不同的音频格式文件。数字音频的常见格式有 WAV、MIDI、MP3、WMA、MP4、VQF、RealAudio、AAC 等。

1.2　快速认识 After Effects CS6

Adobe After Effects 是革新性的非线性视频编辑应用软件，在众多影视后期制作软件中脱颖而出，拥有先进的设计理念，支持大量的素材格式导入使用和无限多个图层，可以制作出丰富的视觉特效动画和影像合成效果，被广泛应用在影视特效合成、视频内容编辑、游戏视频制作、电视广告加工、MTV 制作等多媒体领域。

1.2.1　安装 After Effects CS6 的系统要求

最新的 After Effects CS6 在之前版本的基础上，又实现了大量工作体验的完善与强大功能的创新。同时对计算机系统运行环境的要求也提出了更高的要求，只有在计算机系统满足这些最低的性能需求时，才能安装 After Effects CS6 并更好地发挥其强大的视频编辑功能。

- 英特尔® Core™2 Duo 或 AMD Phantom® Ⅱ 处理器；需要 64 位系统支持。
- 64 位的 Microsoft® Windows® 7（苹果系统为 Mac OS X v10.6.8 or v10.7）。
- 4 G 内存（推荐 8 G 以上）。
- 3 G 硬盘空间；安装的时候另需额外空间；10 G 以上用来缓存的硬盘空间。
- 支持 1280×900 及以上分辨率的显示器。
- 支持 OpenGL 2.0 的系统。
- 如果从 DVD 安装，则需要 DVD 光驱。
- 为了支持 QuickTime 功能，需要安装 QuickTime 7.6.6 软件。
- 为了配合 GPU 加速的光线追踪 3D 渲染器，可以选择 Adobe 认证的显卡。
- 本软件不激活不可用。为了激活软件，需要宽带连接并且注册认证，不支持电话激活。

1.2.2　安装必要的辅助程序

在 After Effects CS6 中编辑影视内容时，需要使用大量不同格式的视频、音频素材内容。对于不同格式的视频、音频素材，首先要在计算机中安装有对应解码格式的程序文件，才能正常地播放和使用这些素材。所以，为了尽可能地保证数字视频编辑工作的顺利完成，需要安装一些相应的辅助程序及所需要的视频解码程序。

- Windows Media Player：Microsoft 公司出品的多媒体播放软件，可以播放多种格式的多媒体文件，本书实例编辑中会用到的*.avi、*.mpeg 和*.wmv 格式的文件都可以通过它来播放，如图 1-2 所示。可以在 Microsoft 的官方网站下载其最新版本。

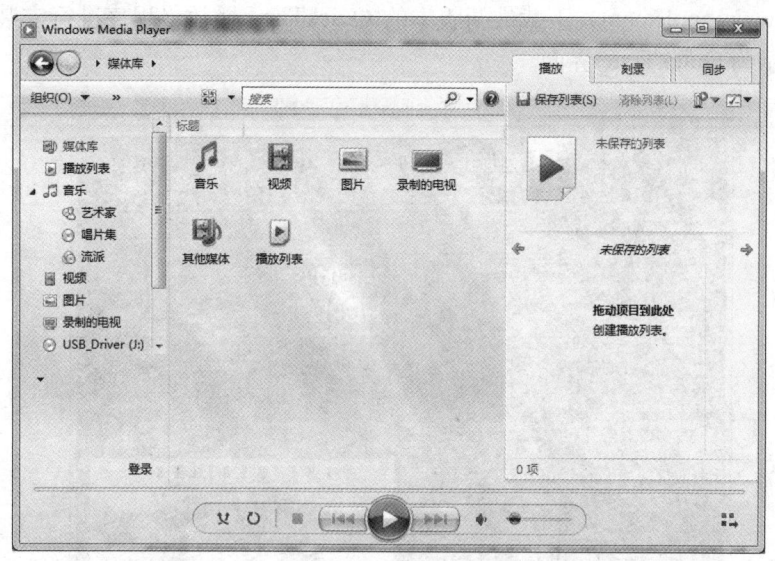

图 1-2　Windows Media Player 播放器界面

- 视频解码集成软件：要应用各种文件格式的视频素材，就需要在系统中提前安装好播放不同格式视频文件所需要的视频解码器。可以选择安装集成了主流视频解码器的软件包，如 K-Lite Codec Pack，它集合了目前绝大部分的视频解码器。在安装了该软件包之后，视频解码文件即可安装到系统中，绝大部分的视频文件都可以被顺利播放。如图 1-3 所示为该软件包的安装界面。

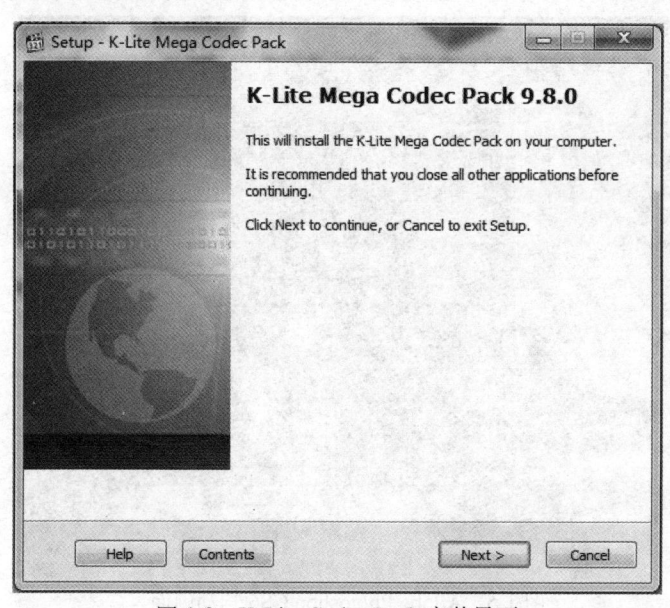

图 1-3　K-Lite Codec Pack 安装界面

- QuickTime：QuickTime 是 Macintosh 公司（2007 年 1 月改名为苹果公司）在 Apple 计算机系统中应用的一种跨平台视频媒体格式，具有支持互动、高压缩比、高画质等特点。很多视频素材都采用 QuickTime 的格式进行压缩保存。为了在 After Effects 中进行视频编辑时可以应用 QuickTime 的视频素材（*.mov 文件），就需要先安装好 QuickTime 播放器程序（或其视频解码程序）。在 Apple 的官方网站（http://www.apple.com）下载最新版本的 QuickTime 播放器程序进行安装即可。如图 1-4 所示为 QuickTime 界面。

图 1-4　QuickTime 播放器界面

- Adobe Photoshop：Photoshop 是一款非常出色的图像处理软件，它支持多种格式图片的编辑处理，本书中部分实例的图像素材就是先通过它进行处理后得到的。Adobe Photoshop CS6 启动画面如图 1-5 所示。

图 1-5　Adobe Photoshop CS6 启动画面

1.2.3 After Effects CS6 的工作界面

程序安装完成后，执行"开始→所有程序→Adobe After Effects CS6"命令，或双击系统桌面上的 Adobe After Effects CS6 快捷方式图标，即可启动程序。在程序启动时，需要检测系统配置和装载程序文件，这个过程所用的时间长短取决于计算机的总体性能。启动完成后，即进入如图 1-6 所示的 After Effects CS6 工作界面。

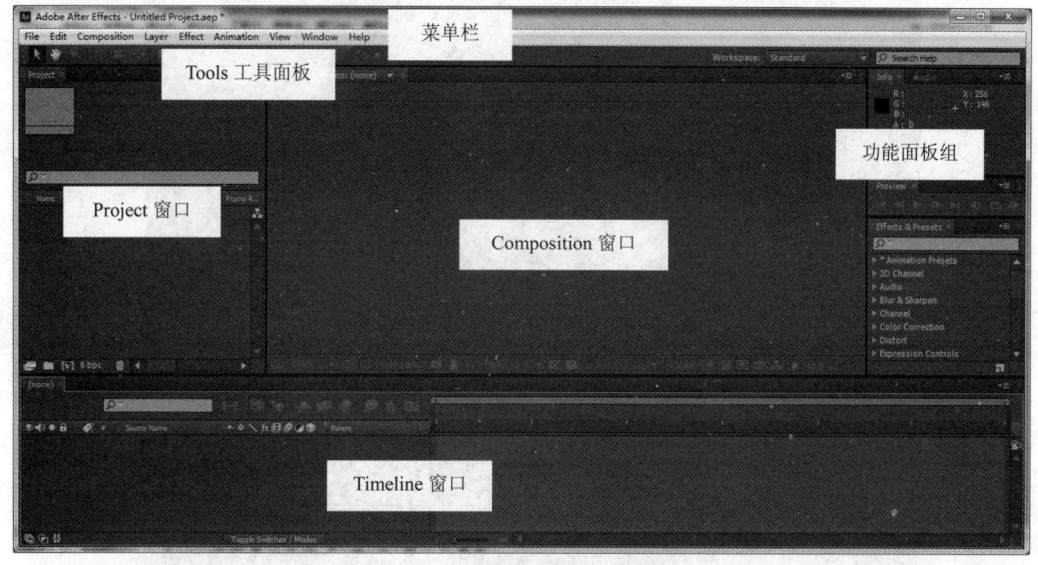

图 1-6　After Effects CS6 工作界面

- 菜单栏：整合了 After Effects 中几乎所有的操作命令，通过这些菜单命令，可以完成对文件的创建、保存、输出以及进行特效、图层、工作界面等的设置操作。
- Tools 工具面板：使用工具面板中的工具，可以对 Composition（合成）窗口中的素材对象进行缩放、查看、旋转、擦除等操作。
- Project（项目）窗口：保存各种素材、合成对象的功能窗口，可以通过在其中创建文件夹对素材进行分类管理以及查看素材信息等简单操作。
- Composition（合成）窗口：对编辑的项目内容进行即时预览，并可以在其中对素材进行简单的编辑操作。
- Timeline（时间线）窗口：编辑工作中最常用的工作窗口，主要用于组接各种素材、创建并设置素材基本属性及特效的关键帧参数、调整素材及合成的时间长度等。
- 功能面板组：集成了在编辑工作中用以进行操作辅助的各种功能面板，如播放预览控制、列出预设特效、设置声音效果、字体属性、指示目前鼠标位置、色彩信息等。

1.2.4 工作空间的设置与应用

为了满足不同的工作需要，Adobe After Effects CS6 提供了 8 种界面模式，方便用户根据编辑内容的不同需要，选择最方便的界面布局。执行"Window（窗口）→Workspace（工作空间）"命令或单击工具面板右边的 Workspace（工作空间）下拉按钮，可以在弹出的子菜单中选择所需要的工作空间布局模式，如图 1-7 所示。

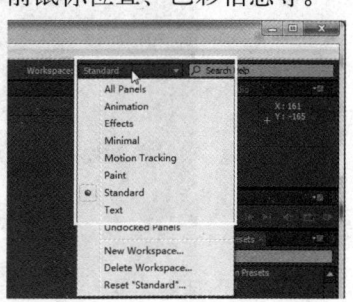

图 1-7　工作空间模式列表

不同的工作区间具有不同的界面布局结构，并显示出对应的主要工作窗口和常用功能面板。程序安装完成后，第一次启动默认为 Standard（标准）工作空间。选择所需要的工作空间命令，可以将程序的工作窗口切换到对应的布局模式，如图 1-8~图 1-10 所示。

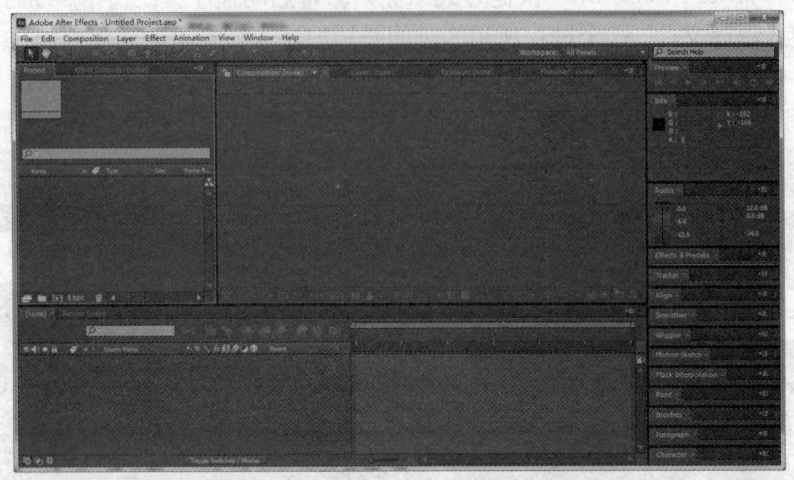

图 1-8　All Panels（显示出所有工作面板）

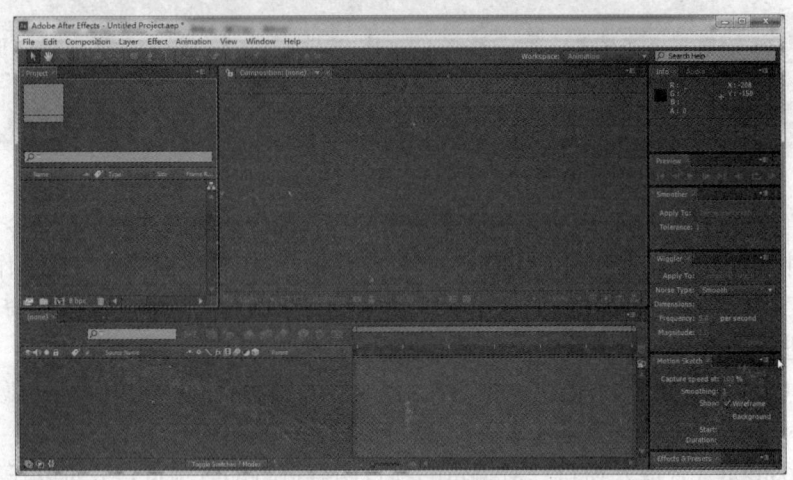

图 1-9　Animation（动画编辑布局模式）

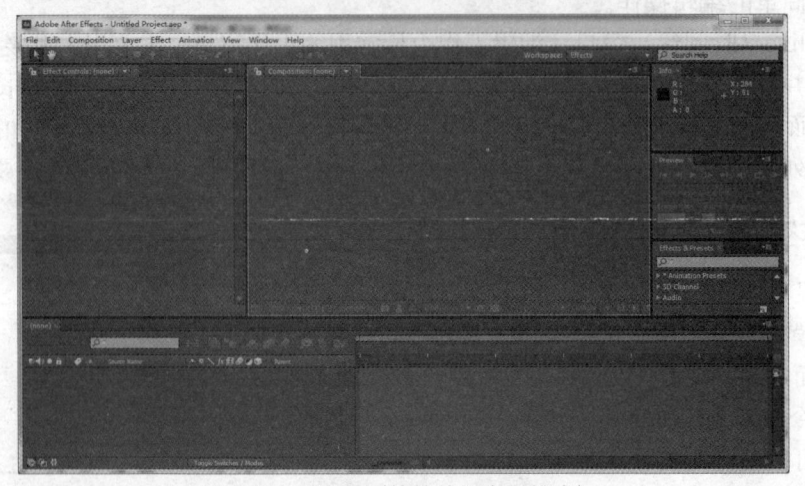

图 1-10　Effects（特效编辑布局模式）

After Effects 的工作空间采用"可拖放区域管理模式",允许用户根据编辑需要或使用习惯,对工作面板组进行自由的组合:将鼠标移动到工作窗口或面板的名称标签上,然后单击鼠标左键并向需要集成到的工作窗口或面板拖动,移动到目标窗口后,该窗口会显示出 6 个部分区域,包括环绕窗口四周的 4 个区域、中心区域以及标签区域。将鼠标移动到需要停靠的区域后释放鼠标,即可将其集成到目标窗口所在面板组中,如图 1-11 所示。

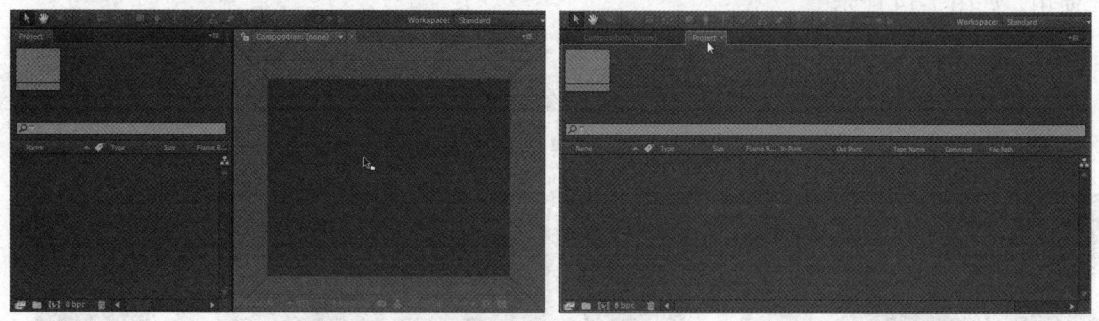

图 1-11 自由组合工作面板

按住工作面板名称标签前面的■并拖动,或者在拖动工作面板的过程中单击"Ctrl"键,可以在释放鼠标后将其变为浮动面板,方便将其停放在软件工作界面的任意位置,如图 1-12 所示。

> **TIPS** 执行"Window(窗口)→Workspace(工作空间)→Unlocked Panels(解锁面板)"命令,可以快速地将当前工作空间中的所有功能面板变成浮动面板状态。

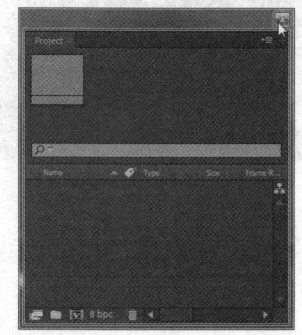

图 1-12 将工作面板拖放为浮动面板

将鼠标移动到工作面板之间的空隙上时,鼠标光标会改变为双箭头形状◀▶(或▲▼),此时按住鼠标并左右(或上下)拖动,即可调整相邻两个面板的宽度,方便编辑操作,如图 1-13 所示。

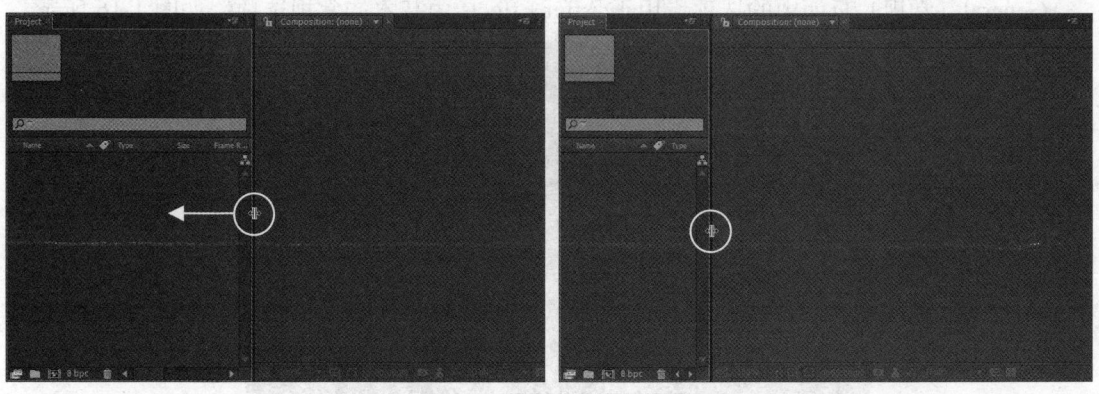

图 1-13 调整工作面板宽度

在需要将调整以后的面板布局的工作空间恢复到初始状态时,可以通过执行"Window(窗口)→Workspace(工作空间)→Reset"…"(重置)"命令来完成。

在调整好适合自己使用习惯的界面布局后,可以通过执行"Window(窗口)→ Workspace(工作空间)→ New Workspace(新建工作空间)"命令,在弹出的"New Workspace"对话框中输入需要的工作区间名称并单击"OK"按钮,将其创建为一个新的界面布局,方便以后可以继续选择使用,如图1-14所示。

图1-14 创建新的工作空间布局

> 在实际的编辑操作中,单击键盘上的"~"键,可以快速将当前处于激活状态的面板(面板边框为高亮的橙色)放大到铺满整个工作窗口,方便对编辑对象进行细致的操作;再次单击"~"键,可以切换回之前的布局状态,如图1-15所示。

图1-15 切换窗口最大化显示

1.2.5 设置软件的基本参数

After Effects CS6允许用户对程序工作的基本参数进行设置,方便用户在符合工作需要和操作习惯的环境中进行编辑工作。执行"Edit(编辑)→ Preferences(参数设置)→ General(常规)"命令,即可在打开的Preferences(参数设置)对话框中,通过在左边的列表中选择需要的项目,然后在右边展开的参数选项中,对After Effects CS6的程序基本参数进行设置。

1. General(常规)

General(常规)页面中的选项,用于After Effects中基本的常规选项,如图1-16所示。

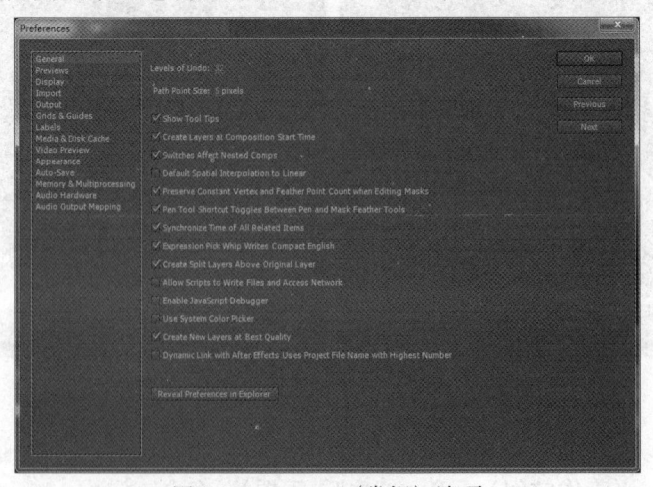

图1-16 General(常规)选项

- Levels of Undo（撤销级数）：设置可以撤销操作的次数，默认值 32，最大为 99 次。可撤销次数越多，占用的系统资源越多。
- Show Tool Tips（显示提示信息）：勾选该选项，当鼠标悬停在某个工具上时，将显示该工具的提示信息，如图 1-17 所示。

图 1-17　鼠标悬停提示

- Create Layers at Composition Start Time（从合成开始时间创建图层）：勾选该选项，在 Timeline（时间线）窗口中新建或拖入层时，层的开始位置将以合成的开始时间对齐入点；不勾选，则以时间指针所在的位置对齐入点，如图 1-18 所示。

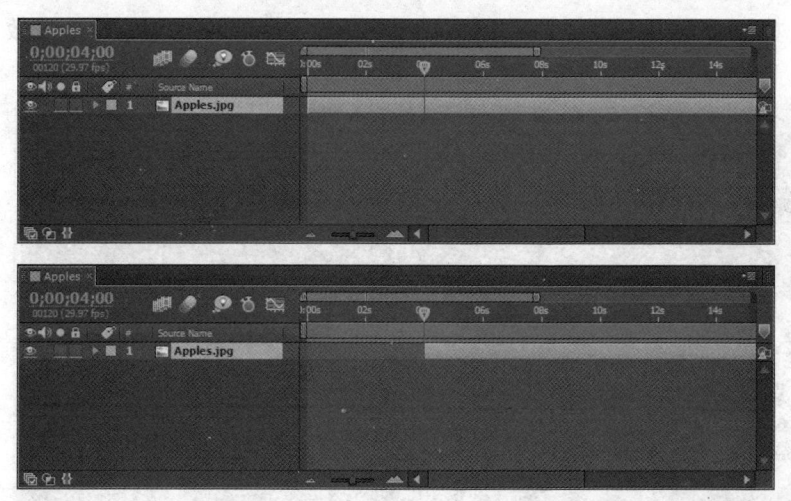

图 1-18　勾选 Create Layers at Composition Start Time 复选框的前后区别

- Switches Affect Nested Comps（影像嵌套合成属性）：设置当合成中有嵌套的合成时，嵌套影像的显示品质、运动模糊、帧融合或 3D 等属性设置，是否显示到当前合成中。
- Default Spatial Interpolation to Linear（默认线性差值）：勾选该选项，可以将关键帧的运动插值方式默认为线性插值方式。
- Preserve Constant Vertex Count when Editing Masks（编辑遮罩时保持控制点）：在给层中的 Mask（遮罩）添加新的控制点或删除控制点时，如果勾选该复选框，则添加或删除的控制点将在整个动画中保持目前状态；不勾选该复选框时，添加或删除的控制点只在目前时间添加或删除。
- Synchronize Time of All Related Items（使全部相关内容同步）：勾选该选项，可以使嵌套层或合并层与其调用层的时间线在不同的 Composition（合成）中保持同步。
- Expression Pick Whip Writes Compact English（使用简写英语表达式）：勾选该选项，在输入表达式时，将以简洁英语的方式书写。
- Create Split Layers Above Original Layer（分裂图层后位于原始层上）：勾选该选项，在使用"Ctrl+Shift+D"快捷键分裂一个图层时，可以使分裂后得到的图层（后半段）保持在原始层上方。

- Allow Scripts To Write Files And Access Network（允许脚本写入文件或数据库）：勾选该选项，可以将表达式输入到文件或数据库网络。
- Enable JavaScript Debugger（开启 Java 脚本调试器）：勾选该选项，可以使用 JavaScript 调试窗口来对动画进行调试。
- Use System Color Picker（使用系统拾色器）：勾选该选项，将使用操作系统提供的色彩拾取器。
- Create New Layers At Best Quality（以最佳品质创建新图层）：勾选该选项，创建的新图层将使用最佳质量显示模式。
- Preserve Clipboard Data For Other Applications（为其他应用程序保存剪贴板数据）：勾选该选项，可以保存剪贴板中的数据，以方便在其他应用程序中粘贴使用。

2. Previews（预演）

Previews（预演）页面中的选项，用于设置 After Effects 中预演的常规参数，如图 1-19 所示。

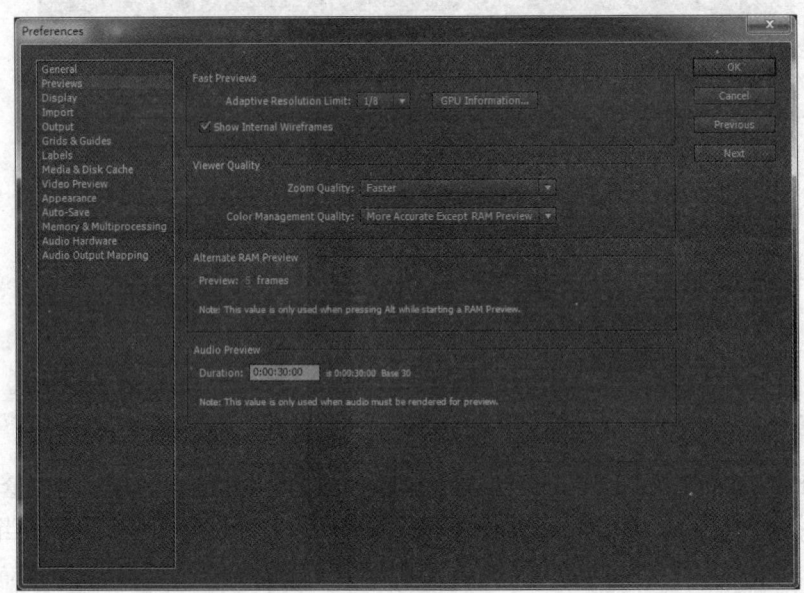

图 1-19 Previews（预演）选项

- Adaptive Resolution Limit（动态分辨率限值）：该选项用于设置拖动或调整图层、特效时所使用动态分辨率的最大值。
- GPU Information（GPU 信息）：单击该按钮，可以在打开的对话框中，设置用于进行材质渲染的最大内存值以及进行光线追踪时使用核心显卡还是其他显卡，如图 1-20 所示。
- Zoom Quality（缩放品质）：用于设置在进行显示比例缩放时，影像显示质量的运算方式。
- Color Management Quality（像素色彩质量）：用于设置影像像素的色彩显示质量运算方式。

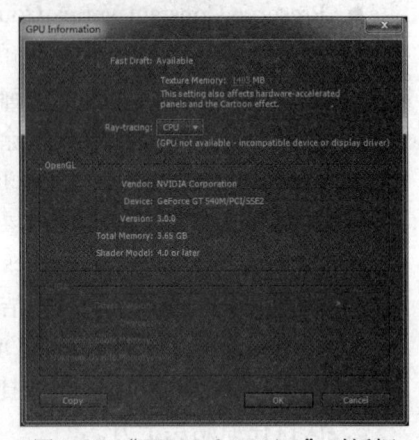

图 1-20 "GPU Information" 对话框

- Alternate RAM Preview（内存）：用于设置按住"Alt"键进行内存预演时的帧速率。
- Duration（持续时间）：设置音频预演的持续时间。

3. Display（显示）

设置 After Effects 中显示方面的选项，如图 1-21 所示。

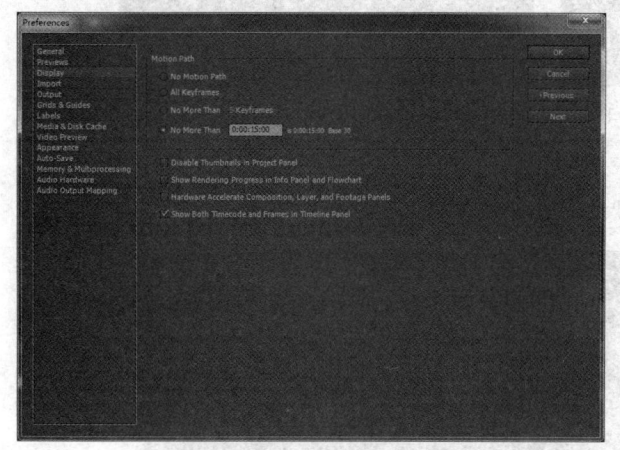

图 1-21　Display（显示）参数设置　　　　图 1-22　不显示关键帧

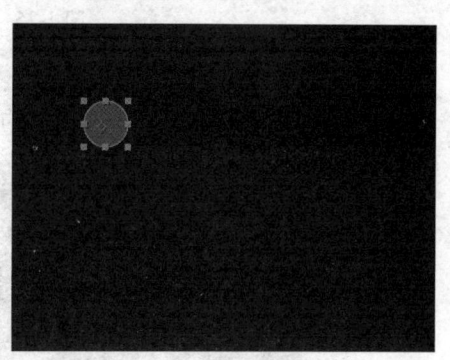

- No Motion Path（无运动路径）：选择该选项，则不显示位移关键帧动画的运动路径，如图 1-22 所示。
- All Key frames（所有关键帧）：显示运动路径上所有的关键帧，如图 1-23 所示。
- No More Than _ Keyframes（不超过_个关键帧）：设置运动路径中显示关键帧个数的最大值，如图 1-24 所示。

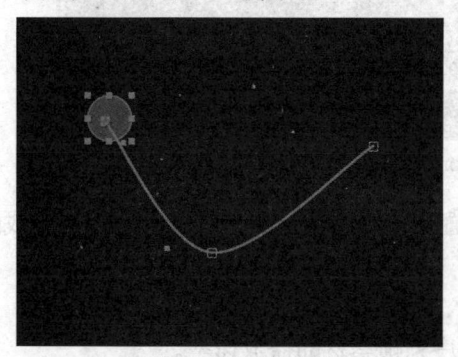

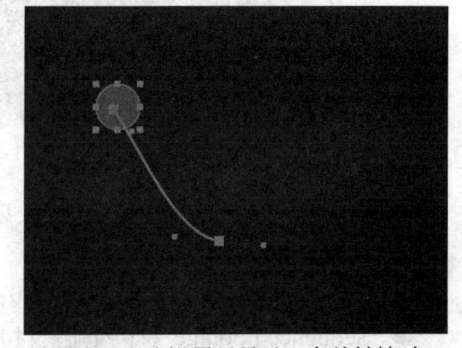

图 1-23　显示关键帧　　　　图 1-24　当设置只显示 2 个关键帧时

- No More Than 0:00:05:00 is 0:00:15:00 Base 30（不超过）：以当前时间位置为中心，在指定的时间范围内运动路径上显示的关键帧不超过 30 个。
- Disable Thumbnails in Project Panel（在项目窗口中关闭素材缩略图）：在 Project（项目）窗口的预览区域中关闭素材缩略图的显示。
- Show Rendering in Progress in Info Panel & Flowchart（在信息面板中显示渲染进程）：选择该选项，可以在 Info（信息）面板中显示影片的渲染进程。
- Hardware Accelerate Composition、Layer Footage Panels（对合成、层、素材面板开启硬件加速）：选择该选项，可以开启计算机对合成、层、素材内容的显示渲染进行硬件加速。

- Show Both Timecode and Frames in Timeline Panel（在时间线窗口中同时显示时间码和帧）：选择该选项，可以在 Timeline（时间线）窗口中同时显示当前时间位置的时间码和帧数、帧频；取消选择，则只显示当前时间的时间码，如图 1-25 所示。

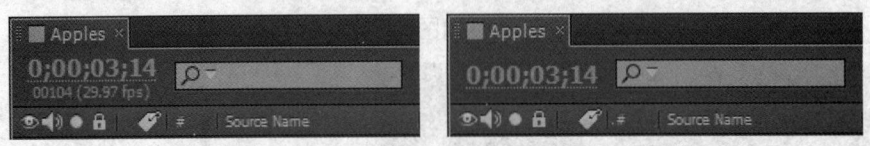

图 1-25　当前时间位置的显示模式

4. Import（导入）

设置在 After Effects 中导入素材的默认方式，如图 1-26 所示。

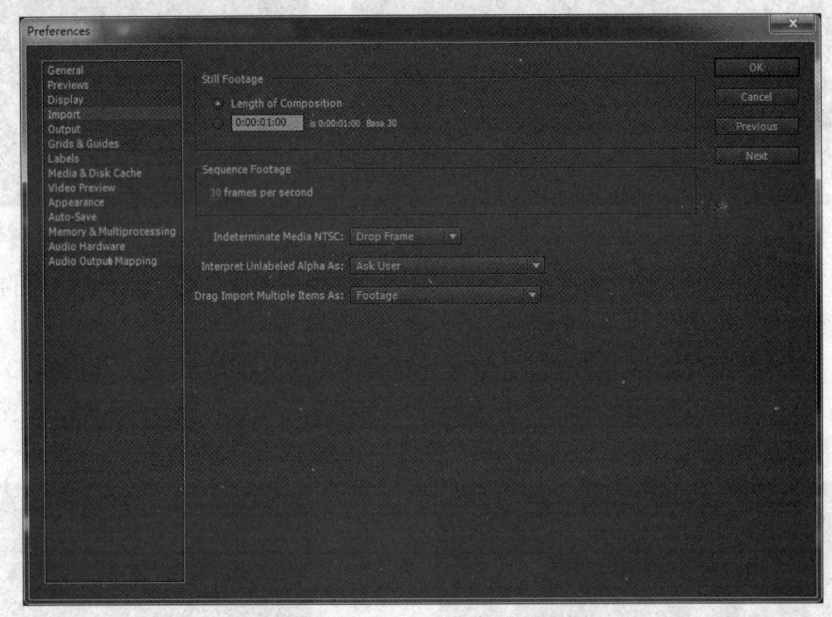

图 1-26　Import 参数设置

- Length of Composition（合成长度）：设置导入静态素材的持续时间是否与合成的持续时间相同。
- 0:00:01:00 is 0:00:06:00 Base 30：对导入的图像素材的持续时间进行自定义。
- Sequence Footage（序列帧素材）：设置序列帧素材的播放速率。
- Indeterminate Media NTSC（NTSC 素材模糊处理）：NTSC 制式的实际帧率是 29.97 帧/秒而不是 30 帧/秒，因此在时间码与实际播放时间之间有 0.1% 的误差。为了解决这个误差问题，设计出丢帧格式，即在播放时每分钟要丢 2 帧（是不显示而非删除）。在这个下拉列表中，可以选择对导入视频素材时间长度的计算是 Drop Frame（丢帧）还是 Non-Drop Frame（不丢帧）。
- Interpret Unlabeled Alpha As（解释 Alpha 通道）：设置在导入带有 Alpha 通道的素材时，对 Alpha 通道的处理方式。
  ➢ Ask User（询问用户）：每次导入带有 Alpha 通道的素材时，系统都会自动打开"Interpret Footage"对话框进行设置。
  ➢ Guess（推测）：系统自动决定 Alpha 通道的处理方式。

- ➢ Ignore Alpha（忽略 Alpha）：忽略 Alpha 通道信息。
- ➢ Straight（Unmatted）（直接难处理的）：可以直接导入素材，不处理 Alpha 通道。
- ➢ Premultiplied（Matted With Back）（预处理为黑色）：以 Premultiplied 方式导入素材，并把素材的 Alpha 作为黑色遮罩。
- ➢ Premultiplied（Matted With White）（预处理为白色）：以 Premultiplied 方式导入素材，并把素材的 Alpha 作为白色遮罩。
- Default Drag Import As（默认拖拽导入为）：After Effects 允许用户直接从资源管理器中将素材拖入项目窗口中来完成导入。在此可以设置以什么方式拖动导入素材。
  - ➢ Footage（素材）：以文件序列的方式导入素材。
  - ➢ Composition（合成）：以合成的方式导入素材。
  - ➢ Composition -Retain Layer Sizes（合成-保持图层尺寸）：以合成的方式导入素材，并保留素材所包含各图层的原始尺寸，适用于多图层图像文件。

5. Output（输出）

设置在 After Effects 中进行输出时的各种处理选项，如图 1-27 所示。

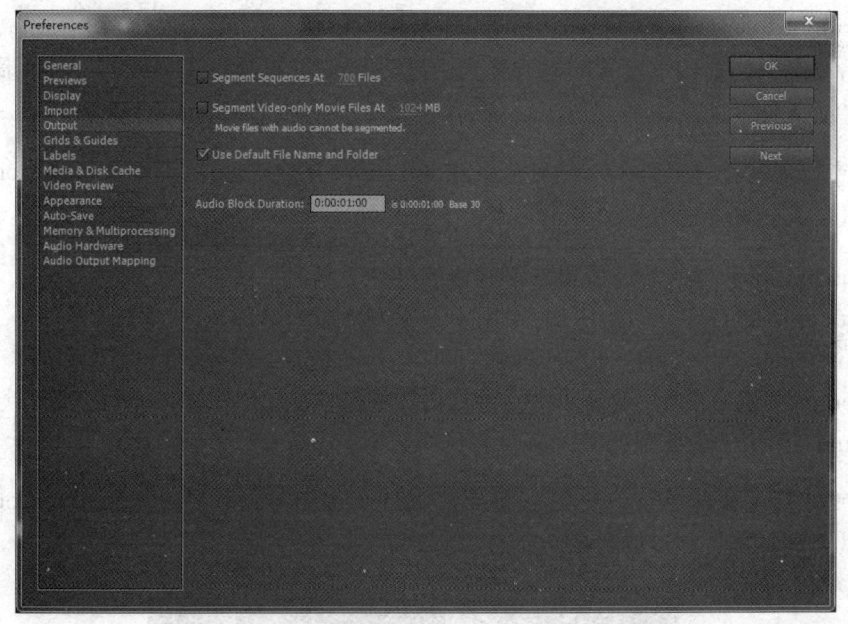

图 1-27　Output 参数设置

- Segment Sequences At（分割序列在）：设置图像序列文件的大小。
- Segment Video-only Movie files As（分割视频文件在）：设置视频文件段的大小。
- Use Default File Name and Folder（使用默认的文件名和文件夹）：勾选该项，如非自行定义，将使用默认的文件名和文件夹保存渲染的影片。
- Audio Block Duration（音频中断持续时间）：设置在渲染影片过程中中断操作时，保存音频阻滞的持续时间。

6. Grids & Guides（网格和辅助线）

设置 After Effects 中的网格、辅助线和线条的样式等，如图 1-28 所示。

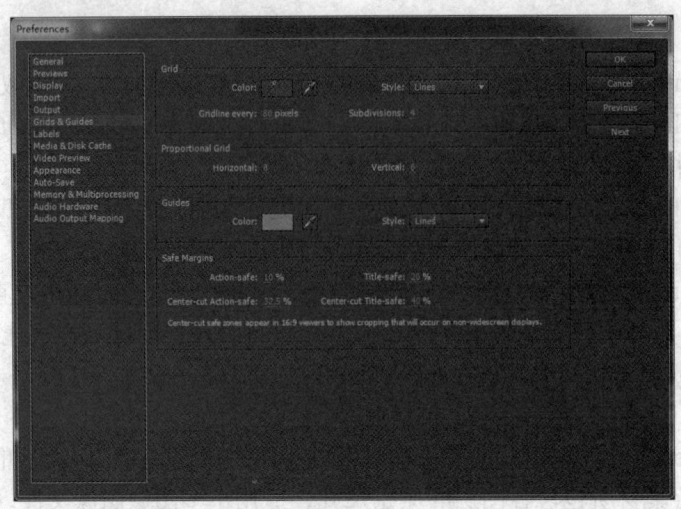

图 1-28　Grids & Guides 参数设置

- Grid：用于设置网格的颜色和风格。
- Color（颜色）：设置网格的颜色，默认为绿色。
- Gridline Every（网格间隔）：设置网格的间隔大小，单位为像素。
- Style（样式）：用于设置网格的样式。包括 Lines（直线）、Dashed Lines（虚线）、Dots（点）3 种，如图 1-29 所示。

> **TIPS** 可以通过执行"View（视图）→Show Grid（显示网格）"命令来切换 Composition（合成）窗口中网格的显示状态。

- Subdivisions（细分）：设置每个网格的细分数量。
- Proportional Grid（网格比例）：用于设置网格在的对称数值。
- Horizontal（水平的）：设置网格的水平格数的数量。
- Vertical（垂直的）：设置网格的垂直格数的数量。
- Guides：用于设置辅助线的颜色和风格。

> **TIPS** 可以通过执行"View（视图）→Show Guides（显示辅助线）"命令来切换 Composition（合成）窗口中网格的显示状态。

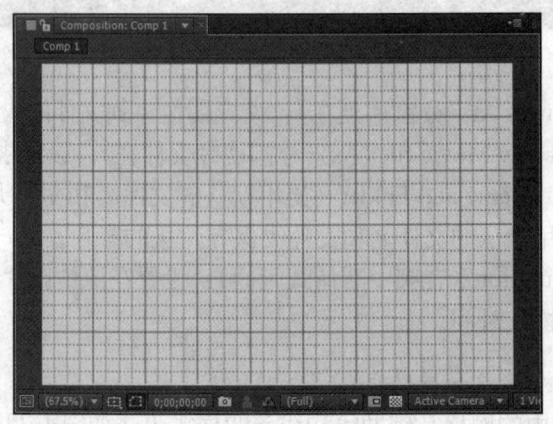

直线

虚线　　　　　　　　　　　　　　　点

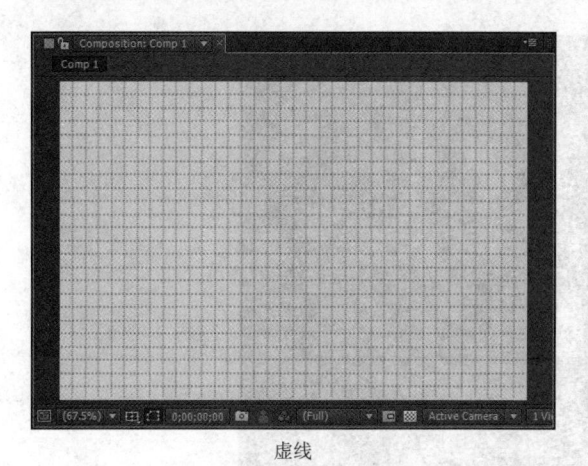

图 1-29　不同样式的网格

- Color（颜色）：设置向辅助线的颜色，默认颜色为蓝色。
- Style（样式）：设置向辅助线的类型，包括 Lines（直线）和 Dashed Lines（虚线），如图 1-30 所示。

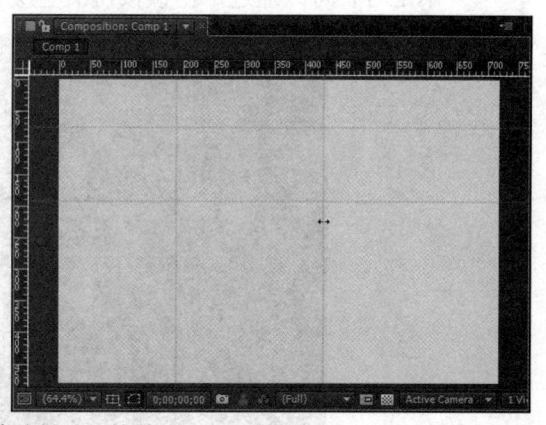

图 1-30　直线和虚线辅助线效果

- Safe Margins（安全区域）：用于设置 Composition（合成）窗口中的安全区域显示。在安全区域外的画面可能会因为超出了电视机的扫描范围而不能完整显示。
- Action-safe（动作安全）：设置动作内容的安全区域显示。
- Title-Safe（字幕安全）：设置字幕的安全区域显示。

7. Labels（标签）

设置 After Effects 中素材标签的预设颜色。先在 Label Defaults（默认标签）选项中为各种类型的对象设置颜色类型，然后在下面的 Label Colors（标签颜色）中通过调色板或拾色器来设定各种颜色类型的具体色相，如图 1-31 所示。

8. Media & Disk Cache（媒体高速缓存）

设置 After Effects 中媒体高速缓存区的大小，如图 1-32 所示。

- Enable Disk Cache（启用硬盘高速缓存）：用来打开硬盘的高速缓存，并指定一个临时文件缓冲保存路径。
- Maximum Disk Cache（缓存最大值）：设置高速缓存区的空间大小。

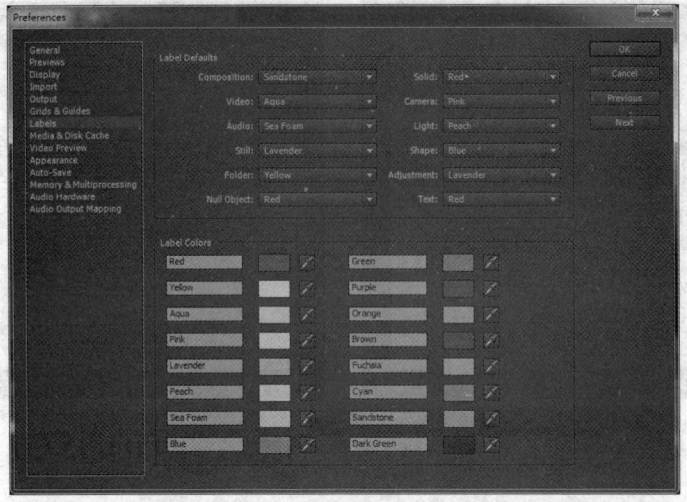

图 1-31 Label Colors 参数设置

- Empty Disk Cache（清空缓存区）：当缓存区中保存了过多的临时文件而造成硬盘空间不足时，可以通过单击该按钮清空缓存区中的临时文件。

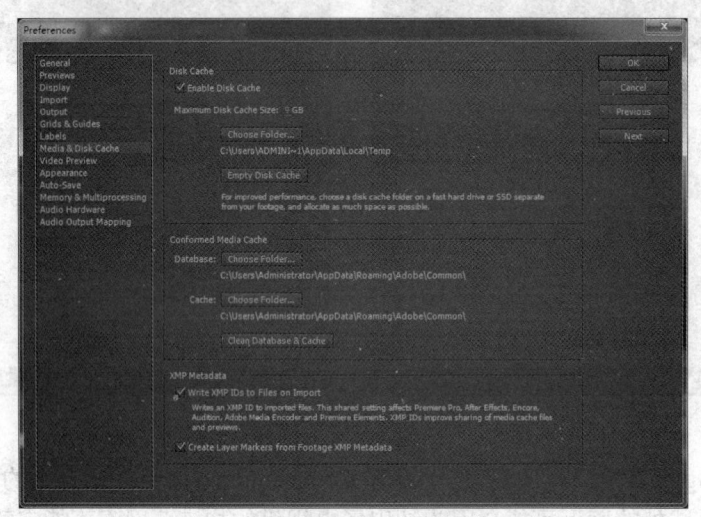

图 1-32 Media & Disk Cache 参数设置

9. Video Preview（视频预演）

设置 After Effects 中视频预演的相关参数，如图 1-33 所示。
- Output Device（输出设备）：设置用于输出的硬件设备。选择 Computer Monitor Only（只显示在计算机监视器）选项，则只在计算机上播放演示，下面的选项将不可设置。
- Output Mode（输出模式）：设置输出模式，计算机中安装的显卡不同，这里的内容选项也不同。
- Output During（输出期间）：设置在输出期间，程序窗口中可以进行的操作。
- Previews（预演）：勾选该选项后，下面的 Mirror on Computer Monitor（在计算机监视器上显示镜像）被激活；勾选后可以在计算机监视器上显示预演的渲染过程。
- Interactions（交互）：在输出期间，可以进行其他的编辑操作。
- Renders（渲染）：在输出期间，可以进行其他的渲染。

- Video Monitor Aspect Ratio（监视器的高宽比）：设置视频输出后适应的监视器屏幕高宽比。
- Scale and letterbox Output to fit Video monitor（比例和文字框输出将适合视频监视器）：勾选该选项，在预演输出时，将缩放画面比例和文字大小，以适合（上面所选的）视频监视器。

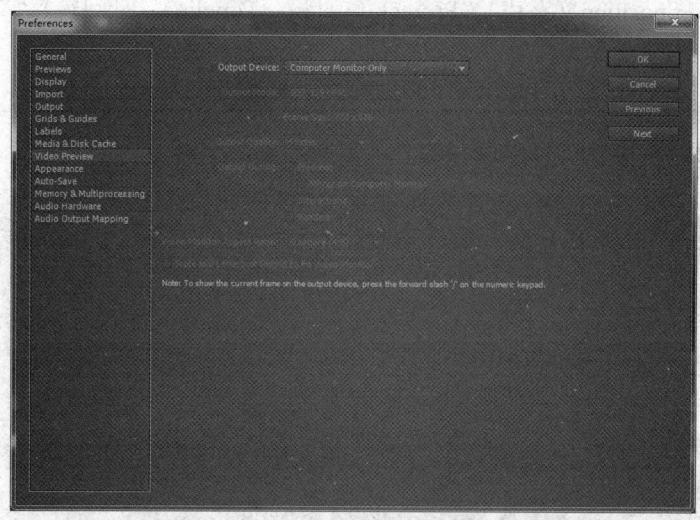

图 1-33 Video Preview 参数设置

10. Appearance（外观）

设置 After Effects 的工作界面外观效果，如图 1-34 所示。

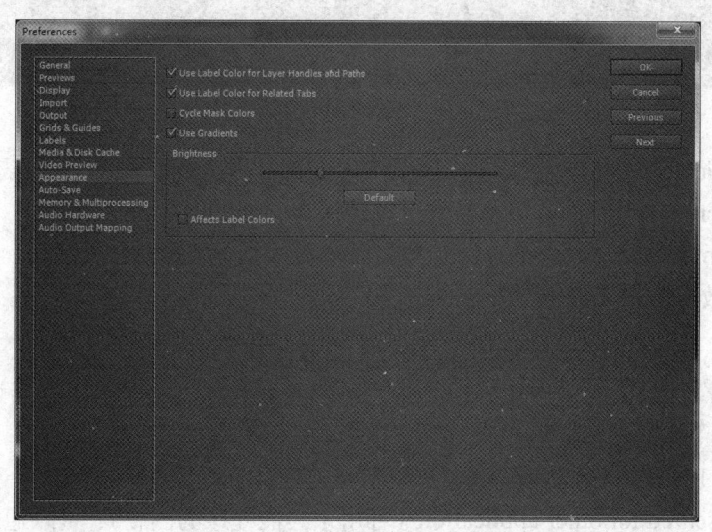

图 1-34 Appearance 参数设置

- Use Label Color for Layer Handles and Paths（对层操作和路径使用标签颜色）：勾选该选项后，图层在 Composition（合成）中的操作控制点和路径都将以标签颜色来显示。
- Cycle Mask Colors（循环遮罩颜色）：设置每新添加一个 Mask（遮罩）的时候，是否使用默认的遮罩边框颜色。勾选该选项，则为新添加遮罩的边框随机设置一个颜色；取消选择，则使用默认的颜色。

- Use Gradients（使用渐变）：勾选该选项后，软件界面的原色将用渐变来显示。
- Brightness（亮度）：左右拖动下面的滑块，可以调整 After Effects 界面的亮度，方便用户使用自己习惯的界面亮度。单击"Default"（默认值）按钮，可以还原到默认的界面亮度。
- Affects Label Colors（影响标签颜色）：勾选该选项后，在调整上面的界面亮度时，同时也对 Composition（合成）、Project（项目）、Timeline（时间线）等窗口的标签颜色进行调整。

11. Auto-Save（自动保存）

设置 After Effects 中执行自动保存的相关参数，如图 1-35 所示。

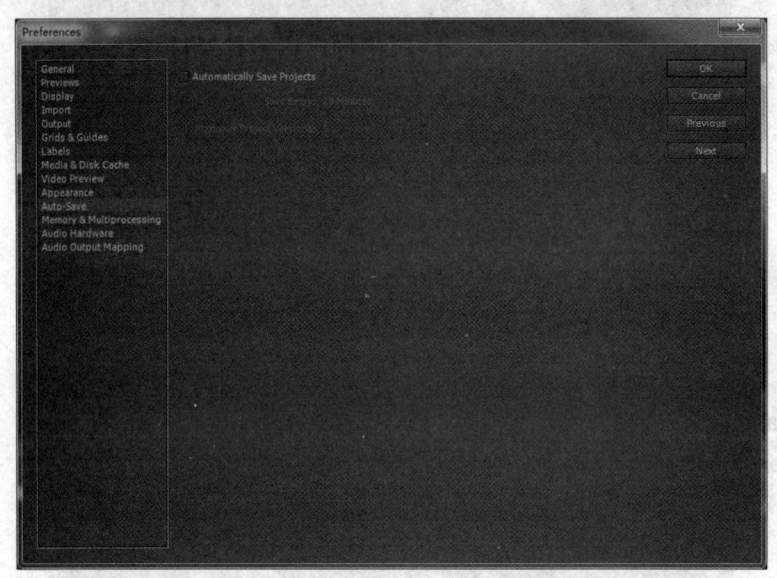

图 1-35　Auto-Save 参数设置

- Automatically Save Projects（自动保存项目）：设置 After Effects 是否自动保存项目。
- Save Every（保存间隔）：设置两次自动保存之间的间隔时间。
- Maximum Project Versions（保存项目版本最大值）：通过输入数值，设置可以自动保存项目数量的最大值。

12．Memory & Multiprocessing（内存和多线程处理）

设置 ZAfter Effects 的多线程处理技术。当进行多线程渲染时可以激活该项，如图 1-36 所示。

- Installed RAM（工作内存容量）：显示当前计算机系统的内存大小。
- RAM reserved for other application（可用于其他程序的内存）：可以通过输入数值来设置被当前程序占用后，可用于其他程序的剩余内存。
- Render Multiple Frames Simultaneously（启用多线程渲染）：勾选该选项后，可以在下面的选项中设置对计算机系统中工作 CPU 核心线程的分配。
- Installed CPUs（CPU 线程启用）：显示当前计算机系统中工作 CPU 的核心数量。
- CPU reserved for other application（可用于其他程序的工作核心）：可以通过输入数值来设置被当前程序占用后，可用于其他程序的 CPU 工作核心。

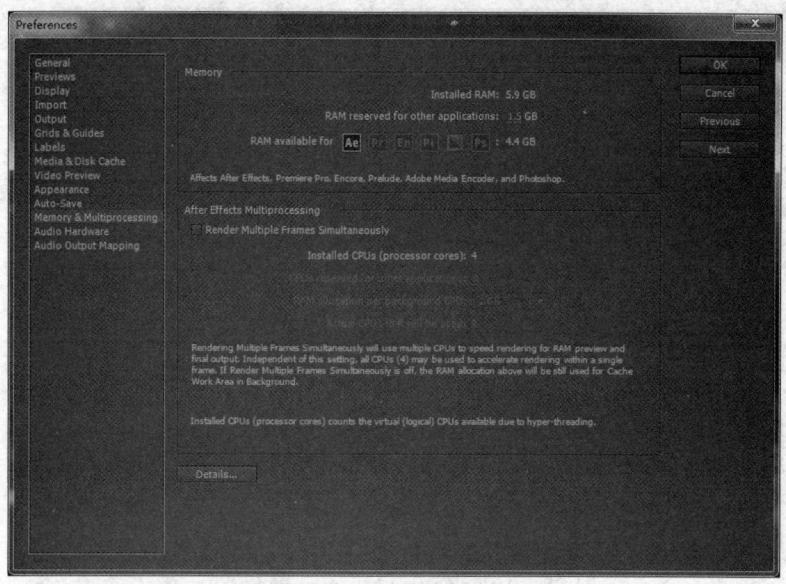

图 1-36　Multiprocessing 参数设置

13. Audio Hardware（音频硬件）

设置音频硬件所使用的设置，如图 1-37 所示。

- Default Device（默认设备）：在该列表中选择分配给 After Effects 的音频硬件，如果没有单独安装独立声卡，则只有一个选项。可以在单击 Settings（设置）按钮打开的对话框中，对当前工作音频硬件的输入和输出选项进行设置。

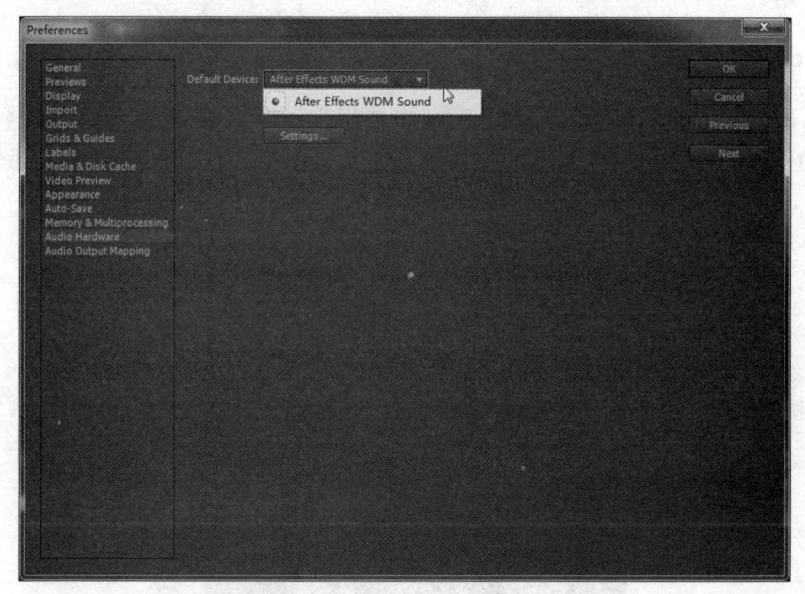

图 1-37　Audio Hardware 参数设置

14. Audio Outp0075t Mapping（音频输出映射）

设置音频硬件的左右通道输出映像。在 Map Output For（输出映射）下拉列表中选择工作音频硬件后，在下面的 Left（左）和 Right（右）列表中分别指定左、右声道的扬声器，如图 1-38 所示。

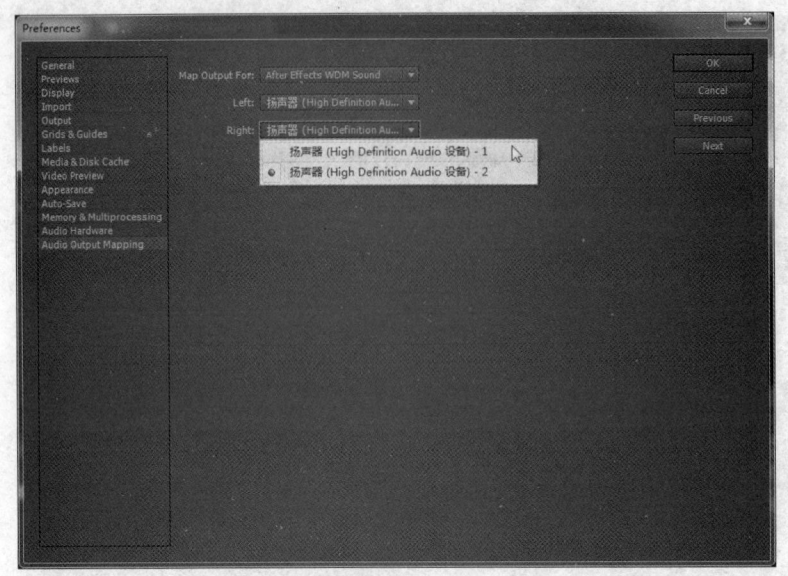

图 1-38　Audio Output Mapping 参数设置

1.3　认识主要的工作窗口与功能面板

Project（项目）、Timeline（时间线）和 Composition（合成）窗口是在 After Effects 中进行影视项目编辑的主要工作窗口，下面对这些主要的工作窗口和功能面板的操作方法和功能进行详细的了解。

1.3.1　Project 项目窗口

在 After Effects 中，Project（项目）窗口主要用于管理项目文件中的素材，可以在其中完成对素材的新建、导入、替换、删除、注解和整合等编辑操作，其中各组成部分的功能如图 1-39 所示。

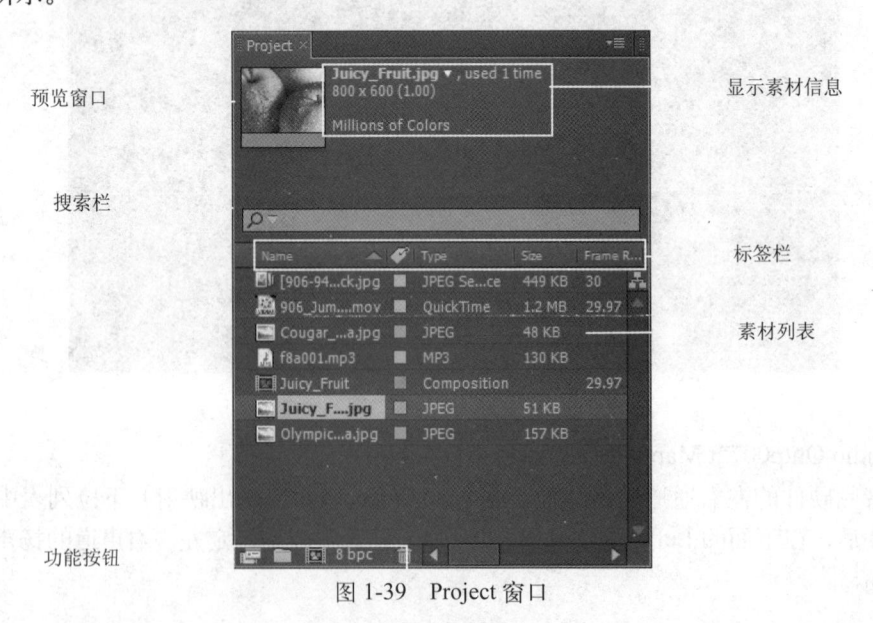

图 1-39　Project 窗口

在预览窗口中，显示了当前所选素材的影像内容；在其右边显示了所选素材的文件名、文件属性、在当前项目中被使用的次数等；在下面的搜索栏中输入关键字，可以在素材列表中快速找到需要的素材对象；单击功能按钮区中相应的按钮，可以执行新建文件夹、新建合成、删除等操作。

将 Project（项目）窗口的宽度拉宽，可以显示出当前窗口中显示的各项素材属性；单击对应的图标，可以将窗口中的对象以对应的方式进行降序或升序排列，包括 Name（文件名）、Type（文件类型）、Size（文件大小）、Frame Rate（帧速率）、In/Out Point（入/出点）、Comment（注释）、File Path（文件路径）等，如图 1-40 所示。

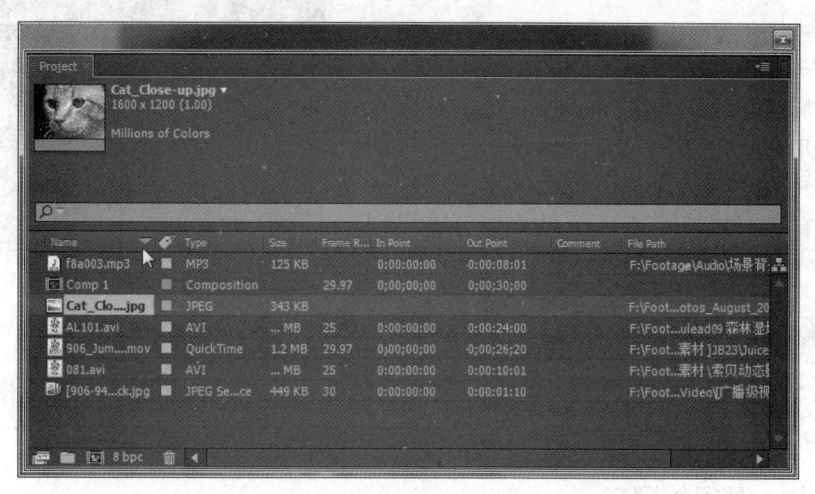

图 1-40　标签栏

在标签栏上单击鼠标右键，或者单击窗口右上角的选项按钮，可以在弹出的菜单 Columns（列）子菜单中，通过选择对应的属性选项，显示或隐藏标签栏中素材对象的属性选项，如图 1-41 所示。

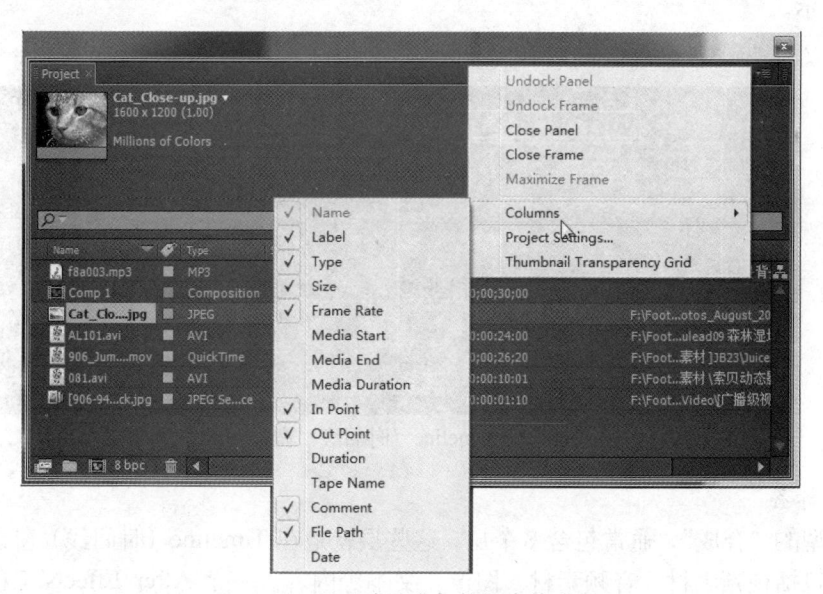

图 1-41　显示或隐藏标签栏中的选项

在上面的选项菜单中选择"Project Settings（项目设置）"命令，可以在打开的对话框中，对在 Project（项目）窗口中显示的各项选项进行设置，如图 1-42 所示。

- Time Display Style（时间显示方式）：用于设置动态素材时间长度的显示方式。
- Timecode（时间码）：以 SMPTE 时间码的格式来显示素材的时间长度（小时、分钟、秒、帧）。
- Frames（帧）：只计算素材的实际帧数。
- Feet + Frames（尺寸+帧）：以 16 mm 或者 35 mm 的动画电影胶片的长度，来计算动态素材的时间长度。16 mm 的电影胶片每英尺有 16 帧，而 35 mm 的电影每英尺则有 40 帧。
- Frame Count（帧计数）：设置对帧数计算的起始点是从 0 开始，还是从 1 开始。
- Color Settings（颜色设置）：用于设置项目的颜色深度和使用的色彩工作模式。
- Audio Settings（音频色设置）：用于设置项目中新建动态对象的默认音频采样率。

图 1-42 "Project Settings"（项目设置）对话框

1.3.2 Timeline 时间线窗口

Timeline（时间线）是将素材组合成影片的主要工作窗口。用鼠标将 Project（项目）窗口中的素材拖入 Timeline（时间线）窗口中，即可创建图层；然后将多个素材层按时间先后排列，并对素材进行位置、比例、旋转等属性的修改，编辑关键帧动画和添加特效等操作，如图 1-43 所示。

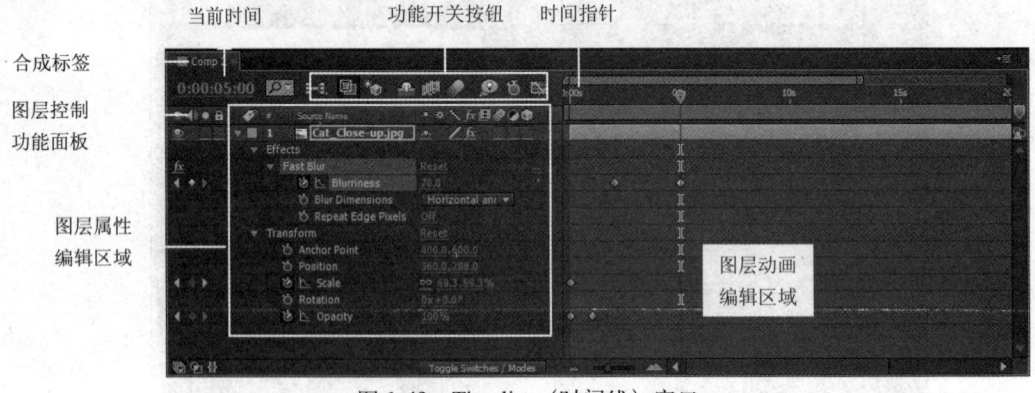

图 1-43 Timeline（时间线）窗口

1．合成标签

一个典型的"合成"，通常包含多个层，这些层就是在 Timeline（时间线）窗口中的各种素材对象，包括视频素材、音频素材、图像、文本等内容。一个 After Effects 工程项目可以由多个合成组成，而一个合成也可以被当做包含了影像内容的素材对象，嵌入到其他的合成中。在 Timeline（时间线）窗口的 Composition（合成）标签栏中，可以显示当前项目文件中的多个合成；可以通过单击对应的合成标签，打开需要的合成对象，在 Timeline（时间线）窗口中显示其图层内容，如图 1-44 所示。

图 1-44　合成标签

2．当前时间与时间指针

当前时间和时间指针是对应显示的。将鼠标移动到当前时间的时间码上，在鼠标光标改变形状后，按住鼠标左键并向左或向右拖动，可以将时间指针定位到需要的时间位置；单击鼠标左键，可以使时间码进入编辑状态，输入需要的时间位置，即可将时间指针定位到准确的位置。同样，用鼠标拖动时间指针，当前时间也会对应地显示时间指针的位置，同时在 Composition（合成）窗口中也将同步显示当前时间的画面内容。

3．功能开关按钮

该区域中的功能按钮，用于控制当前合成的时间线中图层对应效果的开关状态。

- Composition Mini-Flowchart（打开父级合成）
  ：单击该按钮，可以弹出图表框，显示当前项目中嵌套合成的层级关系。如果没有嵌套关系，则只显示当前合成，如图 1-45 所示。

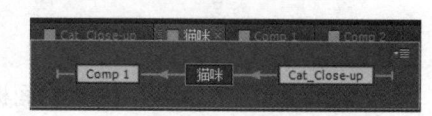

图 1-45　显示合成嵌套关系

- Live Update（实时预览）：默认为弹起状态，此时拖动时间指针或拖动当前时间，监视器窗口不会在拖动过程中实时显示当前帧的画面，而在停止拖动时更新显示；单击该开关按钮，则在时间指针拖动过程中实时显示当前帧的画面。

> 打开 Live Update 开关，虽然可以方便实时地观察对素材应用的特效变换，但会占用更多系统资源，应根据计算机系统的配置性能来考虑使用。

- Draft 3D（3D 草图）：默认为弹起状态，系统将忽略 3D 层中的灯光、阴影、摄像机深度模糊等特效。
- Hide all layers for which the "shy" switch is set（隐藏害羞层）：单击该开关，可以隐藏 Timeline（时间线）窗口中处于 Shy 害羞状态的层。
- Enables Frame Blending（开启帧融合）：用于控制是否在图像刷新时启用帧平滑融合效果。单击该开关，可以弥补帧速率加快或减慢时产生的图像质量下降的不足。
- Enables Motion Blur（开启运动模糊）：用于控制在 Composition（合成）窗口中是否显示运动图层的模糊效果。单击该开关，可以使 Timeline（时间线）窗口中的打开了 Motion Blur（运动模糊）开关的有运动设置的图层产生运动模糊效果。
- Brainstorm（头脑风暴）：可以根据所选参数在动画上进行创新。它将提供 9 幅全动态变更预览影像供用户选择，也可以取消某些影像，根据保留的影像进一步修改，如图 1-46 所示。

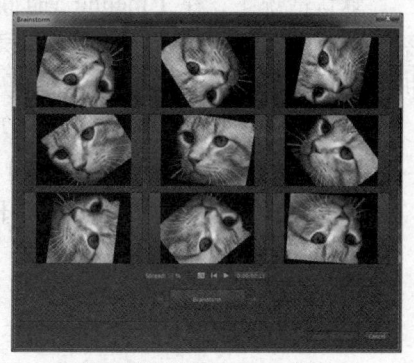

图 1-46　Brainstorm 窗口

- Auto-keyframe properties when modified（属性修

改时自动创建关键帧）:单击该开关，可以在图层的基本属性（位置、大小、旋转、透明度、轴心点）发生改变时，自动在该时间位置创建对应属性的关键帧。
- Graph Editor（图形编辑器）:单击该开关，可以在 Timeline（时间线）窗口中将关键帧编辑状态切换为曲线图形编辑状态，方便地对当前所选属性或特效的关键帧动画，以曲线图形模式进行编辑，可以得到更加平滑、多变的动画效果，如图 1-47 所示。

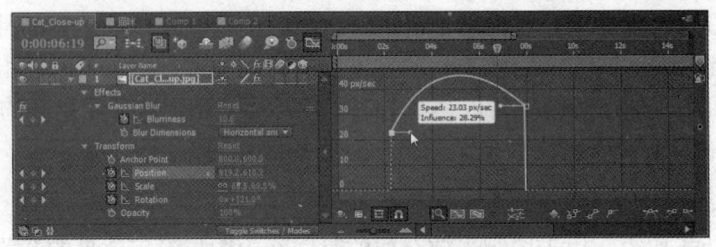

图 1-47　曲线图形编辑关键帧

4. 图层属性编辑区

在 Timeline（时间线）窗口的面板栏上单击鼠标右键，可以在弹出的菜单中选择打开需要显示的相关功能面板，如图 1-48 所示。

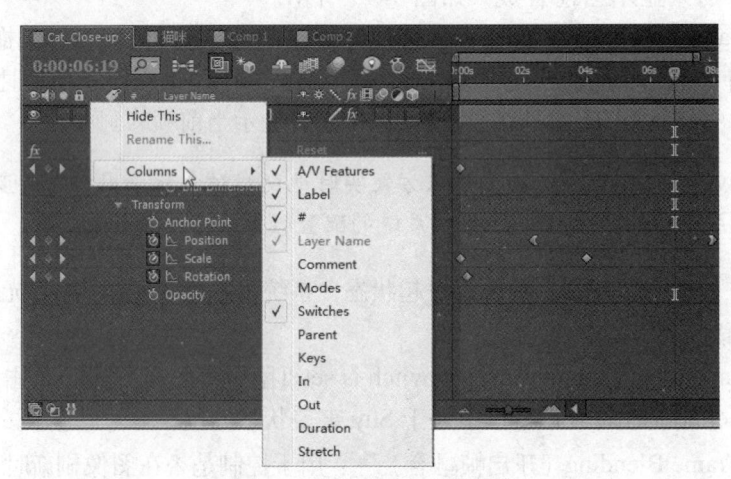

图 1-48　选择需要显示的面板

默认情况下，在 Timeline（时间线）窗口中会显示 A/V Features（素材特征）、Label（标签）、#（序号）、Layer Name（图层名称）、Switches（效果开关）等编辑工作中最常用的面板。单击素材层上与面板栏中效果开关对应的开关按钮，可以启用或停用对应的效果。

- Video（视频）:激活该开关，可以显示当前选中的图层里的对象；反之则隐藏该图层在 Composition（合成）窗口中所显示的内容。
- Audio（音频）:激活该开关，可以正常播放该素材图层的音频，反之则使其静音。
- Solo（独奏）:激活该开关时，其他图层的影像内容将不在 Composition（合成）窗口中显示，便于分别查看各个图层的对象并进行编辑。同时激活多个图层的独奏开关，则只显示启用了独奏开关的图层。
- Lock（锁定）:激活该开关，可以使被锁定的图层不能进行任何编辑操作，以免在编辑多个图层时产生误操作。再次单击该开关，即可解除锁定。

- Shy（害羞）▼：配合 Hide all layers for which the "shy" switch is set（隐藏害羞层）按钮使用，可以将激活了 Shy（害羞）开关的图层在 Timeline（时间线）窗口中隐藏，但不影响其内容在 Composition（合成）窗口中的显示。
- Collapse Transformation（卷展变换）/Continuously Rasterize（连续光栅化）：该开关主要在加入到当前时间线中的合成和矢量图形对象〔Solid（固体）、Null Object（无效物体）、Adjustment Layer（调节层）以及导入的 Illustrator 矢量图形〕上使用，激活该开关，可以将矢量图像转换为像素图像。
- Quality（质量）：单击该开关，可以使图层的图像在显示和渲染时，在低质量的状态和高质量的状态间切换。在低质量状态下，不对图像应用抗锯齿和子像素技术，并忽略一些特效，图像会比较粗糙，但渲染速度快，适合在制作小样预览时使用。
- Effects（特效）：打开或关闭应用于图层上的特效，方便观察应用视频特效前后的效果对比。
- Frame Blend（帧融合）：配合 Enables Frame Blending（开启帧融合）按钮，对视频素材应用帧融合。
- Motion Blur（运动模糊）：配合 Enables Motion Blur（开启运动模糊）按钮，为运动素材应用动态模糊。
- Adjustment Layer（调节层）：激活该按钮，可以将所选图层转换成 Adjustment Layer（调节层），来为其他图层应用色彩、明暗度等的调节效果。
- 3D Layer（3D 图层）：激活该按钮，可以将所选图层转换成 3D 图层，以在三维空间中对其进行空间效果的编辑操作。

5. Source Name（素材名称）和 Layer Name（图层名称）

默认情况下，加入到 Timeline（时间线）窗口中的素材层，都是以素材的源文件名称来命名。为方便用户在编辑过程中管理和识别，After Effects 提供了 Source Name（素材名称）和 Layer Name（图层名称）两种方式来显示图层名称。Source Name（素材名称）就是素材的源文件名称，不可更改；用户可以根据需要自行修改 Layer Name（图层名称）：单击 Source Name 面板栏，切换到 Layer Name 显示状态，选择需要修改图层名称的层后单击键盘上的 Enter 键，输入需要的图层名称并确认，即可完成对图层名称的修改，如图 1-49 所示。

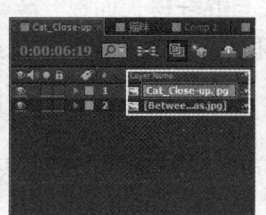

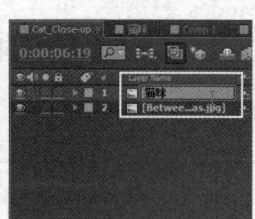

图 1-49　修改 Layer Name

6. 展开与隐藏功能面板

单击时间线窗口底部对应的按钮，可以展开或隐藏对应的功能面板，方便调整时间线窗口的外观到需要的工作状态。

- Expand or Collapse the layer Switches pane（展开或隐藏效果开关面板）：单击该按钮，可以切换效果开关面板的显示与隐藏，如图 1-50 所示。

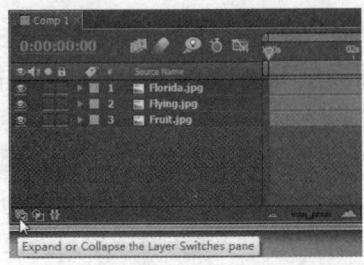

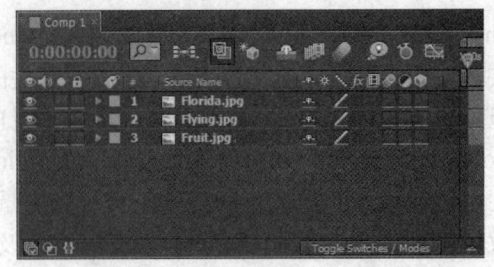

图 1-50 展开或隐藏效果开关面板

- Expand or Collapse the Transfer Controls pane（展开或隐藏变换控制面板）：单击该按钮，可以切换混合模式与轨迹遮罩面板的显示与隐藏，如图 1-51 所示。

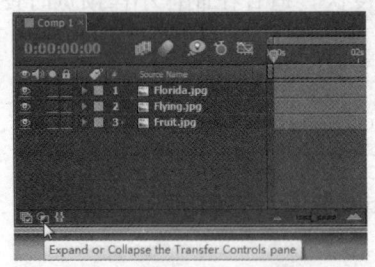

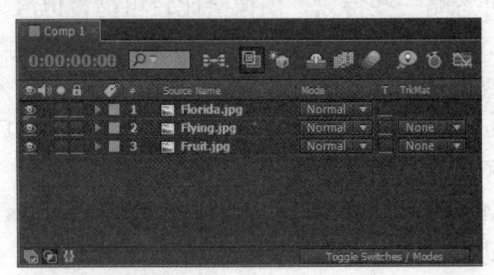

图 1-51 展开或隐藏变换控制面板

- Expand or Collapse the In/Out/Duration/Stretch panes（展开或隐藏入点/出点/持续时间/时间伸缩面板）：单击该按钮，可以切换时间控制面板的显示与隐藏，如图 1-52 所示。

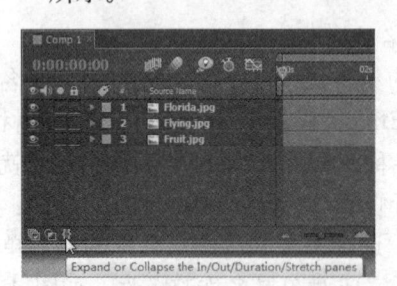

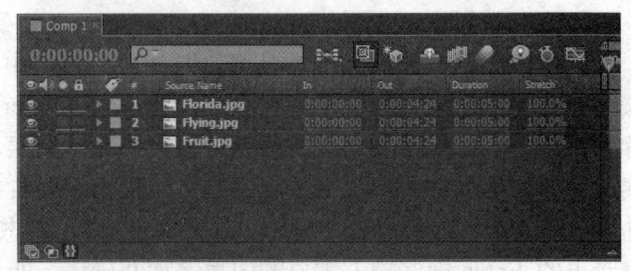

图 1-52 展开或隐藏时间控制面板

- Toggle Switches /Modes（切换效果开关与混合模式面板）：在效果开关面板或混合模式面板展开时，可以通过单击该按钮来进行切换。

1.3.3 Composition 合成窗口

Composition（合成）窗口主要用于预览合成影像和素材内容以及对合成中的素材对象进行位置、大小、旋转等基本的编辑操作，如图 1-53 所示。

- Composition（合成预览窗口标签）：默认显示当前正在编辑的合成。如果当前工程文件中有多个合成，可以通过在 Project（项目）窗口中双击需要显示的合成，或单击合成预览窗口标签后面的下拉按钮，在弹出的列表中选择需要的合成来切换显示。单击标签前面的按钮，可以锁定该预览窗口，需要查看其他合成时，将在新打开的预览窗口中显示。单击末尾的按钮，可以关闭该预览窗口。

第 1 章　影视后期特效与 After Effects CS6　**29**

图 1-53　Composition（合成）窗口

- Layer（图层预览窗口标签）：在 Timeline（时间线）窗口中双击需要预览的图层，或在 Composition 合成预览窗口中双击需要单独查看的图层，即可打开 Layer 图层预览窗口，查看该图层当前的图像内容。
- Footage（素材预览窗口标签）：在 Project（项目）窗口中双击需要查看内容的素材对象，即可打开 Footage 素材预览窗口，预览素材的原始内容。
- Always Preview This View（总是预览此视图）：保持查看该窗口。
- Magnification ratio popup（放大倍率）：单击该按钮，在弹出菜单中选择 Composition（合成）窗口中画面的显示比例。
- Choose Grid and Guide options（选择网格和导线选项）：单击该按钮，在弹出的菜单中选择要在 Composition（合成）窗口中显示的参考线，包括 Title/Action Safe（字幕/动作安全区）、Proportional Grid（固定比例网格）、Grid（网格）、Guides（辅助线）、Ruler（标尺）、3D Reference Axes（3D 空间参考轴），如图 1-54 所示。

> **TIPS**　在球面显像管电视机时代，电视机屏幕边缘弯曲的区域不能被完整地显示出来，为保证字幕内容和关键动作能被完整显示，而设置了字幕安全区和动作安全区来作为拍摄影片时的参考。其中，内圈为 Title Safe 标示字幕安全区，外圈为 Action Safe 标示画面安全区。虽然现在主流的液晶电视机已经不存在边缘弯曲问题，但是仍然可以作为影视内容编辑的安全范围参考，如图 1-55 所示。

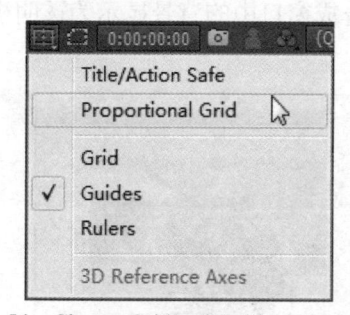

图 1-54　Choose Grid and Guide options 菜单　　　图 1-55　字幕/动作安全区

- Toggle Mask & Shape Path Visibility（切换遮罩和路径的显示状态）：单击该按钮后，遮罩和路径轮廓可见，反之则不可见，如图 1-56 所示。

- Current Time（当前时间）：显示 Timeline（时间线）窗口中时间指针当前的时间位置。单击该按钮，可以在弹出的"Go to Time"（跳转到时间）对话框中输入时间、帧位置，然后单击"OK"按钮，即可快速跳转到该时间位置，并在 Composition（合成）窗口中显示该时间位置的画面。

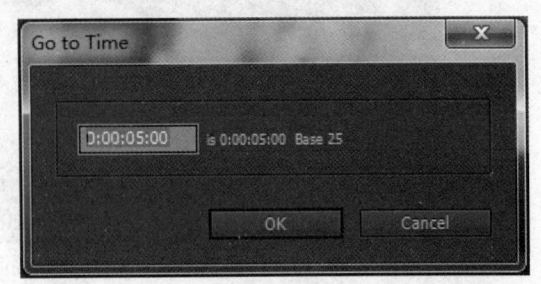

图 1-56　显示遮罩轮廓　　　　　　图 1-57　Go to Time（跳转到时间）对话框

- Take Snapshot（拍摄快照）：单击该按钮，可以记录当前画面，方便在更改后进行对比。
- Show Snapshot（显示快照）：按住该按钮不放，可以显示最后一次快照图像，释放后则显示当前画面。

> **TIPS**　按住"Shift"键不放，再分别按 F5、F6、F7、F8 功能键可进行多次快照，在需要显示对应的快照时，再单击 F5、F6、F7、F8 键即可。

- Show Channel and Color Management Settings（显示通道和颜色管理设置）：在该下拉列表中选择相应的通道，即可在 Composition（合成）窗口中查看相应颜色的轮廓。
- Resolution（分辨率）：在该下拉列表中选择相应的选项或自定义数值，可以切换 Composition（合成）窗口中图像的显示分辨率，但不影响影片的最终输出效果。分辨率越低，合成窗口中图像的刷新率就越快。
- Region of interest（关注的区域）：单击该按钮后，可以在合成窗口中绘制一个矩形，只有矩形区域中的图像才能显示出来。方便在编辑过程中，针对某一局部位置进行观察或编辑。不同于在图层上绘制的遮罩，这里绘制的矩形只用于辅助观察细节，不会影响影片输出效果。再次单击该按钮，可以恢复正常显示，如图 1-58 所示。
- Toggle Transparency Grid（切换透明棋盘格）：在默认的情况下，Composition（合成）窗口的背景为黑色。单击该按钮，可以使合成窗口中的背景显示为透明棋盘格，如图 1-59 所示。

图 1-58　绘制关注矩形　　　　　　图 1-59　显示透明背景

- 3D View Popup（三维视图切换）`Active Camera`：在该下拉菜单中，可以为 Composition（合成）窗口选择需要的视图角度。通常在进行三维编辑时使用，包括 Active Camera（活动摄像机）、Front（前视图）、Left（左视图）、Top（顶视图）、Back（后视图）、Right（右视图）、Bottom（底视图）、Custom View（习惯视图）以及各个摄像机等不同的视角进行查看，如图 1-60 所示。
- Select View layout（选择视图布局）`1 View`：配合 `Active Camera` 按钮，可以在该下拉菜单中选择需要的选项，将 Composition 窗口设置为显示多个角度的视图及排列方式，方便在三维编辑进行准确地定位素材对象，如图 1-61 所示。

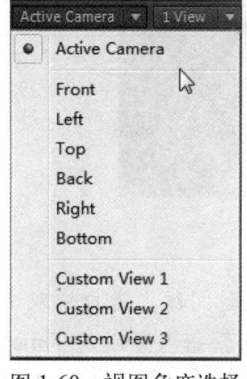

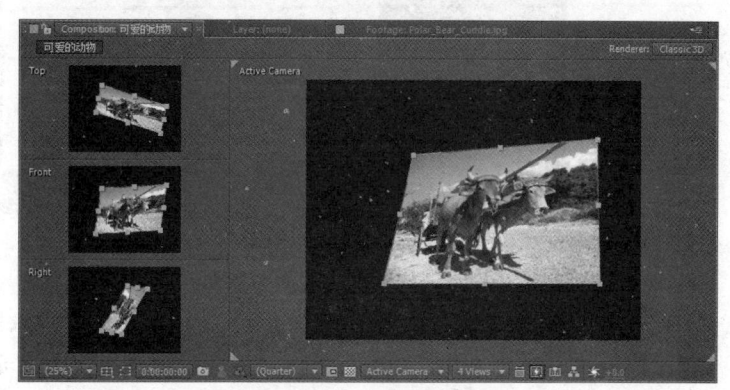

图 1-60　视图角度选择　　　　　图 1-61　多视角查看合成

- Toggle Pixel Aspect Ratio Correction（修整锁定的边框像素比）：单击该按钮，可以修整锁定的边框像素比。通常在导入的素材图像像素比与当前合成的图像像素比不一致时使用。
- Fast Previews（动态加速预览）：在该下拉菜单中可以选择不同的动态加速预览选项，包括 Off(Final Quality)（最终质量）、Adaptive Resolution（自适应分辨率）、Draft（草图）、Fast Draft（快速草图）、Wireframe（线框）等模式，方便快速预览当前完成的编辑效果。
- Timeline（时间线）：单击该按钮，可以打开与当前合成对应的 Timeline（时间线）窗口。
- Composition Flowchart（合成流程图）：单击该按钮，可以打开与当前合成对应的流程图窗口，查看当前合成中素材的应用与嵌套关系，如图 1-62 所示。

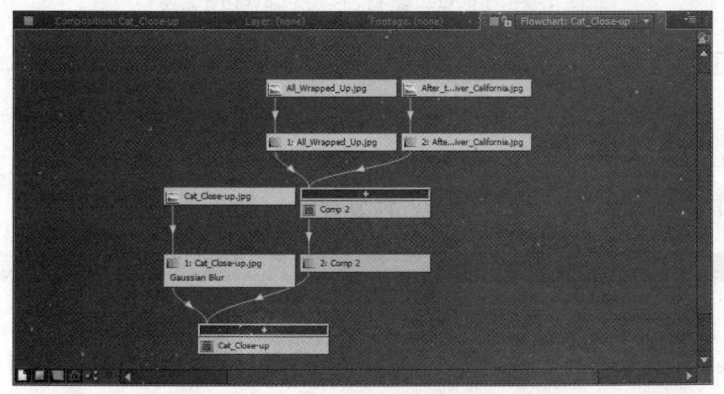

图 1-62　查看合成流程图

- Reset Exposure（重设曝光度）：单击该按钮后，可以通过调整后面的 Adjust Exposure（调节曝光度）数值，查看 Composition（合成）窗口中的画面在不同数值曝光度时的效果，如图 1-63 所示。该设置只用于画面对比预览，不影响影片的渲染输出效果。

图 1-63 调节曝光度

> 在 Project（项目）窗口中双击影像素材以及在 Timeline（时间线）窗口中双击素材图层，可以将 Composition（合成）窗口切换为显示素材原始内容以及 Timeline（时间线）窗口中所选图层的当前状态，并且可以通过窗口中的功能按钮对素材的初始状态与素材图层的当前效果进行修改编辑，如图 1-64 所示。

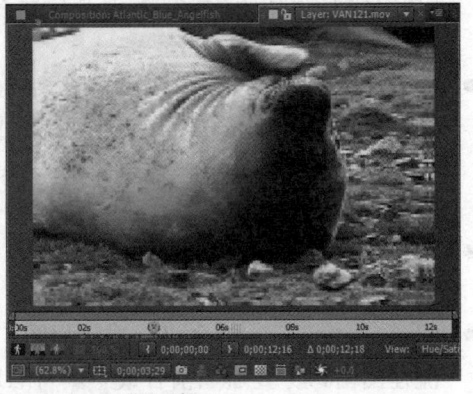

图 1-64 Footage 素材窗口和 Layer 图层窗口

1.3.4 Tools 工具面板

Tools 工具面板为条状面板，位于菜单栏下。某些工具必须在相应的状态下才能使用，比如坐标轴工具只有在选择 3D 图层模式时才可激活。将工具面板关闭之后，可以执行"Window（窗口）→Tools（工具）"命令，恢复显示，如图 1-65 所示。

图 1-65 Tools 工具面板

- Selection Tool（选择工具）：主要用于在 Composition（合成）窗口中选择或移动对象以及调整路径的控制点。

- Hand Tool（抓手工具）：在放大视图时，可以使用该工具平移视图位置。
- Zoom Tool（缩放工具）：用于放大或缩小（按住 Alt 键的同时单击鼠标）视图显示比例。
- Rotation Tool（旋转工具）：用于旋转 Composition（合成）窗口中的素材。对于 3D 图层，可以在选择该工具后，在工具面板后面的下拉列表 Set Orientation for 3D layers 中选择旋转方式；当选择 Orientation（方向）时，将对层的坐标方向进行调节；当选择 Rotation（旋转）时，该工具的操作将对层的角度属性进行调节。
- Unified Camera Tool（摄像机调整工具）：该工具只能在创建了摄像机以后使用。按住该按钮，可以在弹出的子面板中选择需要的摄像机调整工具，如图 1-66 所示。其中，Unified Camera Tool（摄像机调整工具）用于旋转当前所选的活动摄像机视角；Orbit Camera Tool（盘旋摄像机工具）可以使摄像机视图在任意方向和角度进行旋转；Track XY Camera Tool（平移拖放摄像机工具）可以在水平或垂直方向上移动摄像机视图；Track Z Camera Tool（轴向移动摄像机工具）用于调整摄像机的视图深度。
- Pat Behind（Anchor Point）Tool（定位点调整工具）：用于调整素材对象的定位点。
- Rectangle Tool（矩形工具）：按住该按钮，可以在弹出的子面板中选择需要的绘图工具，绘制对应形状的矢量图像或遮罩，如图 1-67 所示。包括 Rectangle（矩形）、Rounded Rectangle（圆角矩形）、Ellipse（椭圆）、Polygon（多边形）、Star（星形）等。选择形状工具后，在工具面板后面的选项中，单击 Tool Creates Shape（创建形状）按钮，可以在工具面板后面设置绘制形状的 Fill（填充色）、Stroke（轮廓色）、Stroke Width（轮廓宽度）以及与下方图层的混合模式；单击 Tool Creates Mask（创建遮罩）按钮，则可以在 Composition（合成）窗口中的当前图层上绘制对应形状的遮罩。

图 1-66　摄像机调整工具　　　　图 1-67　绘制遮罩工具

- Pen Tool（钢笔工具）：用于绘制任意形状的 Mask（遮罩）或开放的路径。按住该按钮，可以在弹出的子面板中选择需要的路径编辑工具，包括 Pen Tool（钢笔工具）、Add Vertex Tool（添加节点工具）、Delete Vertex Tool（删除节点工具）、Convert Vertex Tool（转换节点工具）、Mask Feather Tool（遮罩边缘羽化工具）。
- Horizontal Type Tool（水平文本工具）：主要用于在 Composition（合成）窗口中直接输入建立水平文本或垂直文本（Vertical Type Tool），或者设置文本形状的遮罩。

图 1-68　钢笔工具　　　　图 1-69　文本工具

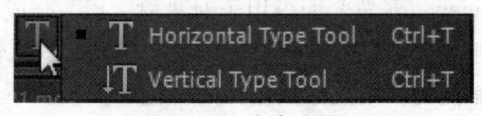

- Brush Tool（笔刷工具）：主要用于在素材层的图像中绘制线条或者图形。需要注意的是，该操作只能在 Layer（图层）窗口中进行。
- Clone Stamp Tool（克隆图章工具）：该工具与 Photoshop 中的图章工具功能相同，主要用于对画面中的区域进行有选择的复制，还可以很轻松地去除素材中的瑕疵和不需要的画面。在使用 Clone Stamp Tool 时，Paint（绘画）面板的 Clone Option（克隆选项）栏中的工具将被激活，如图 1-70 所示。需要注意的是，该工具只能在 Layer（图层）窗口中使用。
- Erase Tool（橡皮擦工具）：主要用于擦除画面中的图像，该工具也只能在 Layer（图层）窗口中使用。
- Rote Brush Tool（分离笔刷工具）：使用该工具，只需在需要与背景分离开来的前景物体上，沿分离边缘绘制出范围，After Effects 就可以自动计算出其他帧中的前景物体并进行分离，大大提高了工作效率。不过，需要应用的素材画面最好是前景与背景差异较大的图像，才能得到更好的分离效果。

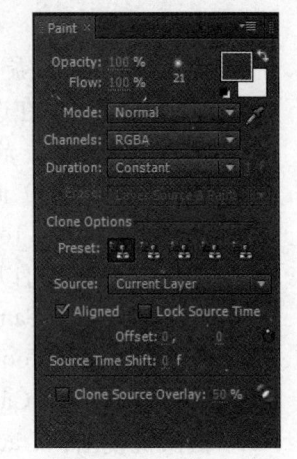

图 1-70　Paint 绘画面板

- Puppet Pin Tool（大头针工具）：该工具可以为合成中创建的角色对象设置形体运动效果，用来移动角色的胳膊和腿部，也可用于在图形和文本上制作动画效果。
- Puppet Overlap Tool（层次叠加工具）：用于设置对象层在组成角色对象的多个层中的层次顺序（在前或在后）。
- Puppet Starch Tool（抑制固定工具）：用于固定不需要有形体动作的对象，以避免被其他运动对象影响，方便编辑需要的动画效果。
- Axis Tool（坐标轴工具）：主要用于在三维空间中显示对象的坐标系的类型，包括 Local Axis Mode（当前坐标系）、Word Axis Mode（世界坐标系）、View Axis Mode（视图坐标系）。

1.3.5　Info 信息面板

Info 信息面板用于显示在 Composition（合成）窗口（或 Layer 图层窗口、Footage 素材窗口）中鼠标当前所在位置图像的颜色和坐标信息以及在 Timeline（时间线）窗口中显示当前所选图层的名称、持续时间、入点和出点等信息，方便用户了解编辑对象的相关信息，如图 1-71 所示。

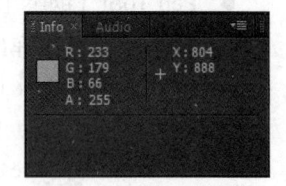

图 1-71　Info 信息面板

1.3.6　Preview 预览面板

Preview（预览）面板用于对素材、层、合成中的内容进行预览播放，通过面板中的控制按钮和相关选项，来进行预览设置与控制。默认情况下，Preview（预览）面板只显示基本的播放控制按钮，用鼠标按住并向下拖动面板的下边缘，可以将该面板完整地显示出来，如图 1-72 所示。

- First Frame（最前帧）：跳转到开始位置。
- Previous Frame（前一帧）：逐帧后退。
- Play/Pause（播放/暂停）：播放当前窗口中的素材，或暂停播放。
- Next Frame（下一帧）：逐帧播放。
- Last Frame（最后帧）：跳转到最后位置。
- Audio（音频按钮）：切换是否播放音频。

图 1-72　Preview 预览面板

- Loop（循环）：单击该按钮，可以循环播放。
- RAM Preview（内存预览）：单击该按钮，启用内存进行渲染预览，渲染得到的临时文件可以被保存。
- Frame Rate（帧频）：单击该按钮，可以在弹出的下拉列表中选择需要的帧频进行预览，如图 1-73 所示。
- Skip（跳帧）：设置一个跳帧值后，在预览影片的过程中，以间隔指定的帧数进行播放，如图 1-74 所示。
- Resolution（分辨率）：在该下拉列表中选择预览影片时的画面分辨率，分别为 Full（全）、Half（一半）、Third（三分之一）、Quarter（四分之一），如图 1-75 所示。

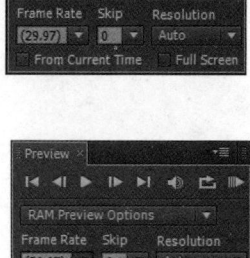

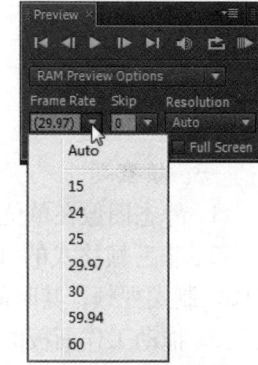

图 1-73　帧频

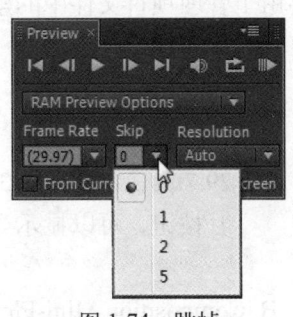

图 1-74　跳帧 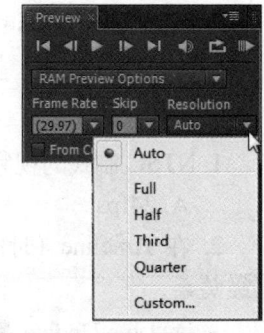　　　　　　　图 1-75　分辨率

1.3.7　Effects & Presets 特效与预设动画面板

Effects & Presets（特效与预设）面板中包括了所有的滤镜效果和预置动画，可以在选择需要的图层对象后，在效果列表中找到并双击需要的特效，也可以通过将特效用鼠标按住并拖动到目标对象上来完成特效的添加。在效果列表的 Animation Presets（预设动画）文件夹中，可以直接调用成品动画效果，快速地为目标对象引用一系列完整的动画效果，如图 1-76 所示。

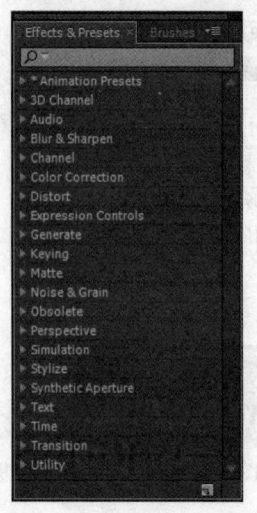

图 1-76　Effects & Presets 特效与预设动画面板

1.4　习题

一、填空题

1. 静态图像在单位时间内切换显示的速度，就是_____，单位为_____。

2. 非丢帧格式的 PAL 制式视频，其时间码中的分隔符号为_____。而丢帧格式的 NTSC 制式视频，其时间码中的分隔符号为_____。

3. 拖动工作面板的过程中单击_____键，可以在释放鼠标后将其变为浮动面板，方便将其停放在软件工作界面的任意位置。在实际的编辑操作中，单击键盘上的_____键，可以快速将当前处于激活状态的面板放大到铺满整个工作窗口，方便对编辑对象进行细致的操作。

4. 在 After Effects 中，_____窗口主要用于管理项目文件中的素材，可以在其中完成对素材的新建、导入、替换、删除、注解和整合等编辑操作。

二、选择题

1. NTSC 制式的视频，实际使用的帧率是（　　）。

　　A. 24fps　　　　　　B. 25fps　　　　　　C、29.7fps　　　　　　D. 30fps

2. 在 Timeline（时间线）窗口中，单击（　　）按钮，可以显示当前项目中嵌套合成的层级关系。

　　A. Live Update　　　　　　　　　　B. Composition Mini-Flowchart

　　C. Enables Frame Blending　　　　　D. Graph Editor

3. 在 Timeline（时间线）窗口中激活（　　）开关时，其他图层的影像内容将不在 Composition（合成）窗口中显示，便于分别查看各个图层的对象并进行编辑。

　　A. Lock　　　　　　　　　　B. Shy

　　C. Frame Blend　　　　　　 D. Solo

4. 使用 Tools 工具面板中的（　　）工具进行涂绘，可以将需要与背景分离开来的前景物体，沿需要的分离边缘绘制出范围，将其从连续的帧中分离出来。

　　A. Selection Tool　　　　　　　B. Rote Brush Tool

　　C. Rotation Tool　　　　　　　 D. Clone Stamp Tool

第 2 章　After Effects CS6 影视编辑基本工作流程

学习要点

- 了解影视项目编辑的准备工作所需要完成的事项
- 掌握导入和管理素材、创建合成项目、在时间线窗口中编排素材等基本编辑操作方法
- 掌握为素材添加、复制、关闭、删除特效的方法，并练习对合成项目进行预览播放的方法
- 了解影片的渲染输出方法，掌握渲染设置中的重点操作部分
- 通过案例实训，对影片编辑的基本工作流程进行实践练习

2.1　影视项目编辑的准备工作

在使用 After Effects CS6 进行视频编辑之前，需要先做好必要的准备工作，主要包括项目的编辑制作方案和相关素材的准备工作。在制作方案中可以罗列出影片的主题、主要的编辑环节、需要实现的目标效果、准备应用的特殊效果、需要准备的素材资源、各种素材文件和项目文件的保存路径设置等，尽量在动手制作前将编辑流程和可能遇到的问题考虑全面，并提前确定实现目标效果和解决问题的办法，作为进行编辑操作时的参考指导，可以为更顺利地完成影片的编辑制作提供帮助。

素材的准备工作，主要包括图片、视频、音频以及其他相关资源的收集，并对需要的素材做好前期处理，以适合影片项目的编辑需要。例如，修改图像文件的尺寸、裁切视频或音频素材中需要的片段、转换素材文件格式以方便导入到 After Effects 中使用、在 Photoshop 中提前制作好需要的图像效果等，并将它们存放到计算机中指定的文件夹内，以便管理和使用。

2.2　素材的导入与管理

在启动 After Effects CS6 时，会默认创建一个空白的项目，导入的素材将会被罗列在 Project（项目）窗口中。在实际编辑工作中，可以根据需要，在当前工作窗口通过执行"File（文件）→New（新建）→New Project（新建项目）"命令，新建一个空白的 Project（项目），开始新的编辑操作。

2.2.1　将素材导入到 Project（项目）窗口

After Effects 支持图像、视频、音频等多种类型和文件格式的素材导入，它们的导入方法都基本相同。将准备好的素材导入到 Project（项目）窗口中，可以通过多种操作方法来完成。

方法 1　通过命令导入。执行"File（文件）→Import（导入）→File（文件）"命令，或

在Project（项目）窗口文件列表区的空白位置，单击鼠标右键并选择"Import（导入）→File（文件）"命令，在弹出的"Import File"（导入文件）对话框中，选取需要导入的素材，然后单击"打开"按钮，即可将所选取的素材导入到Project（项目）窗口中，如图2-1所示。

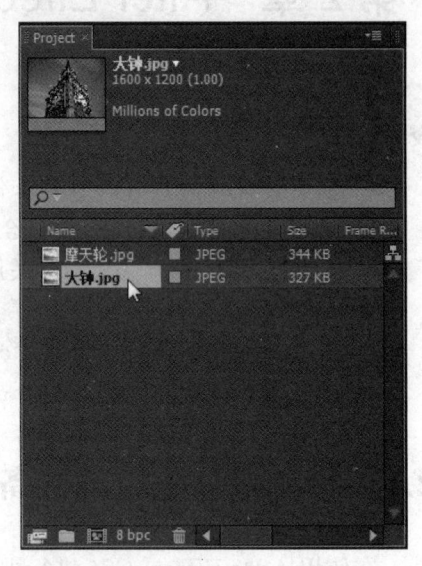

图2-1 导入素材文件

> **TIPS** 在Project（项目）窗口文件列表区的空白位置双击鼠标左键，可以快速打开"Import File"（导入文件）对话框，进行文件的导入操作。

方法2 拖入外部素材。在文件夹中将需要导入的一个或多个文件选中，然后按住并拖动到Project（项目）窗口中，即可快速地完成指定素材的导入，如图2-2所示

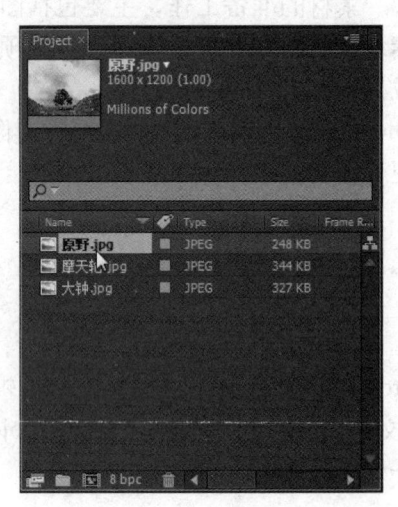

图2-2 拖入素材文件

2.2.2 导入序列图像

序列图像通常是指一系列在画面内容上有连续的单帧图像文件。在以序列图像的方式将其导入时，可以作为一段动态图像素材使用。

After Effects CS6 默认以连续数字序号的文件名作为识别序列图像的标识，在"Import File"（导入文件）对话框中导入序列图像时，只需选择序列图像的第一个文件，After Effects CS6 将自动勾选"Sequence"（序列）复选框，然后单击"打开"按钮，即可将当前文件夹中同一数字序号文件名的文件以序列图像的方式导入，如图 2-3 所示。

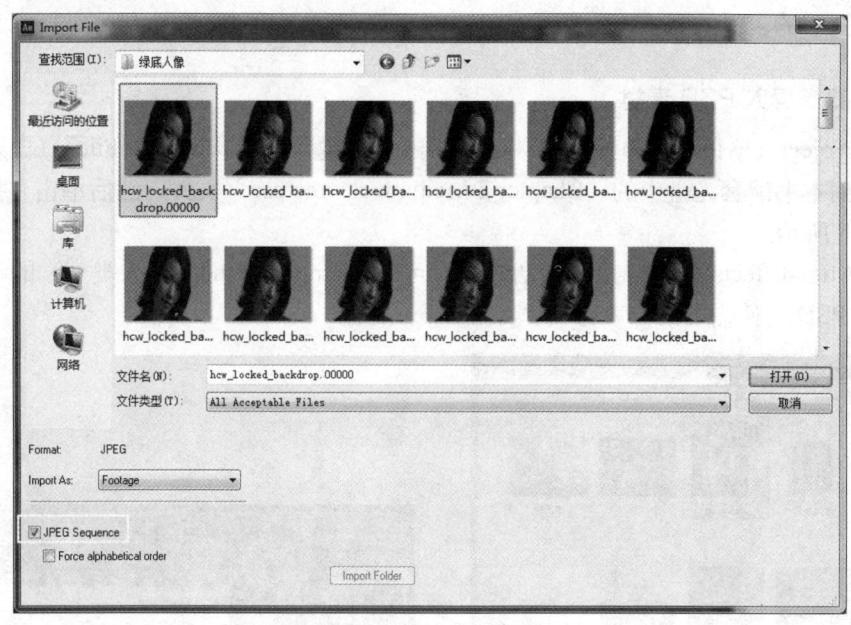

图 2-3　导入序列图像

在 Project（项目）窗口中双击导入的序列图像素材，可以打开 Footage（素材）预览窗口，通过拖动时间指针或按下键盘上的空格键，预览序列图像中的动态内容，如图 2-4 所示。

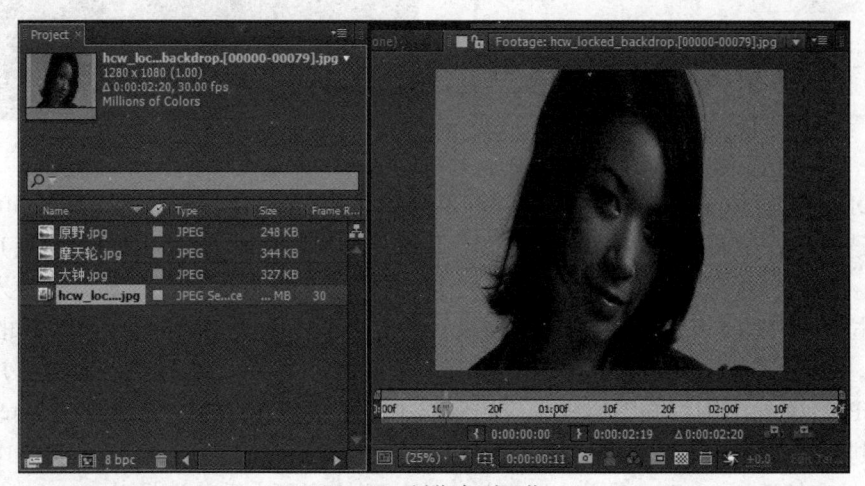

图 2-4　预览序列图像

> **TIPS**　有时候准备的素材文件是以连续的数字序号命名，如果不想以序列图像的方式将其导入，或者只需要导入序列图像中的一个或多个图像，可以在"Import File"（导入文件）对话框中取消对"Sequence"（序列）复选框的勾选，然后执行导入即可。

2.2.3 导入含有图层的素材

在实际的编辑工作中，常常在 Photoshop、Illustrator 等图像编辑软件中制作好需要的多层图像，然后直接导入到 After Effects 中使用，可以很方便地得到包含透明内容、美观的字体、精确的尺寸、特殊滤镜效果的图像素材。这里以导入 PSD 素材为例，介绍在 After Effects 中导入含有图层的素材的方法。

上机实战　导入 PSD 素材

1 在 Project（项目）窗口的空白区域双击鼠标左键，打开"Import File"（导入文件）对话框，找到本书配套光盘中的"Chapter 2\Media\welcome.psd"文件，然后单击"打开"按钮，如图 2-5 所示。

2 在 After Effects CS6 弹出的对话框中，可以在 Import Kind（导入类型）的下拉列表中，选择对 PSD 文件需要的导入方式，如图 2-6 所示。

图 2-5　导入 PSD 文件　　　　　　图 2-6　选择导入类型

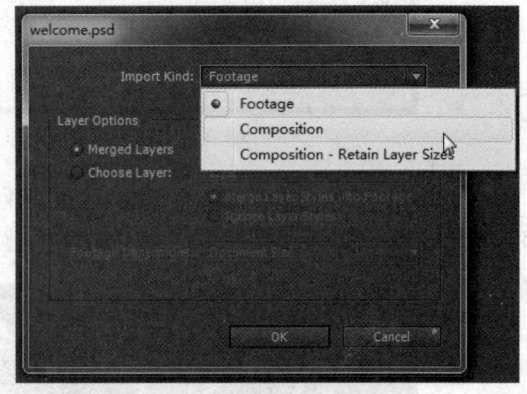

- Footage（素材）：以素材形式导入。当选择该选项时，对话框的 Layer Options（图层选项）栏中将有 Merged Layers（合并图层）或者 Choose Layer（选择层）两个选项。在以合并图层方式导入时，将只生成一个素材层；在以选择层方式导入时，其下拉列表中显示将要导入的文件所包含的各个层，选择需要的层即可，如图 2-7 所示。还可以选择 Merge Layer Styles into Footage（合并图层样式到素材中）选项，将 PSD 文件中图层的图层样式应用到层中，方便快速渲染，但不能在 After Effects 中进行编辑；或选择 Ignore Layer Style（忽略图层样式），忽略 PDS 文件中的图层样式；在 Footage Dimensions（素材大小）下拉列表中默认选择 Document Size（文档大小），即保持 PSD 文件中图层的原始大小和位置，选择 Layer Size（层大小），则可以使 PSD 文件中每个图层都以本层有像素区域的边缘作为导入素材的大小，如图 2-8 所示。

- Composition（合成）：以合成形式导入文件，文件的每一个层都将成为合成中单独的层，并保持与 PSD 中相同的图层顺序。在 Layer Options（图层选项）中选择 Editable

Layer Styles（图层样式可编辑）选项，则可以保持图层样式的可编辑性，在 After Effects 中进行修改编辑。单击"OK"按钮，以 Composition 方式导入 PSD 文件，After Effects 将创建一个合成和一个合成文件夹，如图 2-9 所示。

图 2-7　选择需要导入的图层　　　　　图 2-8　设置图层导入方式

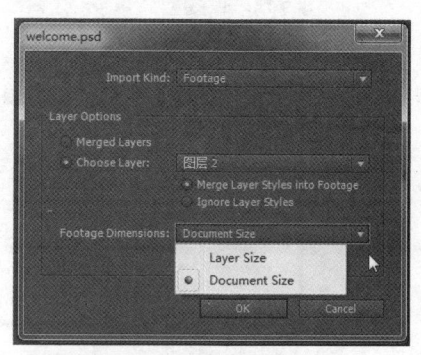

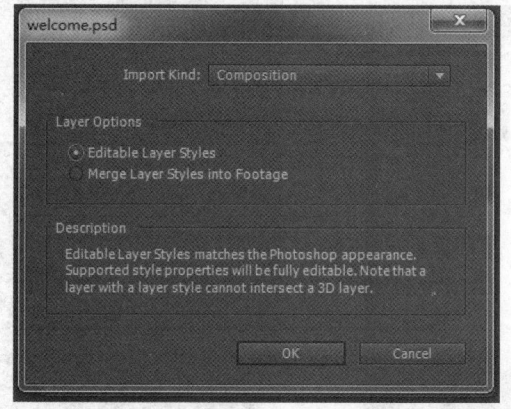

图 2-9　以合成方式导入

- Composition-Retain Layer Size（合成-保持图层大小）：与 Composition 方式基本一样，只是该形式可以直接使 PSD 文件中每个图层都以本层有像素区域的边缘作为导入素材的大小。

2.2.4　导入文件夹

在实际工作中，可以将提前编辑好的各种图像文件，保存在指定的目录中，通过导入文件夹的方式，直接将素材导入 Project（项目）窗口中并保存在相同名称的文件夹内，方便规范管理和识别。在打开"Import File"（导入文件）对话框后，选取需要导入的文件夹，然后单击对话框下面的"Import Folder"（导入文件夹）按钮即可，如图 2-10 所示。

与从文件夹中将图像文件拖入 Project（项目）窗口不同，将只包含了图像文件的文件夹整个拖入 Project（项目）窗口，可以以该文件夹中所有的图像文件生成一个序列图像，即使这些图像文件的文件名没有序列规律，也可以得到序列图像效果，如图 2-11 所示。

> **TIPS**　在将文件夹直接拖入 Project（项目）窗口的同时按下"Alt"键，可以使拖入的文件夹同样生成图像文件夹，而不生成一个序列图像。

图 2-10 导入文件夹

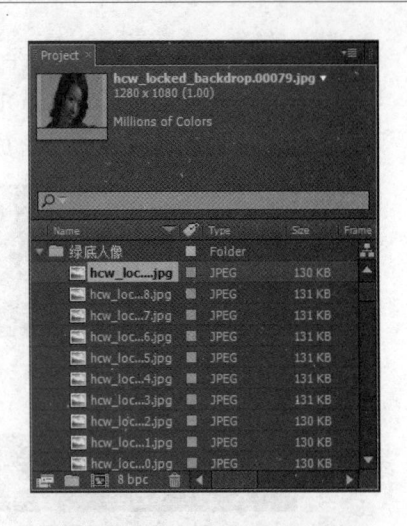

图 2-11 拖入图像文件夹，生成序列图像

2.2.5 新建文件夹

一个复杂的影片项目，常常需要导入大量的素材，如果全部存放在 Project（项目）窗口中，在查找使用时会非常麻烦。通过新建文件夹，可以将 Project（项目）窗口中的素材，按照需要的方式进行分类存放，可以方便查找、选用和整理。

单击 Project（项目）窗口下面的"Create a new Folder"（创建一个新文件夹）按钮■，然后为素材文件列表中新创建的文件夹命名，即可用鼠标将素材拖入到该文件夹中存放，如图 2-12 所示。

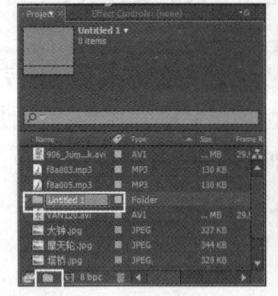

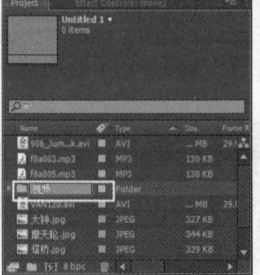

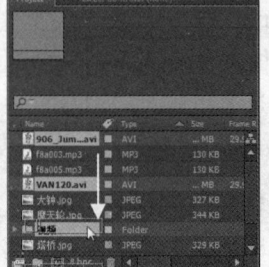

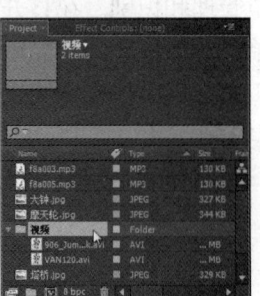

图 2-12 创建文件夹并整理素材

单击文件夹前面的三角形按钮，展开文件夹，可以再次单击 Create a new Folder（创建一个新文件夹）按钮 ，在该文件夹中创建新的文件夹；也可以将其他文件夹拖入到目标文件夹中，对素材进行更详细的分类，如图 2-13 所示。

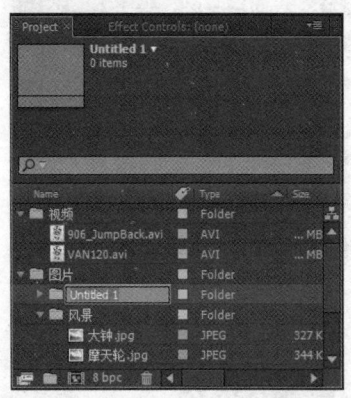

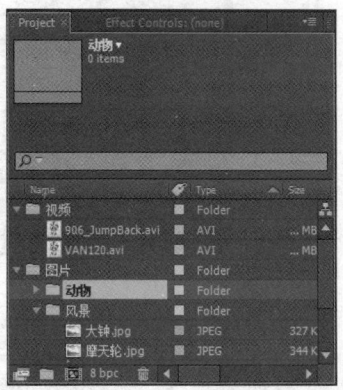

图 2-13　在文件夹中创建新的文件夹

2.2.6　重新载入素材

在实际的工作中，常常会在编辑过程中发现已经导入的素材在准备阶段的编辑不够完善，需要重新修改。但修改完成后的素材文件不会立即自动更新在 After Effects 的效果中，这时就需要执行重新载入来完成了。

上机实战　重新载入素材

1　在 Project（项目）窗口的空白区域双击鼠标左键，打开"Import File"（导入文件）对话框，找到本书配套光盘中的"Chapter 2\Media\welcome.psd"文件，然后单击"打开"按钮，将其以 Composition（合成）的方式导入，如图 2-14 所示。

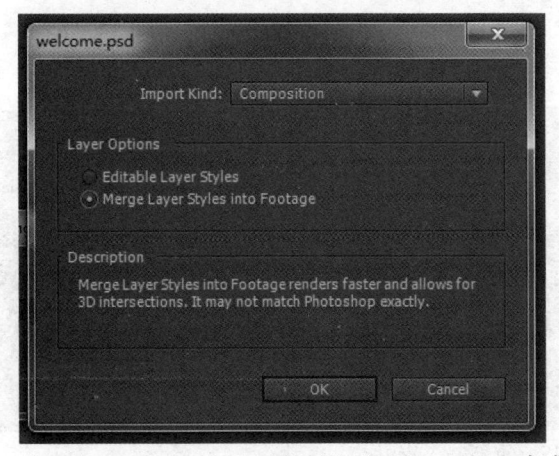

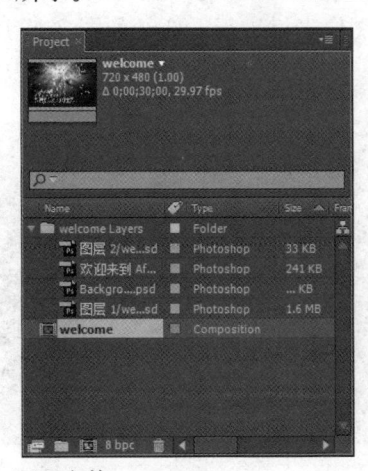

图 2-14　以 Composition 方式导入 PSD 文件

2　双击 Project（项目）窗口中的"welcome"合成，打开 Composition（合成）窗口，查看其图像内容，如图 2-15 所示。

3　在 Photoshop 中打开"welcome.psd"文件，对其中的文字修改颜色和字体，然后保存并退出，如图 2-16 所示。

图 2-15　查看合成内容

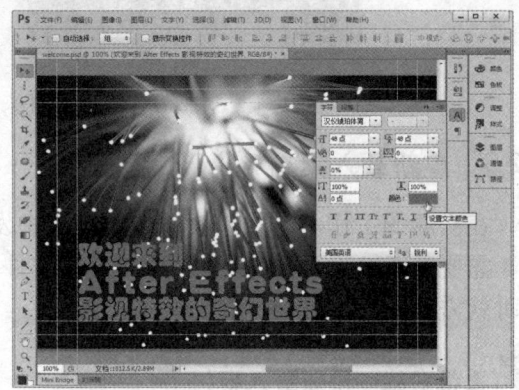

图 2-16　修改文字属性

4　回到 After Effects CS6 中，在 Project（项目）窗口中展开 PSD 合成的文件夹，在文字图层上单击鼠标右键并选择"Reload Footage（重新载入素材）"命令，即可将在外部修改后的图像素材进行更新，如图 2-17 所示。

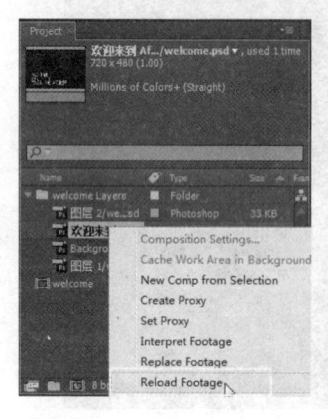

图 2-17　重新载入素材

2.2.7　替换素材

通过替换素材操作，可以快速地将当前合成中被替换的素材文件，替换成另外的素材内容，并且自动更新当前合成中所有应用了该素材的内容。在 Project（项目）窗口中需要被替换的素材上单击鼠标右键并选择"Replace Footage（替换素材）→File（文件）"，在弹出的对话框中选取要换成的素材文件并单击"打开"按钮，即可完成对所选素材的替换，如图 2-18 所示。

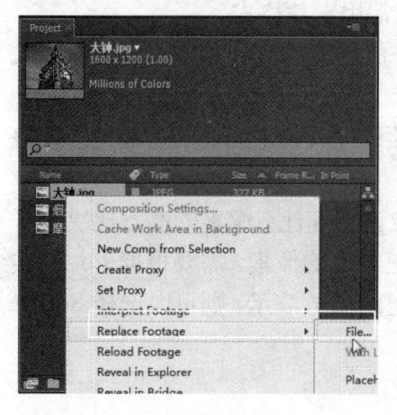

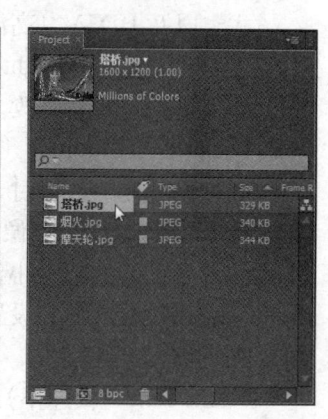

图 2-18 替换素材

2.2.8 素材与文件夹的重命名

默认情况下，导入到 Project（项目）窗口中的素材保持与导入前的文件名相同。为方便查看与管理，可以根据需要对其进行重新命名，方便识别与查找。在需要为素材或文件夹重新命名时，可以在选择该素材或文件夹后，单击鼠标右键并选择"Rename（重命名）"命令，或者直接按"Enter"键，即可进入其名称编辑状态，输入新的名称即可，如图 2-19 所示。

图 2-19 素材的重命名

2.3 创建合成项目

合成项目是编排动画内容的容器，需要创建了合成后才能在其中进行影视项目的编辑。

2.3.1 新建合成

执行"Composition（合成）→New Composition（新建合成）"命令，或者在 Project（项目）窗口中单击鼠标右键并选择"New Composition"命令，也可以打开"Composition Settings"（合成设置）对话框，对新建的合成属性进行设置，如图 2-20 所示。

- Composition Name（合成名称）：为创建的合成命名。
- Preset（预设）：设置合成项目的视频格式。可以选择 NTSC、PAL 制式的标准电视格式，以及 HDTV（高清电视）、Film（胶片）等其他常用影片格式。
- Width（宽度）/Height（高度）：显示了当前所设置合成图像的宽度和高度，可以输入数值进行自定义修改。
- Lock Aspect Ratio to（锁定外观比例为）：勾选该选项，可以锁定画面的宽高比。调整高度或宽度的数值时，另一个数值也会等比改变。
- Pixel Aspect Ratio（像素外观比）：设置合成图像的像素宽高比。像素的高宽比决定了影片画面的实际大小，电视规格的视频基本上没有正方形的像素，需要根据影片的实际应用进行选择和设置，如果只是用于电脑显示器上的播放演示，则可以选择 Square Pixels（方形像素）。
- Frame Rate（帧速率）：设置合成项目的帧速率。
- Resolution（分辨率）：设置合成的显示精度，决定了合成影片的渲染质量。Full 为完整质量；Half 为一半质量；Third 为三分之一质量；Quarter 为四分之一质量。通常都选择 Full，在编辑完成后需要渲染输出时，再根据需要选择输出分辨率。
- Start Timecode（开始时间码）：默认情况下，合成项目从 0 秒开始计时，也可以根据需要设置一个开始值。
- Duration（持续时间）：设置整个合成的时间长度。
- Background Color（背景颜色）：合成窗口的默认背景色为黑色，可以根据需要自定需要的背景色。

不同的视频格式，其画面尺寸、帧速率、像素高宽比也不同，在设置合成属性时，通常在 Preset（预设）下拉列表中选择了视频格式后，就只需要再设置持续时间即可。单击 OK 按钮，即可在 Project（项目）窗口中查看到新创建的合成。

> **TIPS** 在自定义需要的合成设置后，如果需要经常使用，可以单击 Preset（预设）下拉列表后面的 按钮，在弹出的对话框中为新建的预设项目进行命名并保存，如图 2-21 所示，即可在 Preset 下拉列表中选择该设置类型，快速创建需要的合成项目。对于不再需要的预设项目，可以单击 按钮将其删除。

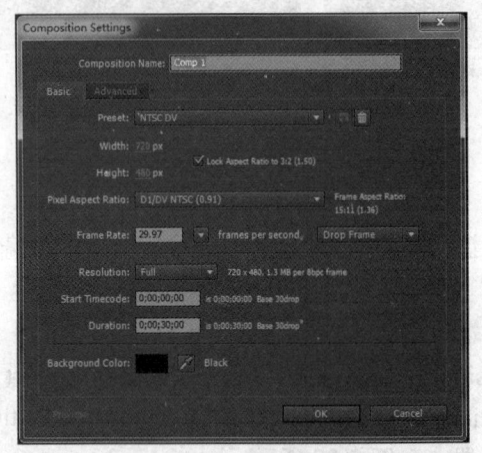

图 2-20 "Composition Settings" 对话框　　图 2-21 为新建的合成预设命名

2.3.2 修改合成属性

在编辑过程中，可以随时根据需要，对合成项目的属性设置进行修改。在 Project（项目）窗口中的合成项目上单击鼠标右键，或在当前项目的 Timeline（时间线）窗口、Composition（合成）窗口的右上角单击 按钮，在弹出的命令选单中选择 Composition Settings（合成设置）命令，或者直接按"Ctrl+K"快捷键，即可打开当前所选合成的属性设置对话框进行修改设置，如图 2-22 所示。

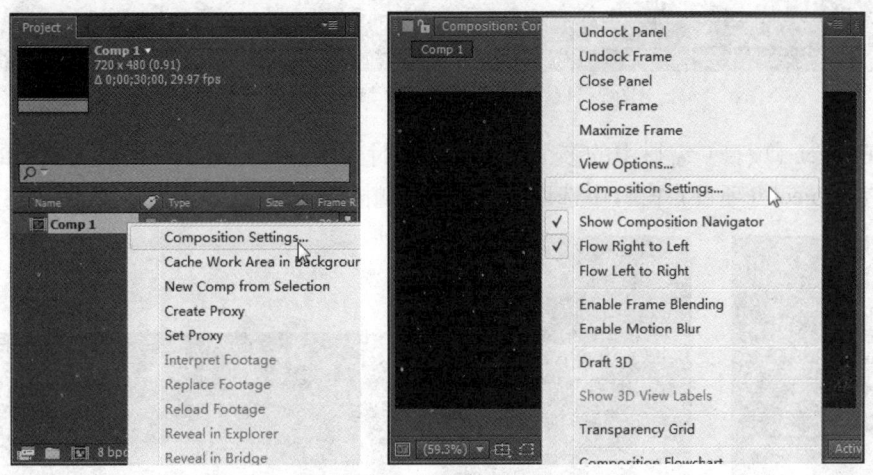

图 2-22　修改项目属性

2.4　在时间线中编排素材

将素材加入到时间线窗口中，通过进行图像层次、时间位置的编排，可以决定影片中各素材内容在播放时出现的先后关系。

2.4.1　将素材加入时间线窗口

将准备好的素材导入到 Project（项目）窗口中后，可以通过用鼠标选择需要加入到 Timeline（时间线）窗口中的一个或多个素材，将其按住并拖动到时间线窗口中，即可在 Timeline（时间线）窗口中创建该素材的图层。

需要注意的是，直接将素材拖入到时间线窗口的图层列表中创建图层时，该图层在时间线中从 0 秒的位置开始，如图 2-23 所示；如果是将素材拖入到时间线区域中，则素材图层将从释放鼠标时所在的位置开始，如图 2-24 所示。

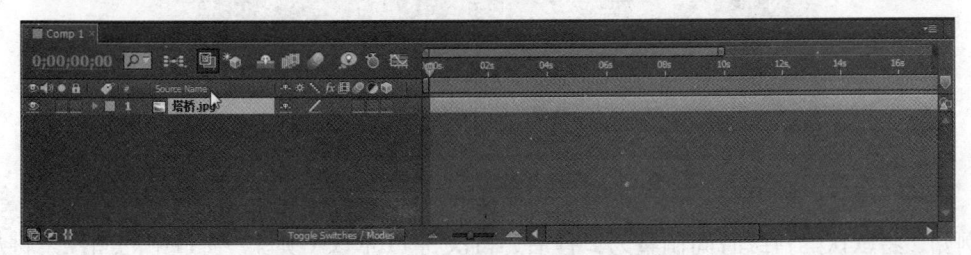

图 2-23　加入到图层列表中的素材

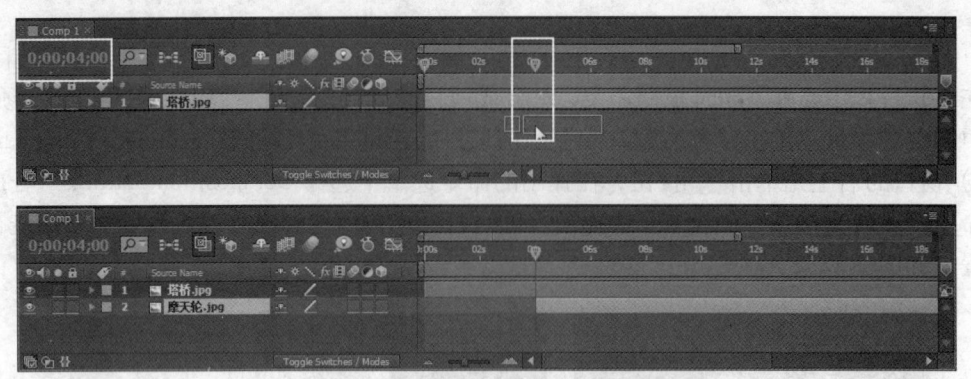

图 2-24 加入到时间线区域中的素材

在将 Project（项目）窗口中的多个素材加入到时间线窗口中时，所生成的图层的上下层次，将与在 Project（项目）窗口中选取素材的先后顺序保持一致，如图 2-25 所示。

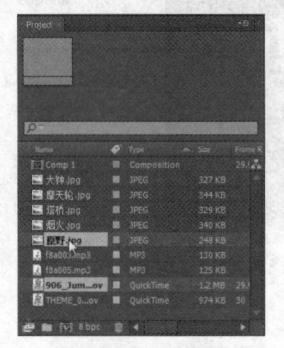

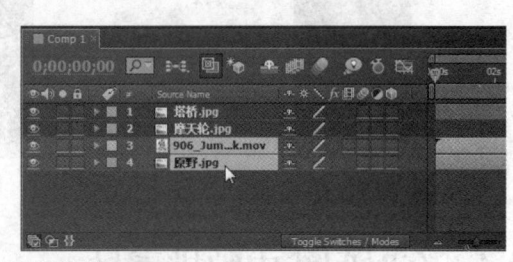

图 2-25 加入多个素材到时间线窗口

2.4.2 修改图像素材的默认持续时间

在前面的操作中可以发现，默认情况下，将 Project（项目）窗口中的图像素材加入到时间线窗口中，素材的持续时间将与合成的持续时间保持一致。通过修改系统的基本参数，可以将图像素材加入时间线窗口中的默认持续时间修改为自定义的长度，方便快速地对同类素材进行持续时间的统一设置。

执行"Edit（编辑）→Preference（参数）→Import（导入）"命令，在"Still Footage"（素材持续时间）选项中输入数值，然后单击"OK"按钮，即可完成对素材默认持续时间的设置，如图 2-26 所示。

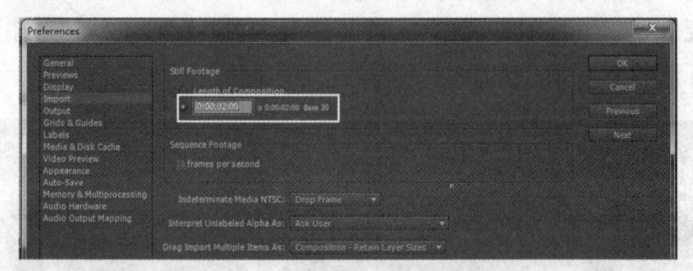

图 2-26 修改素材默认持续时间

例如，将默认的持续时间调整为 2 秒后，再次将 Project（项目）窗口中的图像素材加入到 Timeline（时间线）窗口中时，图像素材的持续时间就会默认为 2 秒，如图 2-27 所示。

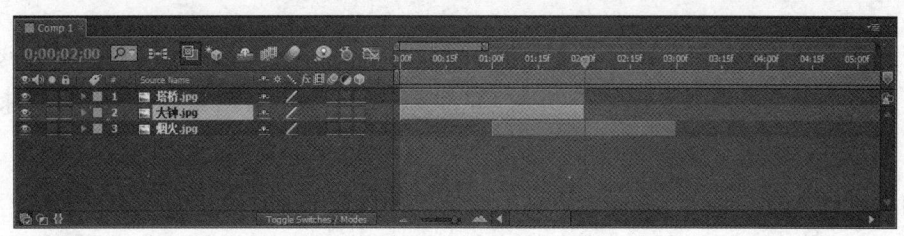

图 2-27　加入素材到时间线

2.4.3　调整入点和出点

在大部分的编辑操作中，都需要对时间线中的部分素材层进行单独的持续时间调整，来得到更精确的时间位置。素材图层在 Timeline（时间线）窗口中的持续时间，就是图层的入点（即开始位置）到出点（即结束位置）之间的长度。

在 Timeline（时间线）窗口中的素材层上按住鼠标并左右拖动光标，可以将该素材层的时间位置整体向前或向后移动，如图 2-28 所示。

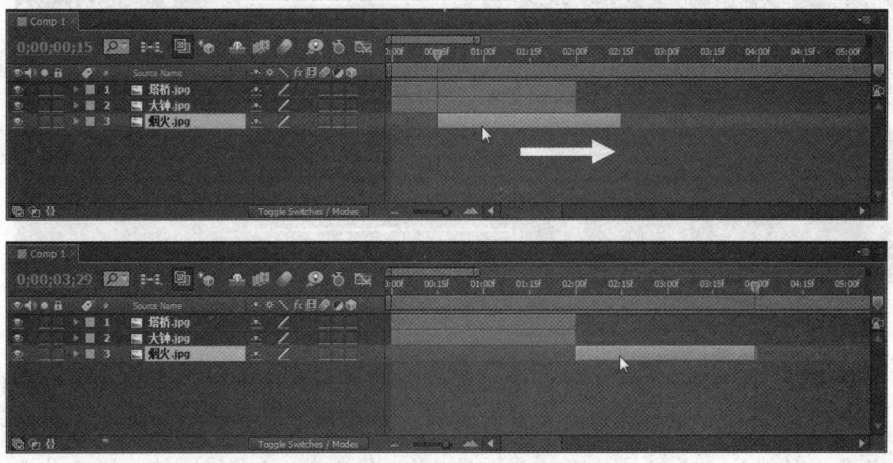

图 2-28　移动图层时间位置

将鼠标移动到图像素材图层的入点，在鼠标光标形状改变为双箭头标记时，按下鼠标左键并向左或向右拖动到需要的时间线位置，即可完成素材入点的设置，如图 2-29 所示。同样，用鼠标按住并左右移动图像素材图层的出点，也可以调整素材出点的时间位置。

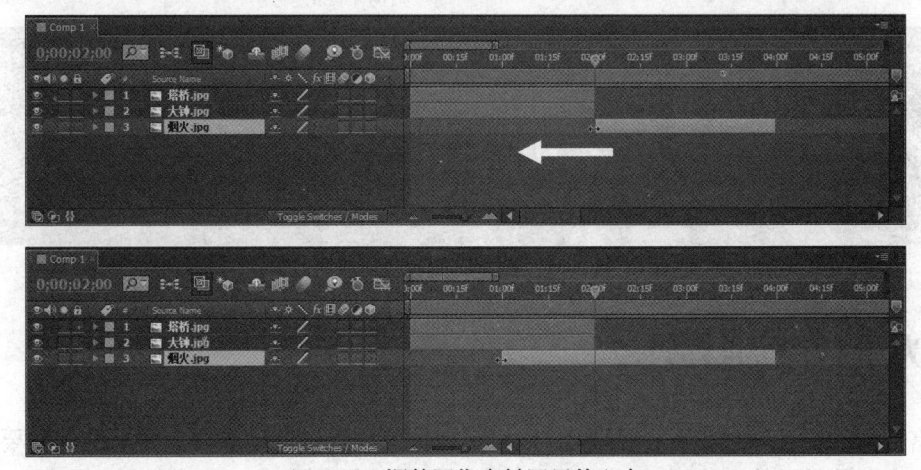

图 2-29　调整图像素材图层的入点

> 在选择素材图层后，按下键盘上的 I 键（即入点 In），可以直接将时间指针移至该图层的开始时间位置；按下 O 键（即出点 Out），则将时间指针移至图层结束的时间位置。

与图像素材不同，视频、音频、序列图像等本身具有确定时间长度的动态素材，只能通过向右拖动入点或向左拖动出点，来调整动态素材的开始和结束位置。也可以利用此方法，截取动态素材中需要的片段应用到影片合成中，如图 2-30 所示。

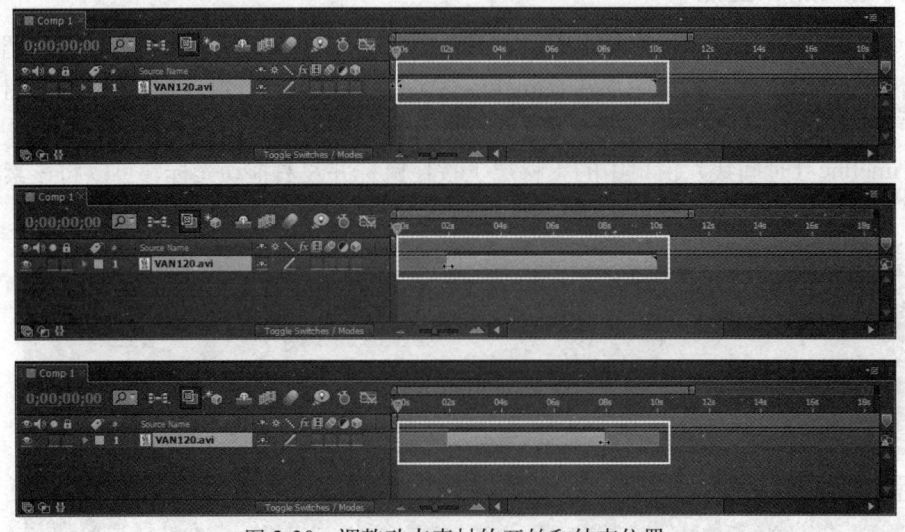

图 2-30　调整动态素材的开始和结束位置

> 在需要调 Timeline（时间线）窗口中时间标尺的显示比例以方便查看和操作素材图层时，可以通过调整时间导航条的开始、结束点以及停靠位置，或拖动比例缩放条上的滑块，或直接按下键盘上的＋（加号）或－（减号）键，快速放大（最大可以放大到每单位一帧）或缩小时间标尺的显示比例，方便进行精细准确的编辑操作，如图 2-31 所示。

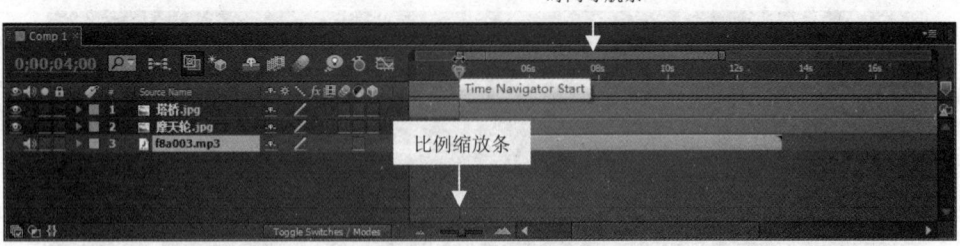

图 2-31　调整时间标尺比例

2.5　为素材添加特效

丰富强大的视频特效，是 After Effects 在影视特效编辑软件中取得领先地位的重要原因。通过应用各种特效并恰当设置，可以得到精彩的影像效果。

2.5.1 添加特效

在 After Effects CS6 中，可以通过以下 4 种方法来为素材图层添加特效。

（1）选择 Timeline（时间线）窗口中需要添加特效的层，或在 Composition（合成）窗口中直接选取素材对象，然后在主菜单中点击 Effect（特效）菜单，从其中选择需要添加的特效即可，如图 2-32 所示。

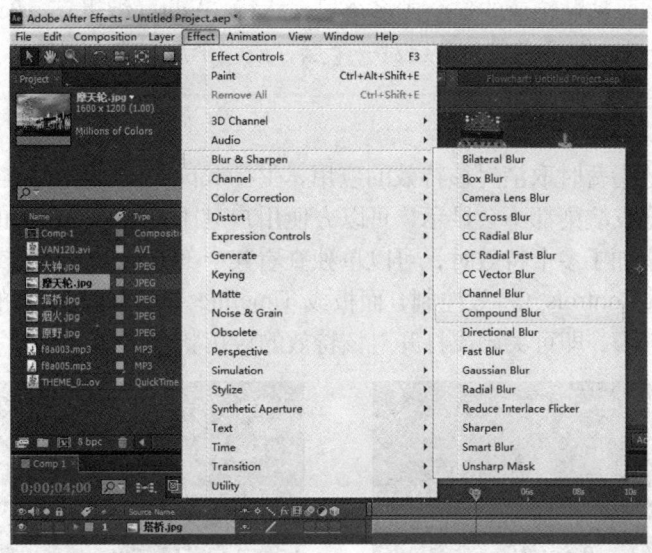

图 2-32　选择需要添加的特效命令

（2）在 Timeline（时间线）窗口中用鼠标右键单击需要添加特效的层，在弹出菜单的 Effect（特效）子菜单中选择需要添加的特效。

（3）在 Composition（合成）窗口中用鼠标右键单击需要添加特效的对象，在弹出菜单的 Effect（特效）子菜单中选择需要添加的特效。

（4）在 Affect & Presets（特效与预设）面板中展开特效文件夹，双击其中的特效命令，即可将其添加到当前所选的素材图层上；或者直接将其拖到 Timeline（时间线）窗口或 Composition（合成）窗口中需要添加特效的图层或素材上，如图 2-33 所示。

在为素材图层添加了特效后，After Effects CS6 将自动打开 Effects Controls（特效控制）面板并显示该特效的设置选项与参数，在其中可以编辑特效效果，如图 2-34 所示。

图 2-33　Effect & Presets（特效与预设）面板 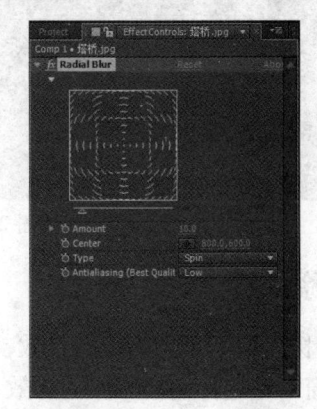　　　图 2-34　Effects Controls（特效控制）面板

2.5.2 复制特效

After Effects 允许用户在不同的图层间复制和粘贴特效效果，快速地对多个素材图层统一应用视频特效。

在设置好特效的参数后，在 Effect Controls（特效控制）面板中选取来源层的一个或多个特效，执行"Edit（编辑）→Copy（复制）"命令或按"Ctrl+C"快捷键，然后在 Timeline（时间线）窗口中选择需要粘贴特效的一个或多个层，执行"Edit（编辑）→Paste（粘贴）"命令或按"Ctrl+V"快捷键，即可完成一个层对一个层，或一个层对多个层的特效效果的复制。

2.5.3 关闭特效

关闭特效效果是指暂时取消对该特效的应用，在 Composition（合成）窗口中也不显示该特效效果，进行预览或渲染都不会显示，可以方便用户对比应用特效前后的效果对比；或者在为某个素材图层添加了多个特效时，可以单独查看其中部分特效的应用效果。

通过单击 Effect Controls（特效控制）面板或 Timeline（时间线）窗口的图层属性编辑区域中的特效开关图标，即可关闭或打开对该特效的应用状态，如图 2-35 所示。

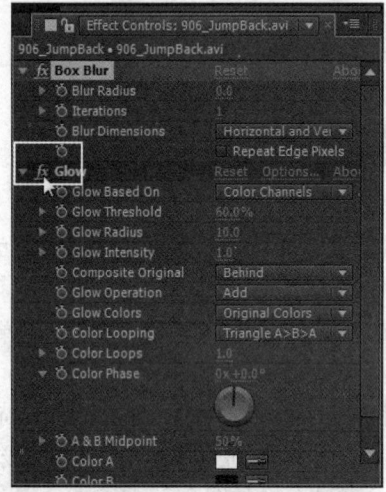

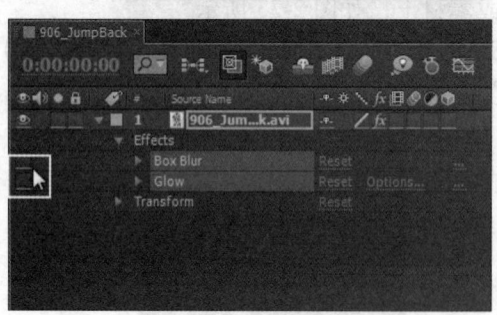

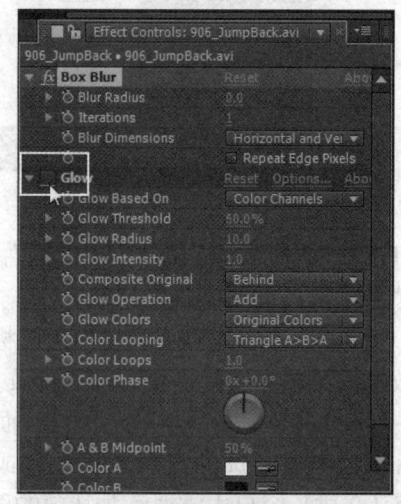

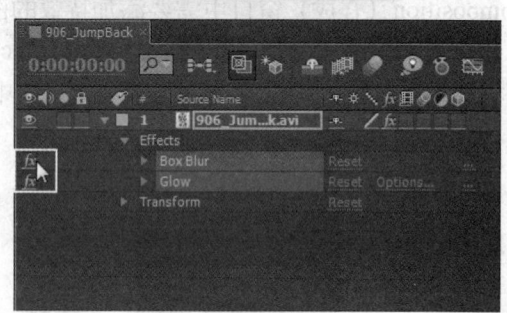

图 2-35　关闭与打开特效

2.5.4 删除特效

对于素材图层上不再需要的特效，可以在 Effect Controls（特效控制）面板或 Timeline（时间线）窗口中选择需要删除的特效名称，然后按键盘上的 Delete（删除）键或执行"Edit（编辑）→Clear（清除）"命令删除。

如果需要一次删除图层上的全部特效，只需要在 Timeline（时间线）窗口或 Composition（合成）窗口中选择需要删除特效的图层，然后执行 "Effect（特效）→Remove All（输出所有）" 命令即可。

2.6　预览合成项目

在完成一个效果或一个阶段的编辑后，可以通过预览操作来查看当前的影片效果。在实际操作中，最简单常用的方法，就是通过向前或向后拖动 Timeline（时间线）窗口中的时间指针，来即时预览当前合成中的影片效果；单击 Preview（预览）面板中的 Play/Pause（播放/暂停）▶按钮或直接按下键盘上的空格键，可以从 Timeline（时间线）窗口中时间指针的当前位置开始预览播放；单击 Preview（预览）面板中的 RAM Preview（内存预览）▶按钮，可以启用内存进行渲染预览，渲染得到的临时文件可以被保存。

> **TIPS** 在进行播放预览时，通过单击 Timeline（时间线）窗口中图层属性编辑区的 Quality（质量）开关■，切换 Composition（合成）窗口中的图像质量到低质量■状态，可以加快图像与特效的预览渲染速度。

在执行预览播放和内存预览时，预览的范围都是 Timeline（时间线）窗口中当前的 Work Area（工作区域）范围。所谓工作区域，就是在编辑过程中或最终输出时需要渲染的时间范围，默认情况下与合成的时间长度相同，在时间线窗口中可以通过调整工作区的开始点、结束点以及拖动 Work Area（工作区域）滑块来调整其时间位置，如图 2-36 所示。

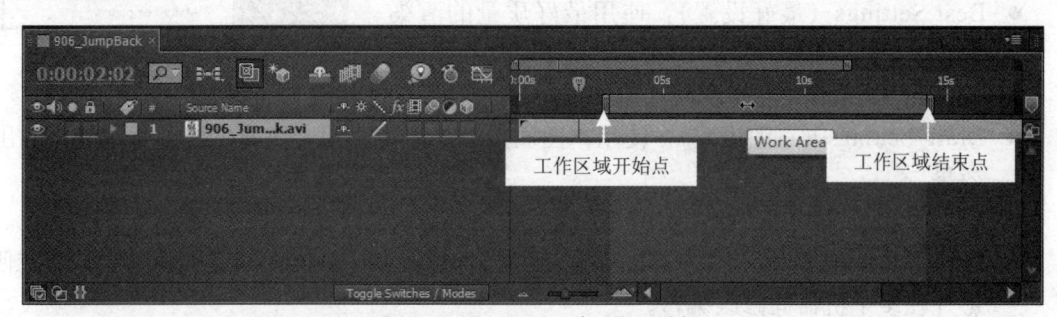

图 2-36　Work Area（工作区域）

> **TIPS** 将时间指针定位到需要的位置后，按下键盘上的 "B" 键或 "N" 键，可以快速地设定 Work Area（工作区域）的开始点或结束点；双击 Work Area 滑块，可以将工作区域恢复到整个合成的长度。

2.7　影片的渲染输出

渲染就是将编辑完成的合成项目转换输出成独立影片文件的过程。当影片完成编辑后，打开需要输出影片的合成，执行 "File（文件）→Export（输出）→Add to Render Queue（添加到渲染队列）" 命令或 "Composition（合成）→Add to Render Queue（添加到渲染队列）"

命令，或者按"Ctrl + M"快捷键，打开 Render Queue（渲染队列）面板，单击面板中各选项前面的三角形图标，可以展开该选项下具体参数设置的显示，如图 2-37 所示。

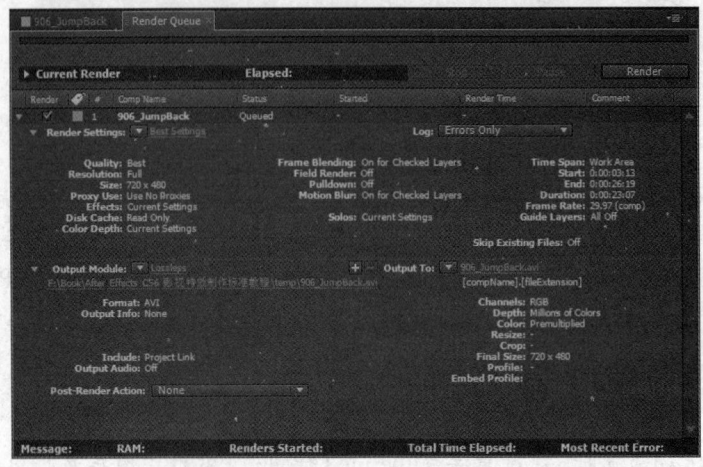

图 2-37　Render Queue（渲染队列）面板

2.7.1　渲染参数设置

在 Render Settings（渲染设置）选项中，显示了当前执行渲染所应用的设置和视频属性。单击 Render Settings 右侧的下拉按钮，可以在弹出菜单中根据需要选择不同的预设渲染模板，如图 2-38 所示。

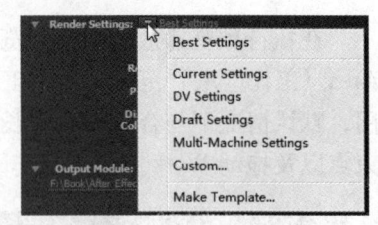

图 2-38　预设渲染模板

- Best Settings（最好设置）：使用最好质量的渲染设置。
- Current Settings（当前设置）：使用当前合成项目中的渲染质量设置。
- Draft Settings（草图设置）：使用草图质量渲染影片，用于快速生成小样或测试输出效果。
- DV Settings（DV 设置）：使用 DV 模式渲染设置。
- Multi-Machine Settings（多机设置）：使用 Photoshop 序列文件的方式输出影片，方便影片在多个机器间修改编辑。
- Custom（自定义）：根据需要进行自定义渲染设置。
- Make Template（制作模板）：用户自定义好常用的渲染设置后，选择此命令，在弹出的"Render Settings Templates"对话框中，为新建的渲染设置模板设定名称，然后单击"OK"按钮，即可将其添加到预设渲染模板列表中，方便以后快速调用，如图 2-39 所示。

单击 Render Settings（渲染设置）选项后面的 Best Settings（最好设置）文字按钮，可以打开 Render Settings 对话框，在其中可以对合成的渲染进行详细的参数设置，如图 2-40 所示。

- Quality（质量）：设置影片的渲染质量。包含了 Best（最佳）、Draft（草图）和 Wire frame（线框）3 种模式，一般情况下选择 Best。
- Resolution（分辨率）：设置影片的渲染分辨率。Full 为完整质量；Half 为一半质量；Third 为三分之一质量；Quarter 为四分之一质量。

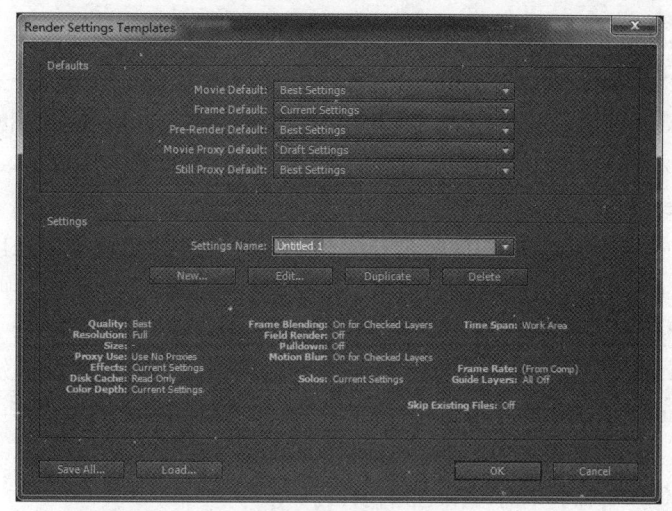

图 2-39 "Render Settings Templates"对话框

- Size（尺寸）：显示当前合成项目的画面尺寸。在 Resolution 下拉列表中选择了 Full 以外的渲染分辨率时，将在此选项后面的括号内容中显示将会生成的实际画面尺寸。

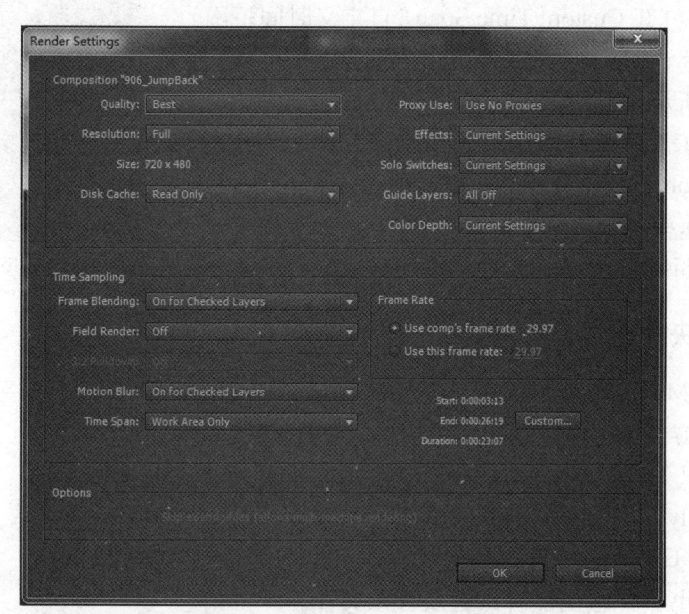

图 2-40 "Render Settings"（渲染设置）对话框

- Disk Cache（磁盘缓存）：设置磁盘缓存。
- Proxy Use（使用代理）：设置渲染时是否使用代理。
- Effects（特效）：设置渲染时是否渲染效果。Current Settings 为应用当前设置；All On 为全部打开；All Off 为全部关闭。
- Solo Switches（独奏开关）：设置是否渲染 Solo（独奏）层。
- Guide Layers（引导图层）：设置是否渲染 Guide（引导）层。
- Color Depth（颜色深度）：设置渲染影片的每个颜色通道的色彩深度，包括 Current Settings（与合成项目一致）、8 位、16 位及 32 位。

- Frame Blending（帧融合）：设置渲染项目中所有层的帧融合。
  - Current Settings：以 Timeline（时间线）窗口中当前的帧融合开关设置为准。
  - On For Checked Layers：只对 Timeline（时间线）窗口中已开启帧融合的层有效。
  - Off For All Layers：关闭所有层的帧融合。
- Field Render（场渲染）：对渲染时的场进行设置。
  - Off：如果要渲染生成的视频是非交错场影片，则选择该项以关闭。
  - Upper/Lower Field First：如果渲染生成的视频为交错场影片，则根据需要在此选择上场优先或下场优先。
- 3:2 Pulldown（3:2 重合位）：设置 3:2 下拉的引导相位，在渲染交错场影片时才可设置。
- Motion Blur（运动模糊）：对渲染项目中的运动模糊进行设置。
- Time Span（时间范围）：设置渲染项目的时间范围。
  - Length Of Comp：表示渲染整个项目。
  - Work Area Only 表示渲染 Timeline（时间线）窗口中的工作区域部分。
  - Custom Time Span（自定义时间范围）：选择 Custom（自定义）选项或单击右侧的 Custom 按钮，将打开 Custom Time Span（自定义时间范围）对话框，可以设置任意渲染的时间范围，如图 2-41 所示。
- Frame Rate（帧速率）：设置渲染生成影片的帧速率。
  - Use Comp's Frame Rate：表示使用合成中所设置的帧速率。
  - Use This Frame Rate：表示使用自定义的帧速率。

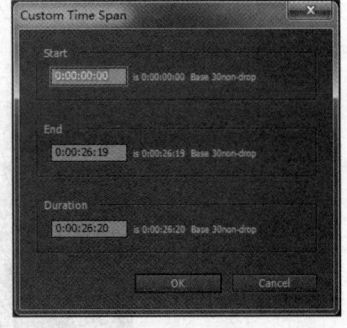

图 2-41　Custom Time Span 对话框

2.7.2　输出模块参数设置

单击 Output Module（输出模块）后面的下拉按钮，可以在弹出的下拉菜单中选择预设的输出文件类型，方便快速设定输出文件格式，如图 2-42 所示。

- Lossless（无损）：无损输出模式，生成无损压缩的 AVI 文件。
- Alpha Only：只输出 Alpha 通道。
- Animated GIF：输出为 GIF 动画。
- Audio Only：只输出声音，生成音频文件。
- Lossless With Alpha：输出带有 Alpha 通道的无损压缩文件。
- Microsoft DV NTSC 32kHz：输出微软 32kHz NTSC 制式的 DV 影片。
- Microsoft DV NTSC 48kHz：输出微软 48kHz NTSC 制式的 DV 影片。
- Microsoft DV PAL 32kHz：输出微软 32kHz PAL 制式的 DV 影片。
- Microsoft DV PAL 48kHz：输出微软 48kHz PAL 制式的 DV 影片。
- Multi-Machine Sequence：输出多机器序列文件。
- Photoshop：输出 Photoshop 的 PSD 格式序列文件。
- RAM Preview：输出 RAM 预览模式。
- Custom：自定义输出设置。
- Make Template（制作模板）：根据需要创建预设的输出模板，如图 2-43 所示。

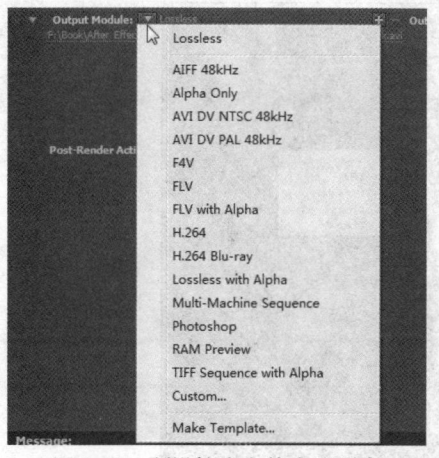

图 2-42 预设输出文件类型列表

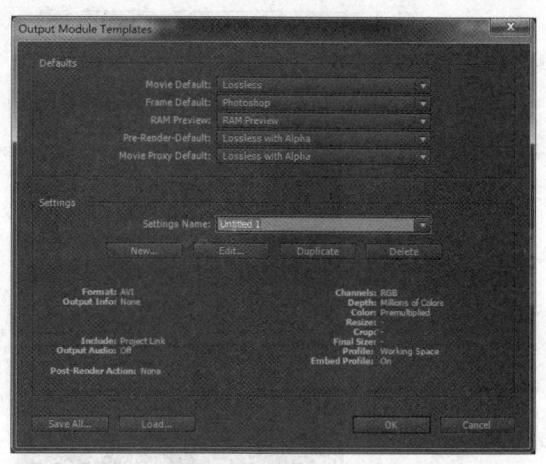

图 2-43 "Output Module Templates"对话框

单击"Output Module"（输出模块）选项后面的"Lossless"（无损）文字按钮，可以打开"Output Module Settings"对话框，在其中可以对渲染影片的输出格式进行详细的参数设置，如图 2-44 所示。

- Format（格式）：设置输出的文件格式。在此选择不同的文件格式，其他选项将显示相应的设置参数，如图 2-45 所示。

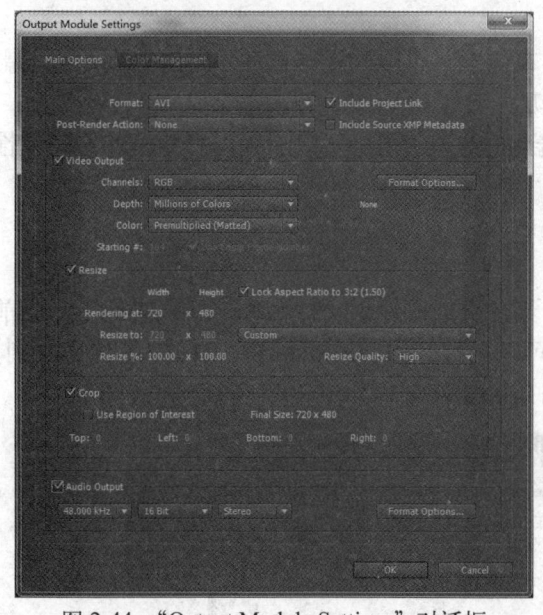

图 2-44 "Output Module Settings"对话框

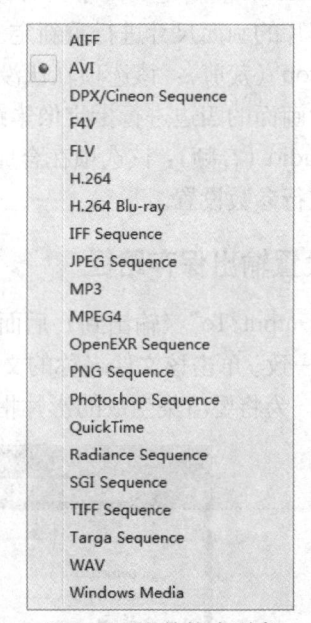

图 2-45 文件格式列表

- Post-Render Action（在渲染动作后）：设置渲染完成后，如何处理所生成影片与软件间的关系。
- Format Options（格式选项）：打开选项对话框，设置影片的视频和音频压缩格式。在上面的 Format（格式）列表中选择不同的文件格式时，在此对话框中的选项也会不同；在 Video（视频）标签中可以为当前所选输出影片选择视频编码格式、画面质量数值等参数；在 Audio（音频）标签中可以设置音频压缩编码、音频交错时间等参数，如图 2-46 所示。

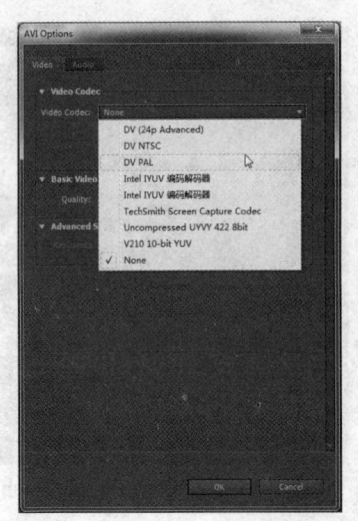

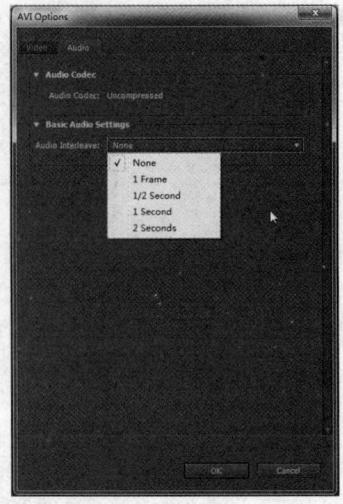

图 2-46 格式选项对话框

- Channel（通道）：设置影片的输出通道。
- Depth（色彩深度）：设置渲染影片的颜色深度。
- Color（颜色）：设置产生的蒙版通道的颜色类型。
- Resize（重新定义大小）：该选项默认没有开启，在需要时可以勾选该选项，对输出影片的画面尺寸进行重新定义。
- Crop（裁剪）：该选项默认没有开启，在需要时可以勾选该选项，可以分别对输出影片画面的四边进行指定像素距离的裁切。
- Audio（音频）：该选项在合成中包含音频时自动开启，可以对输出影片中的音频属性进行参数设置。

2.7.3 设置输出保存路径

在"Output To"（输出到）后面，显示了当前合成的输出文件名称，默认情况下与当前合成名称一致。单击该文件名称的文字按钮，可以在打开的"Output Movie To"（输出影片到）对话框中，为将要渲染生成的影片指定保存目录和文件名，如图 2-47 所示。

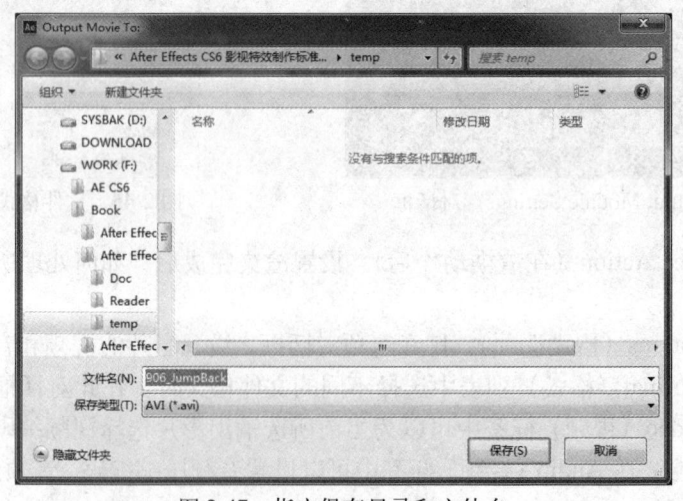

图 2-47 指定保存目录和文件名

单击"Output To"(输出到)选项前的■按钮,可以增加输出影片的数量,并为增加的输出影片单独设置渲染参数、保存路径及文件名等属性;如果不再需要,单击■按钮可以将其删除,如图 2-48 所示。

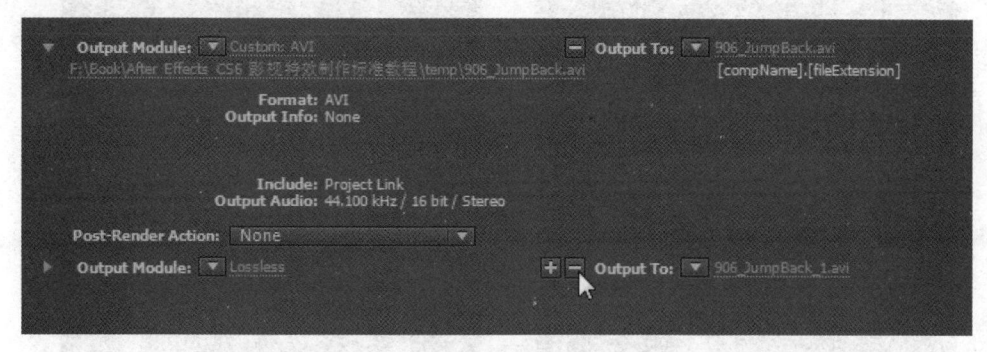

图 2-48　增加或删除输出影片数量

在实际工作中,常常只需要对输出影片的视频格式、保存路径与文件名等进行设置,其他参数保持默认或与合成项目一致,然后单击"Render"(渲染)按钮,即可执行渲染输出。

渲染输出的过程中,在"Current Render"(当前渲染)选项中显示了正在进行的渲染工作进度以及渲染剩余时间、文件预计与最终尺寸、目标磁盘剩余空间等信息,如图 2-49 所示。单击"Pause"(暂停)按钮,可以暂停渲染的进度,再次单击可以继续渲染;单击"Stop"(停止)按钮,可以停止渲染进程。

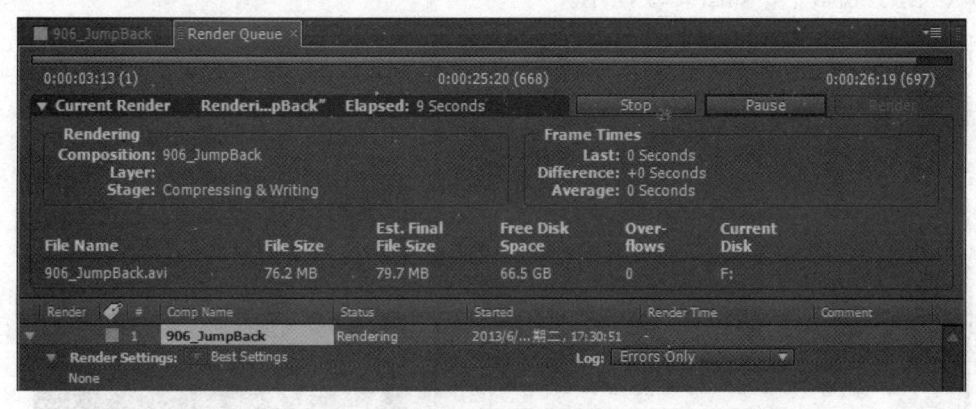

图 2-49　渲染进程

2.8　课堂实训——美丽的地球风景

下面通过一个风光幻灯影片制作,练习在 After Effects CS6 中进行影片编辑的基本工作流程。打开本书配套实例光盘中的"\Chapter 2\美丽的地球风景\Export\美丽的地球风景.avi"文件,先欣赏一下本实例的完成效果,并在观看过程中分析影片的编辑要点,如图 2-50 所示。

图 2-50　观看影片完成效果

操作步骤

1 启动 After Effects CS6，执行"File（文件）→Import（导入）→File（文件）"命令或者按"Ctrl+I"快捷键，打开"Import File"（导入文件）对话框，选取本书实例光盘中的"\Chapter 2\美丽的地球风景\Media"目录下的所有图像文件，然后单击"打开"按钮，将它们导入到 Project（项目）窗口中，如图 2-51 所示。

图 2-51　导入图像素材

2 按"Ctrl+S"快捷键，在打开的"Save As"（保存为）对话框中，为项目文件命名并保存到计算机中指定的目录，如图 2-52 所示。

3 执行"Composition（合成）→New Composition（新建合成）"命令或按"Ctrl+N"快

捷键，打开"Composition Settings"（合成设置）对话框，为新建的合成命名，选择 Preset（预设）为 NTSC DV，设置 Duration（持续时间）为 0:02:00:00（即 2 分钟），然后单击"OK"按钮，如图 2-53 所示。

图 2-52　保存项目文件　　　　　　　　　　图 2-53　设置合成属性

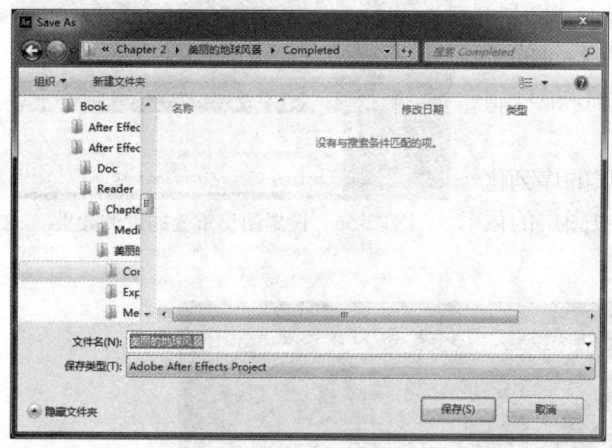

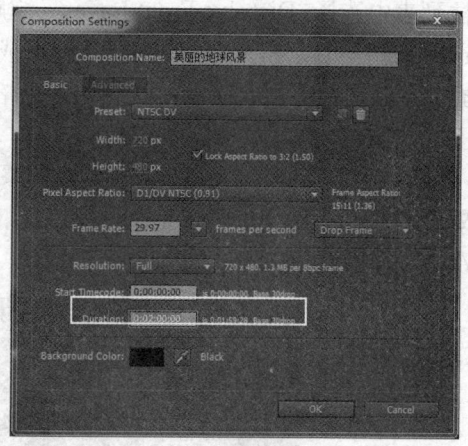

3 在此准备了 30 张风景图片，需要为每张图片安排 5 秒钟的显示时间。执行 "Edit（编辑）→Preference（参数）→Import（导入）"命令，在"Still Footage"（素材持续时间）选项中将图像素材的默认持续时间修改为 0:00:05:00，然后单击"OK"按钮，如图 2-54 所示。

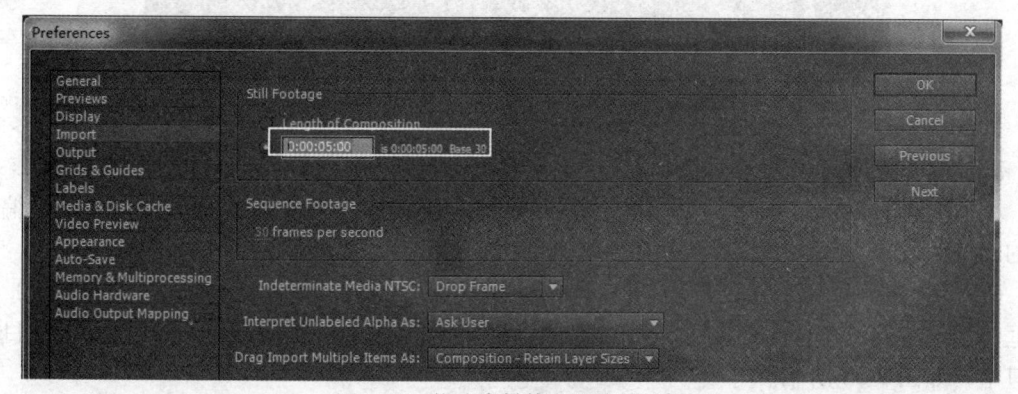

图 2-54　修改素材的默认持续时间

5 在 Project（项目）窗口中从上到下选取所有导入的图像素材，将它们拖入 Timeline（时间线）窗口中，并保持当前默认的对所有图层的选取状态，如图 2-55 所示。

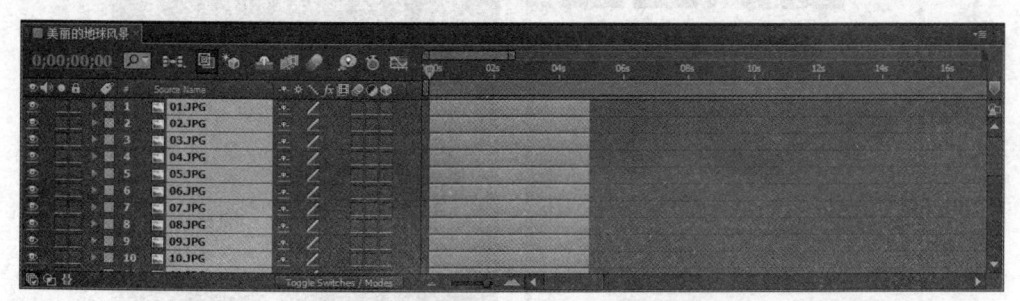

图 2-55　加入输出到时间线窗口中

6　执行"Animation（动画）→Keyframe Assistant（关键帧助理）→Sequence Layers（序列化图层）"命令，在弹出的"Sequence Layers"对话框中，勾选"Overlap"选项并设置 Duration（持续时间）为 1 秒，在下面的 Transition（过渡）下拉列表中选择"Dissolve Front Layer"（溶解上一图层）选项，这样可以使序列化的图层之间形成 1 秒钟的重叠，并在重叠范围内使上面的图层逐渐溶解，显现出下面的图层内容，如图 2-56 所示。

7　单击"OK"按钮，应用对所选图层的序列化处理，即可看见 Timeline（时间线）窗口中图层的依次首尾重叠排列效果，如图 2-57 所示。

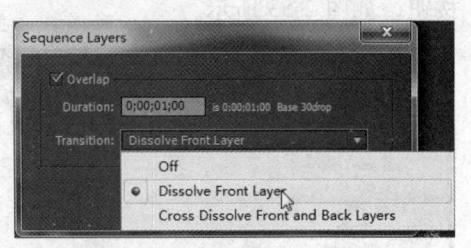

图 2-56　设置图层重叠的过渡效果

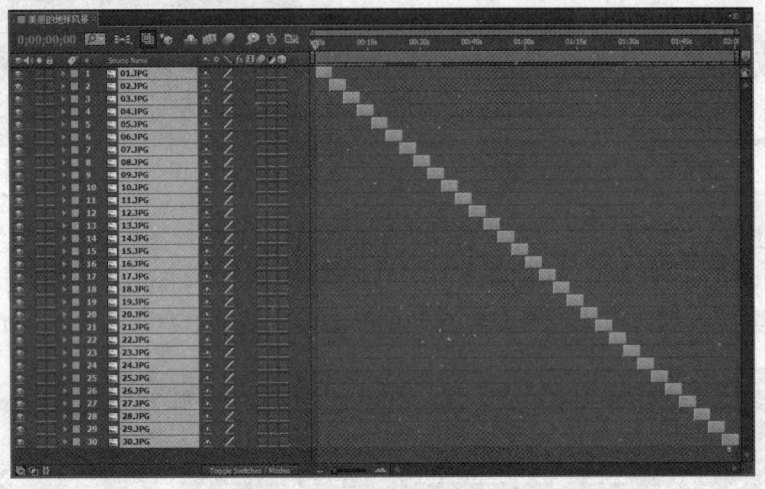

图 2-57　图层序列排列效果

8　拖动时间线窗口中的时间指针或按空格键，在 Composition（合成）窗口中预览编辑好的幻灯片效果。

9　为影片添加一个背景音乐。按"Ctrl+I"快捷键，打开"Import File"（导入文件）对话框，选取本实例素材文件夹中准备的 Forever.wav 音频文件，将其导入到 Project（项目）窗口中，如图 2-58 所示。

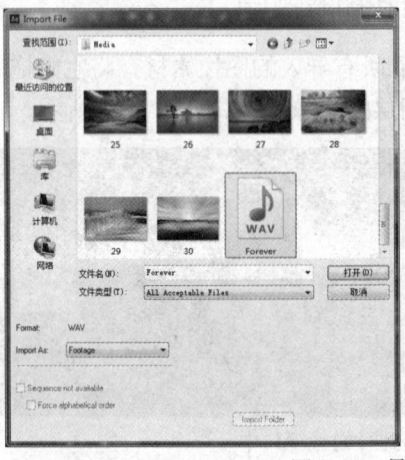

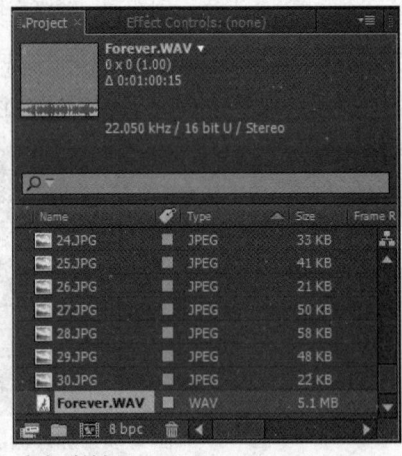

图 2-58　导入音频素材

10 将导入的音频文件加入到时间线窗口中图层编辑区域的最上层，成为图层 1，如图 2-59 所示。

图 2-59 导入音频素材

11 按"O"键，将时间指针定位到图层 1 的出点位置。再次将 Project（项目）窗口中的音频素材拖入到时间线窗口中，并对齐时间指针当前的位置作为开始位置，使其紧跟着第一段背景音乐结束时开始播放，如图 2-60 所示。

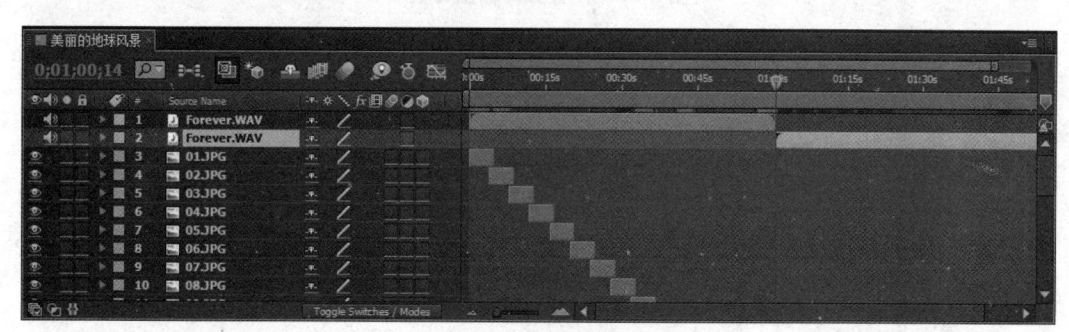

图 2-60 加入音频素材

> **TIPS**　拖动时间指针或按空格键执行的播放是不能预览音频内容的，如果需要预览合成中的声音效果，可以按 Preview（预览）面板中的"RAM Preview"按钮，通过执行内存预览来完成。

12 按"Ctrl+S"快捷键，保存编辑完成的工作。

13 执行"Composition（合成）→Add to Render Queue（添加到渲染队列）"命令，或者按"Ctrl+M"快捷键，将编辑好的合成添加到渲染队列中，单击"Output Module"（输出模块）选项后面的"Lossless"（无损）文字按钮，在打开的"Output Module Settings"对话框中，保持 Format（格式）选项为 AVI。单击"Format Options"（格式选项）按钮，在弹出的"AVI Options"（AVI 选项）对话框中，设置 Video Codec（视频编码）为 DV NTSC；单击"OK"按钮回"到 Output Module Settings"对话框，勾选"Audio Output"（音频输出）复选框，保持默认的选项，应用与合成相同的音频属性，如图 2-61 所示。

14 单击"OK"按钮，回到"Render Queue"（渲染队列）对话框。单击"Output to"（输出到）后面的文字按钮，打开"Output Movie To"（输出影片到）对话框，为将要渲染生成的影片指定保存目录和文件名，如图 2-62 所示。

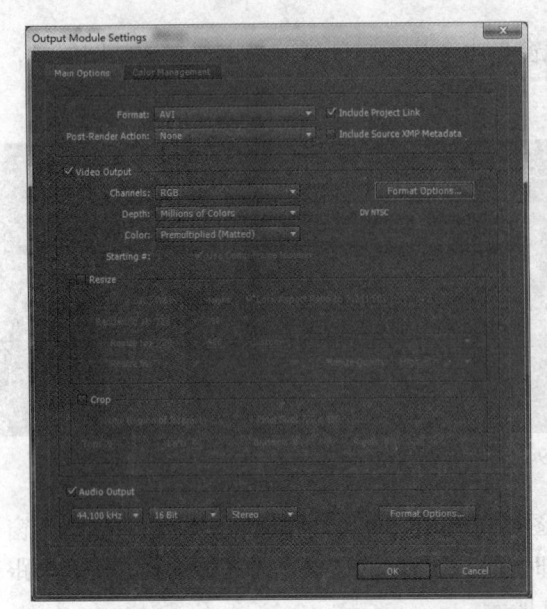

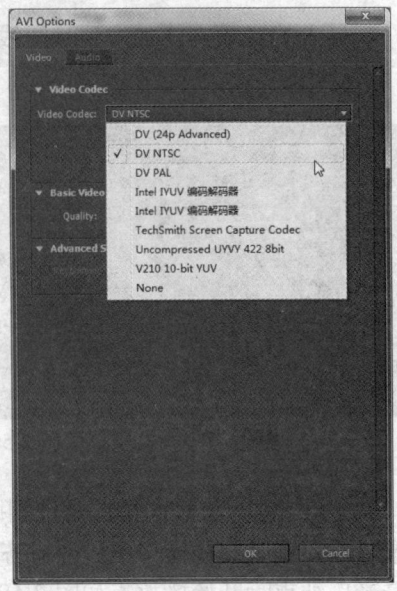

图 2-61 设置影片输出参数

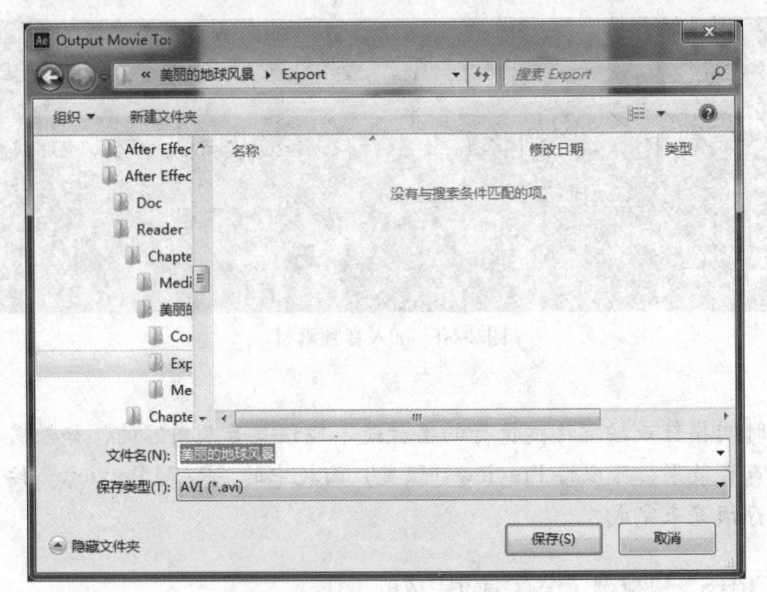

图 2-62 设置保存目录和文件名

15 回到"Render Queue"(渲染队列)对话框中,单击"Render"(渲染)按钮,开始执行渲染,如图 2-63 所示。

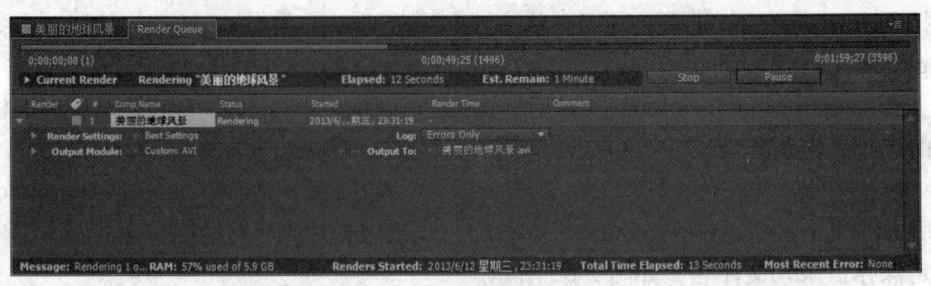

图 2-63 影片渲染进程

> 在执行渲染时，按下键盘上的"Caps Lock"键，可以在执行渲染的同时，停止程序在 Composition（合成）窗口中对渲染结果的即时更新显示，减少系统资源占用，加快渲染速度。

16 渲染完成后，After Effects CS6 将播放提示音。打开影片的输出保存目录，使用 Windows Media Player 即可播放观看，如图 2-64 所示。

图 2-64　在 Media Player 中观看影片输出效果

2.9　习题

一、填空题

1. 执行"File（文件）→Import（导入）→File（文件）"命令，或按_____快捷键，可以打开"Import File"（导入文件）对话框。

2. 在导入 PSD 文件时，在 Import Kind（导入类型）的下拉列表中，选择_____选项，可以将 PSD 文件以合成形式导入，文件的每一个层都将成为合成中单独的层，并保持与 PSD 中相同的图层顺序。

3. 在"Composition Settings"（合成设置）对话框中，取消对_____选项的勾选，可以单独调整合成画面的高度或宽度的数值，而另一个数值保持不变。

4. 素材图层在 Timeline（时间线）窗口中的持续时间，就是图层的_____到_____之间的长度。

5. 在预览编辑好的影片时，如果想要听到影片中的声音效果，可以单击 Preview（预览）面板中的_____按钮，通过启用_____来实现。

二、选择题

1. 在将文件夹直接拖入 Project（项目）窗口的同时按（　　）键，可以使拖入的文件夹同样生成图像文件夹，而不生成一个序列图像。

  A. Ctrl　　　　　B. Alt　　　　　C. Shift　　　　　D. Ctrl+Alt

2. 在"Composition Settings"（合成设置）对话框中修改（　　）的数值，可以设置合成项目的帧速率。

  A. Resolution　　B. Duration　　C. Frame Rate　　D. Start Timecode

3. 在 Timeline（时间线）窗口中选择素材图层后，按键盘上的（　　）键，可以直接将时间指针移至该图层的开始时间位置。

  A. B　　　　　　B. I　　　　　　C. N　　　　　　D. O

第 3 章　创建二维合成

学习要点

- 了解并掌握各种常用图层的创建和编辑方法
- 熟练操作图层的各种基本编辑方法
- 了解图层的基本属性和设置方法，并熟练操作各个基本属性选项的快捷键
- 了解图层样式效果、图层混合模式、图层的轨道蒙版的设置方法和应用效果
- 了解 Parent 父子关系图层的设置方法

3.1 创建图层

在 After Effects 的合成项目中，需要使用多种类型的图层编辑出变化丰富的影片效果。例如用于绘画的图层、调整其他图层色彩的图层、对其他图层产生联动作用的图层等。

3.1.1 由导入的素材创建图层

由导入的素材创建图层，是最常用最基本的图层创建方式。使用鼠标选取 Project（项目）窗口中的素材，将其按住并拖入到时间线窗口中，即可在 Timeline（时间线）窗口中创建该素材的图层，如图 3-1 所示。

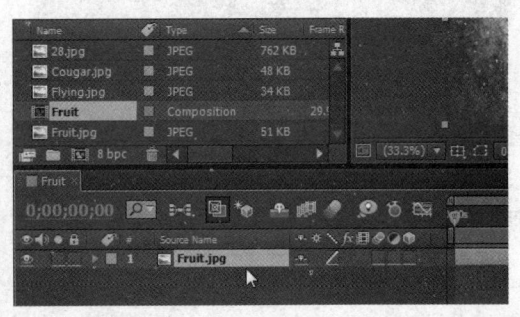

图 3-1　将素材加入到时间线窗口

3.1.2 使用剪辑创建图层

对于视频、音频、序列图像等动态的剪辑素材，可以在 Footage（素材）预览窗口中播放预览其内容，通过设置入点和出点，得到需要加入合成中的剪辑片段，然后将其加入到 Timeline（时间线）窗口中需要的位置，创建出新的图层。

上机实战　使用剪辑创建图层

1 在 Project（项目）窗口中双击导入的视频素材，打开 Footage（素材）预览窗口。在预览窗口中拖动时间指针，即可查看视频素材的影像内容，如图 3-2 所示。

图3-2 预览素材内容

2 将时间指针定位在需要加入到合成中的开始位置，然后单击窗口下面的"Set IN point to current time"（在此时间设置入点）按钮，如图3-3所示。

3 将时间指针定位在需要加入到合成中的结束位置，然后单击窗口下面的"Set OUT point to current time"（在此时间设置出点）按钮，如图3-4所示

图3-3 设置入点　　　　图3-4 设置出点

4 为方便查看接下来的操作效果，先新建一个合成，然后加入一个图像素材到Timeline（时间线）窗口中，并将时间指针定位到中间的一个时间位置，如图3-5所示。

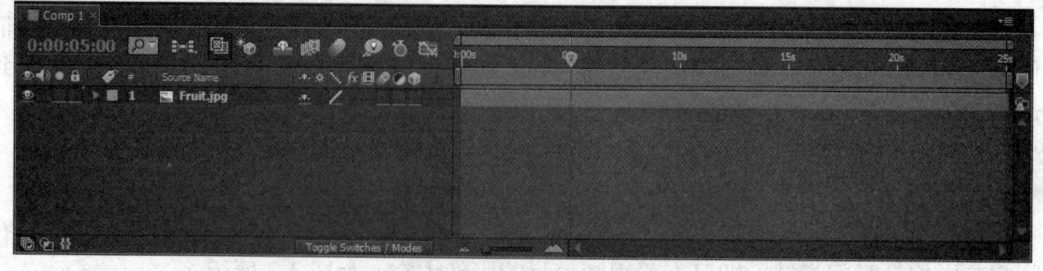

图3-5 新建合成并加入素材

5　回到 Footage（素材）预览窗口中，单击窗口下面的"Overlay Edit"（覆盖编辑）或"Ripple Insert Edit"（波纹插入编辑）按钮，将设置好的剪辑片段加入到 Timeline（时间线）窗口中，如图 3-6 所示。

- Ripple Insert Edit（波纹插入编辑）：将剪辑加入到当前合成的 Timeline（时间线）窗口中的顶部，并使入点对齐到时间指针所在的位置。同时，将其余图层在入点位置分割为两段，分割后的图层对齐到新图层的出点位置，如图 3-7 所示。
- Overlay Edit（覆盖编辑）：将剪辑加入到当前合成的 Timeline（时间线）窗口中的顶部，并使入点对齐到时间指针所在的位置，得到一个新的图层，如图 3-8 所示。

图 3-6　加入素材到时间线窗口

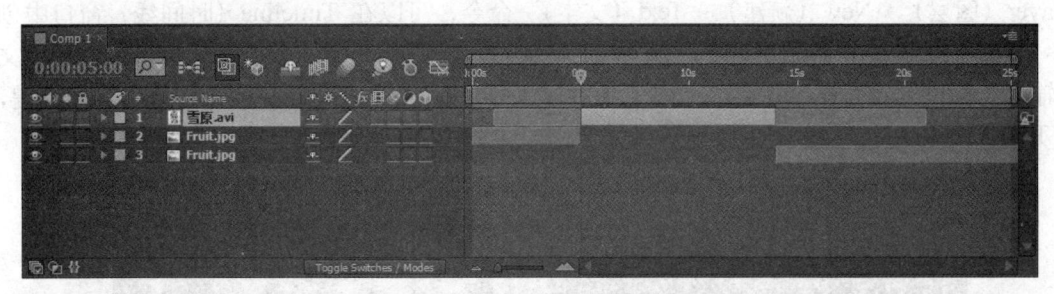

图 3-7　波纹插入编辑

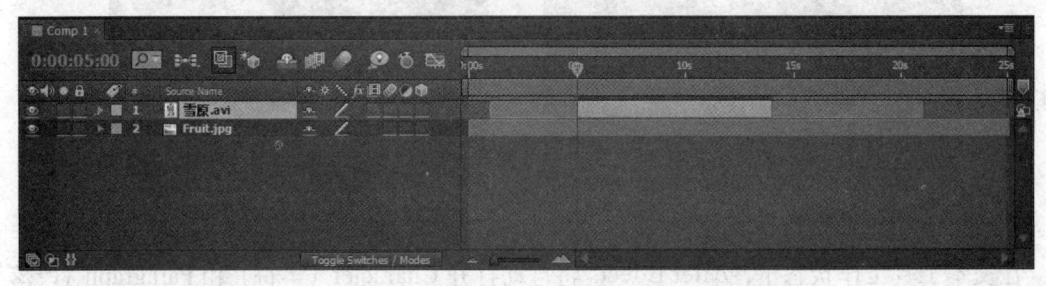

图 3-8　覆盖编辑

3.1.3　使用其他素材替换目标图层

在编辑影片的过程中，如果要将一个素材替换为另外的外部素材，可以使用 Replace Footage（替换素材）命令来完成；被替换素材在当前项目的所有合成中生成的图层，也将会被替换为新的素材内容。如果只是需要将合成中的某个图层直接用 Project（项目）窗口中另外的素材进行单独的替换，可以在按住"Alt"键的同时，从 Project（项目）窗口中选取新的素材并拖动到 Timeline（时间线）窗口中需要替换的图层上，在释放鼠标后，即可将该图层替换为新的素材内容，同时保留对原图层应用的特效及动画设置等效果，如图 2-9 所示。

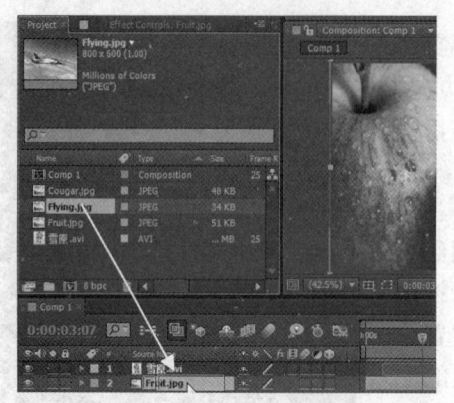

图 3-9 替换图层的素材内容

3.1.4　创建和编辑文本图层

文字是影片的基本内容之一，既可以作为画面信息的表现，也可以美化影片内容。执行"Layer（图层）→New（新建）→Text（文字）"命令，可以在 Timeline（时间线）窗口中创建一个文字图层，并自动切换到文本输入工具状态，在 Composition（合成）窗口中显示出文字输入光标位置；同样，在选取文本工具后，在 Composition（合成）窗口中单击鼠标左键，在 Timeline（时间线）窗口中创建一个文字图层，如图 3-10 所示。

图 3-10　新建文本图层

在文本工具工作状态下，After Effects 将自动打开 Character（字符）和 Paragraph（段落）面板，在其中可以为输入的文字设置字体、字号、颜色、段落对齐等属性，如图 3-11、图 3-12、图 3-13 所示。

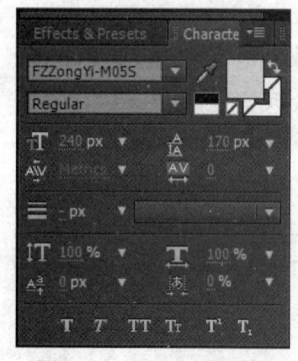

图 3-11　Character 面板 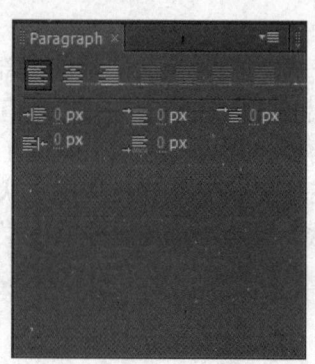　　　图 3-12　Paragraph 面板 　　　图 3-13　输入的文字

3.1.5 创建和修改固态图层

Solid（固态）图层是可以在 After Effects 中直接新建的单一色彩填充素材，可以随时根据需要对其颜色和尺寸进行修改，常用于为影片安排背景色或进行绘画造型。选择激活需要添加固态图层的合成后，执行"Layer（图层）→New（新建）→Solid（固态层）"命令，即可打开"Solid Settings"（固态层设置）对话框，如图 3-14 所示。

- Name（名称）：默认为当前所设置颜色的名称，可以自行输入需要的素材名称。
- Width（宽度）/Height（高度）：宽度和高度，可以输入数值进行自定义修改。
- Units（单位）：在该下拉列表中，选择需要的尺寸单位。
- Pixel Aspect Ratio（像素外观比）：设置固态素材的像素宽高比，默认与当前合成相同。
- Make Comp Size（应用合成尺寸）：单击该按钮，可以将固态素材的尺寸恢复到与合成相同。
- Color（颜色）：单击该颜色块，可以在弹出的"Solid Color"（固态层颜色）对话框中，设置需要的填充色；单击拾色器按钮，可以自由点选窗口界面中的任意色彩成为固态素材的颜色，如图 3-15 所示。

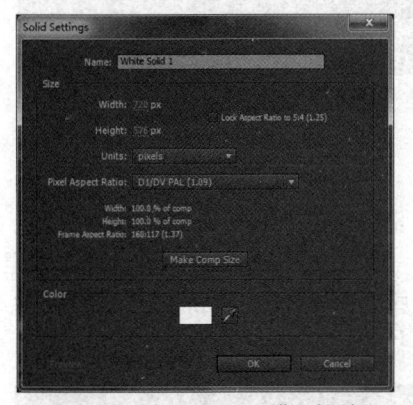

图 3-14 "Solid Settings"对话框

图 3-15 "Solid Color"对话框

为固态素材设置好名称、颜色、尺寸等属性后，单击"OK"按钮，可以在 Timeline（时间线）窗口中的顶部创建出该固态图层，如图 3-16 所示。同时，在 Project（项目）窗口中也将自动新建一个 Solids（固态层）文件夹，在其中将存放所有在当前项目中新建的固态素材，如图 3-17 所示。

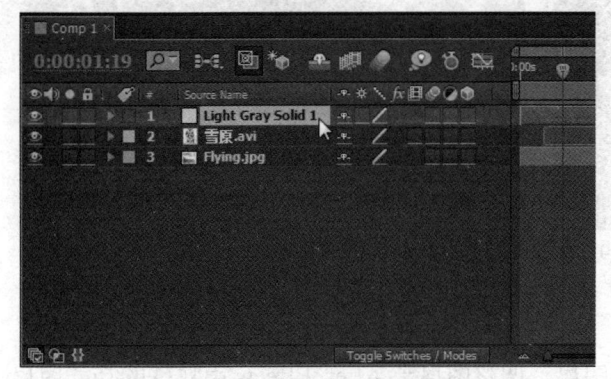

图 3-16 新建的固态图层

图 3-17 存放固态素材的文件夹

3.1.6 创建虚拟物体图层

Null Object（虚拟物体）是一个透明对象，无内容，主要用于与其他图层建立父子关系或加载表达式，以实现与其他图层的联动效果，执行"Layer（图层）→New（新建）→Null Object（虚拟物体）"命令，即可创建一个虚拟物体图层，如图3-18所示。

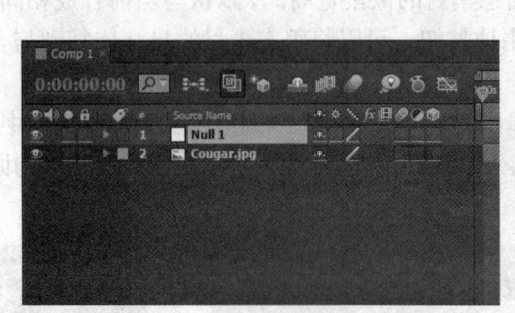

图3-18 创建虚拟物体

3.1.7 创建矢量形状图层

Shape Layer（形状图层）是专门用于绘制自定义矢量图形的图层，可以被自由缩放、变形并保持清晰的图形效果。执行"Layer（图层）→New（新建）→Shape Layer（形状图层）"命令，即可创建一个形状图层，在工具栏中选取绘图工具后，可以在Composition（合成）窗口中进行矢量形状的绘制，如图3-19所示。

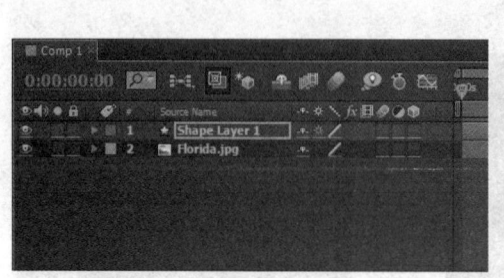

图3-19 创建矢量形状图层

3.1.8 创建调整图层

为单个图层应用特效，只能影响该图层。调整图层是After Effects中特殊的功能图层，自身并没有图像内容，其功能相当于一个特效透镜，可以同时对位于其图像范围下的所有图层应用添加在调整图层上的所有特效,可以快速完成对多个图层的统一特效设置,大大提高了工作效率。

上机实战　创建调整图层

1 新建一个合成,在 Timeline(时间线)窗口中加入一个素材图像。然后执行"Layer(图层)→New(新建)→Adjustment Layer(调整层)"命令,即可在 Timeline(时间线)窗口中的顶部创建出该调整图层,如图 3-20 所示;

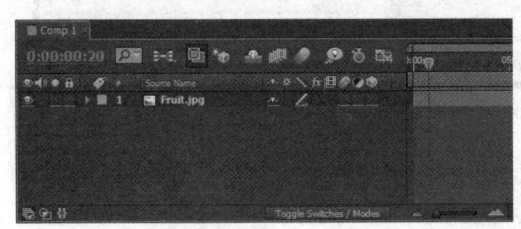

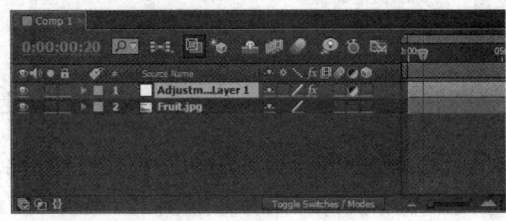

图 3-20　创建调整图层

2 在调整图层上单击鼠标右键,在弹出的命令菜单中点选 Effects(特效)菜单,为其应用一个视频特效,如"Effects(特效)→Stylize(风格化)→Glow(发光)"效果,即可使下面未添加特效的图层影像,显示出发光效果,如图 3-21 所示。

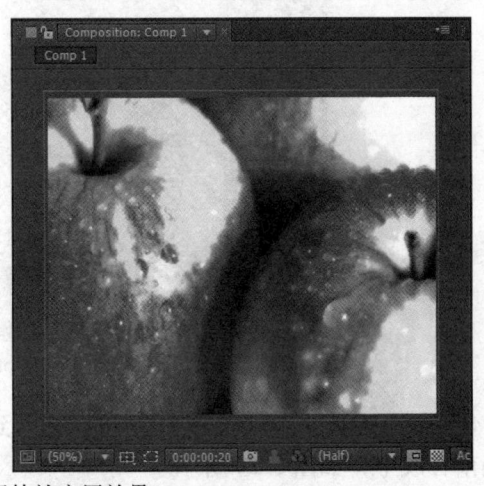

图 3-21　调整图层特效应用效果

3.1.9　创建 Photoshop 文件图层

在 After Effects CS6 中还可以直接创建 Photoshop 文件,通过即时打开 Photoshop 进行编辑,利用 Photoshop 在图像处理方面的强大功能制作出漂亮的图像效果,并将文件快速应用到 After Effects 中。

上机实战　创建 Photoshop 文件图层

1 在 Timeline(时间线)窗口中单击鼠标右键,选择"New(新建)→Adobe Photoshop File"命令,在打开的"另存为"对话框中,为新建的 Photoshop 文件设置保存目录和文件名称,然后单击"保存"按钮,如图 3-22 所示。

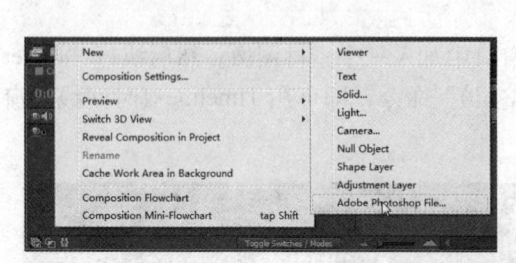

图 3-22 新建 Photoshop 文件

2 Photoshop 将自动启动并创建一个和合成项目相同尺寸的透明背景图像文件。编辑好图像效果后,执行"保存并退出 Photoshop"命令,如图 3-23 所示。

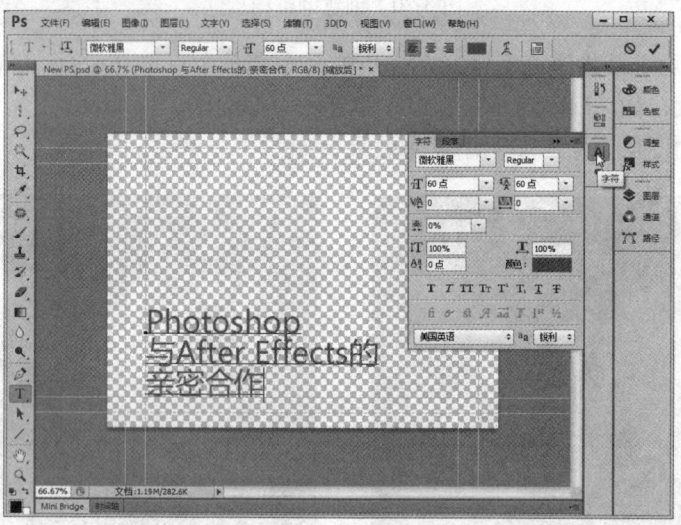

图 3-23 在 Photoshop 中编辑图像

3 回到 After Effects CS6 中,可以查看到在 Photoshop 中编辑的图像文件已经自动加入到当前合成中,如图 3-24 所示。

图 3-24 新建的 Photoshop 文件图层

> 如果新建的 Photoshop 图像没有在合成中显示出来，可以在 Project（项目）窗口中右键单击创建的 Photoshop 文件素材，在弹出的菜单中选择 Reload Footage（重新载入素材）菜单命令，即可更新该素材文件的显示。

3.2 图层的编辑

图层的编辑是进行影视项目制作的基础工作，主要包括调整时间位置、上下层次及修改时间长度等操作。

3.2.1 选取目标图层

要选取目标图层做进一步的编辑操作，除了可以在 Timeline（时间线）窗口中进行点选外，还可以将鼠标移动到 Composition（合成）窗口中时，如果鼠标所在位置在某个图层的图层范围内，则该图层边缘将以高亮显示，此时单击鼠标左键，即可选取该图层，如图 3-25 所示。

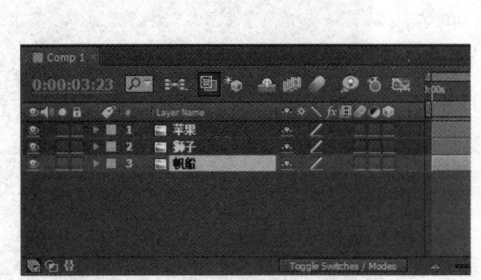

图 3-25 点选目标图层

3.2.2 调整图层的层次

Timeline（时间线）窗口中图层的上下位置，决定了其在 Composition（合成）窗口中显示的上下层次。在 Timeline（时间线）窗口中点选需要移动层次的图层，按住并向目标位置拖动，在释放鼠标后，即可将其调整到需要的层次，如图 3-26 所示。

图 3-26 调整图层层次

在 Composition（合成）窗口中点选需要调整层次位置的图层，然后通过执行"Layer（图层）→Arrange（排列）"菜单下对应的命令或快捷键，也可以快速地改变图层的上下层次，如图 3-27 所示。

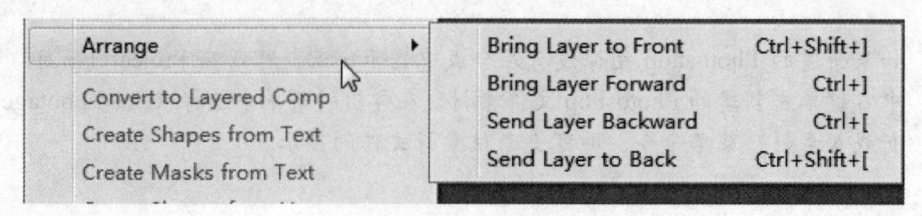

图 3-27　图层排列命令

- Bring Layer to Front（上移至最上层）：将图层向上移动到最上层。
- Bring Layer Forward（上移图层）：执行一次该命令，将图层向上移动一层。
- Send Layer Backward（下移图层）：执行一次该命令，将图层向下移动一层。
- Send Layer to Back（下移至最下层）：将图层向下移动到最下层。

3.2.3　修改图层的持续时间

对于图像素材，可以通过直接使用鼠标在 Timeline（时间线）窗口中的图层上拖动入点或出点来改变其持续时间。对于视频、音频等动态素材，使用同样的方法只能推迟入点或提前出点来截取需要的剪辑部分。

点选需要调整持续时间的图层后，执行"Layer（图层）→Time（时间）→Time Stretch（时间伸缩）"命令，打开"Time Stretch"对话框，通过其中的选项设置，可以实现对图像、视频、音频等素材持续时间的自由调整，如图 3-28 所示。

- Original Duration（原持续时间）：显示该素材图层原始的持续时间。
- Stretch Factor（伸缩率）：通过使用鼠标左右拖动调整数值，或直接单击后输入需要的数值调整素材的持续时间。对于视频、音频等动态素材，在伸缩率低于 100%时，素材图层将加速播放，类似快镜头效果；在伸缩率高于 100%时，素材图层将减速播放，类似慢镜头效果。

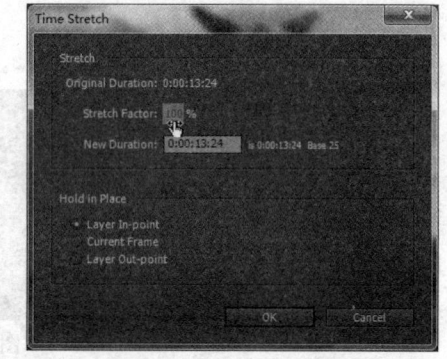

图 3-28　Time Stretch 对话框

- New Duration（新持续时间）：显示调整了伸缩率后新的持续时间，也可以在此直接输入需要的持续时间。
- Layer In-point（图层入点）：锁定图层入点，以入点为基准向后延长或缩短图层的持续时间。
- Current Frame（当前帧）：锁定当前帧，以时间指针当前的位置为基准，向两边延长或缩短图层的持续时间。
- Layer Out-point（图层出点）：锁定图层出点，以出点为基准向前延长或缩短图层的持续时间。

单击 Timeline（时间线）窗口下面的"Expand or Collapse the In/Out/Duration/Stretch panes"（展开或隐藏入点/出点/持续时间/时间伸缩面板）按钮，可以在展开的面板中，使用鼠标对图层的入点、出点、持续时间、伸缩率进行调整，如图 3-29 所示。

图 3-29　调整图层持续时间

3.2.4　修改图层的颜色标签

为了方便区别不同文件类型的素材，After Effects 在 Timeline（时间线）窗口中为不同素材类型的图层预设了不同的标签颜色，如图 3-30 所示。

After Effects 还允许用户自行设置符合使用习惯与工作需要的图层颜色。在 Timeline（时间线）窗口中单击 Label（标签）列对应的图层颜色块，从弹出菜单中选择自己喜好的颜色即可，如图 3-31 所示。

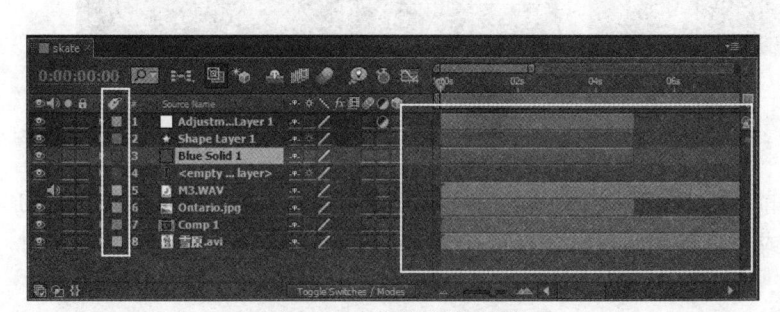

图 3-30　图层的颜色标签　　　　图 3-31　选择标签颜色

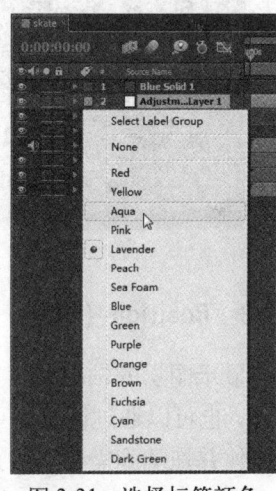

> **TIPS**　点选"Select Label Group"命令，可以同时选中同一颜色类型的所有图层；单击"None"（无）命令，图层的颜色标签将变成灰色。执行"Edit（编辑）→Preferences（参数设置）→Labels（标签）"命令，可以在打开的"Preferences"对话框中，对各种图层类型的标签颜色进行自定义设置。

3.3　图层的属性设置

在 Timeline（时间线）窗口中，单击一个图层名称前面的三角形按钮将其展开，可以看见图层的 Transform（变换）属性组。展开该属性组，即可显示图层的 5 项基本属性，如图 3-32 所示。

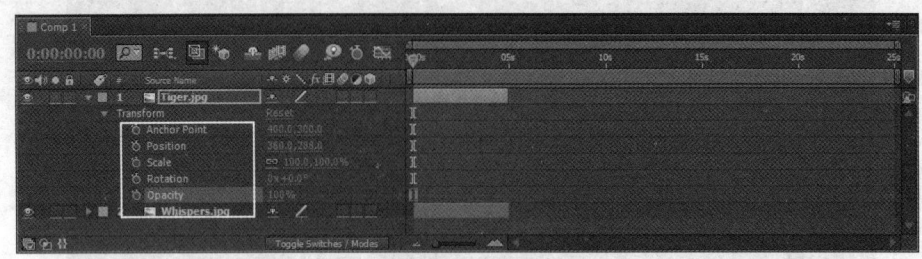

图 3-32　图层的基本属性

3.3.1　Anchor Point（轴心点）

定义图层缩放与旋转的中心，默认位于图层的水平和垂直方向的中心，由水平方向和垂直方向的两个参数定位。可以通过用鼠标拖动、输入数值，或在双击素材图层打开的 Layer 图层预览窗口中按住并拖动 Anchor Point（轴心点）来改变其位置，如图 3-33 所示。

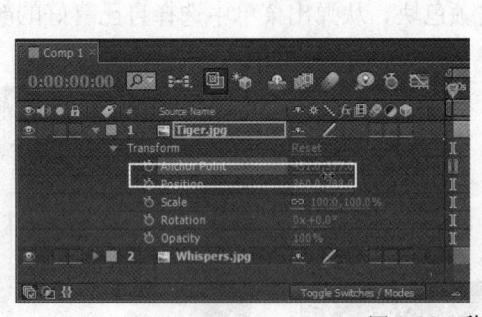

图 3-33　移动图层轴心点

3.3.2　Position（位置）

显示图层的轴心点在当前 Composition（合成）窗口中相当于坐标原点（左上角顶点）的位置，也可以通过调整水平或垂直参数数值，或直接在 Composition（合成）窗口中将图层对象按住并拖动到需要的位置，如图 3-34 所示。

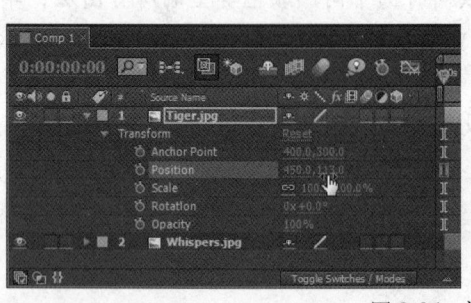

图 3-34　调整图层位置

3.3.3 Scale（缩放）

在调整缩放参数时，默认为水平和垂直方向同时缩放。单击参数数值前面的 开关将其关闭，可以单独调整水平或垂直方向上的缩放大小，如图 3-35 所示。

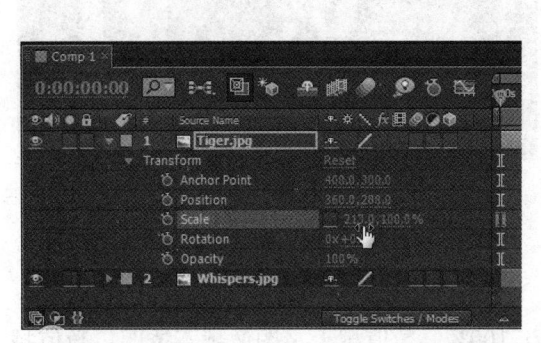

图 3-35　缩放图层大小

在 Composition（合成）窗口中点选图层后，用鼠标按住图层边缘的控制点向内拖动，可以缩小图层图像；按住鼠标并向外拖动，可以放大图像；按住四角的控制点并拖动，可以同时在水平和垂直方向缩放图像，如图 3-36 所示。

图 3-36　用鼠标缩放图层图像

3.3.4 Rotation（旋转）

在旋转参数中，左边的数值为旋转的圈数，右边的数值为旋转的角度，可以通过输入数值或用鼠标调整数值来设置图层的旋转。在工具栏中选取 Rotation Tool（旋转工具） ，即可在 Composition（合成）窗口中按住并旋转图层图像，如图 3-37 所示。

在使用旋转工具旋转图层时按住 "Shift" 键，可以按每 45°的角度旋转；按住 "Alt" 键，可以在范围线框内显示出旋转到目标角度时的图像位置，方便查看旋转角度前后的效果对比，如图 3-38 所示。

图 3-37 使用旋转工具旋转图层 　　　　　　图 3-38 按住 Alt 键旋转图层

3.3.5 Opacity（不透明度）

不透明度参数只有一个百分百数值，默认为 100%。数值越大，图像越不透明；数值越小，图像越透明，如图 3-39 所示。

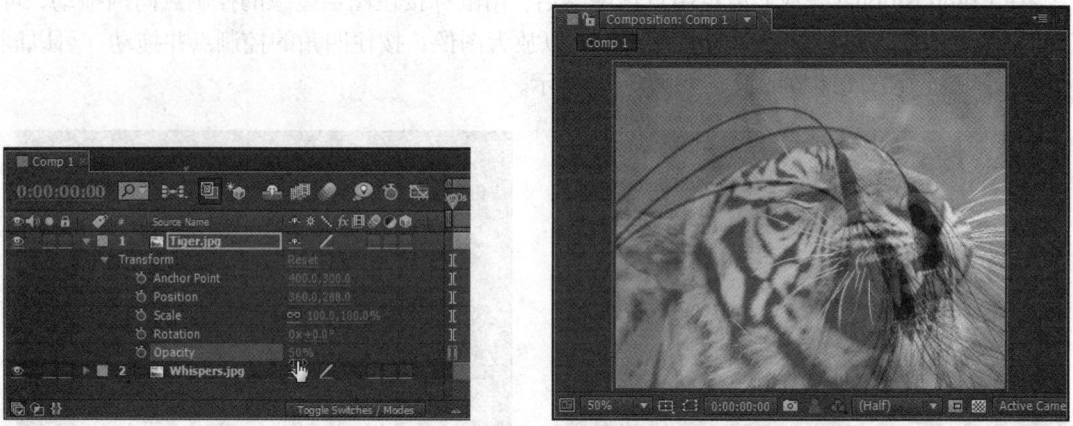

图 3-39 调整图层不透明度

3.4 图层样式效果的设置

在 After Effects CS6 中，可以为图层对象应用一些与 Photoshop 中相同的图层样式效果，常用在文字对象或形状图像上，为影片画面增加美观的视觉效果。

上机实战　设置图层样式效果

1 将准备好的图像素材导入 Project（项目）窗口中后，直接将图像素材拖入到 Timeline（时间线）窗口中，以该图像素材的尺寸创建一个二维合成，如图 3-40 所示。

2 在工具栏中点选 Horizontal Type Tool（水平文本工具），在 Composition（合成）窗口选中需要的位置单击鼠标左键，输入需要的文字内容，然后通过 Character（字符）面板设置好文本的字号、字体、颜色等属性，如图 3-41 所示。

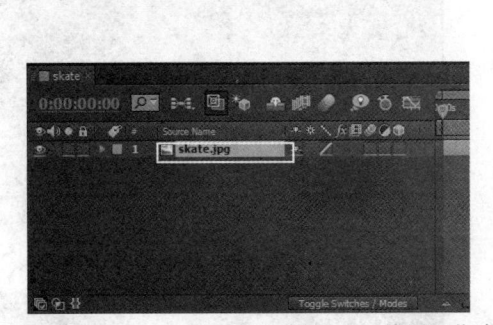

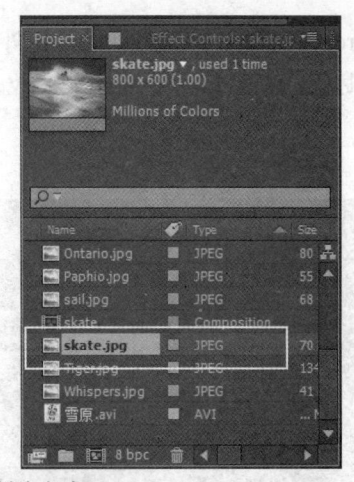

图 3-40 使用图像素材创建合成

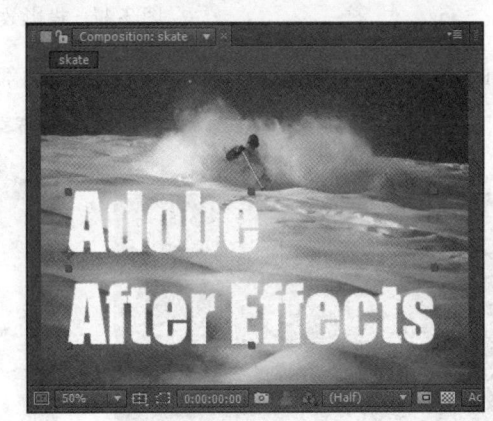

图 3-41 输入文字

3 执行 "Layer（图层）→Layer Style（图层样式）"命令，在弹出的菜单中，为当前选取的文字图层应用对应的图层样式效果，如图 3-42 所示。

- Show All（显示全部）：执行该命令，在 Timeline（时间线）窗口中同时显示所有样式效果，只需打开需要的图层样式的显示开关，即可应用并设置该图层样式效果，如图 3-43 所示。
- Remove All（移除全部）：执行该命令，可以移除所有应用在图层上的样式效果。

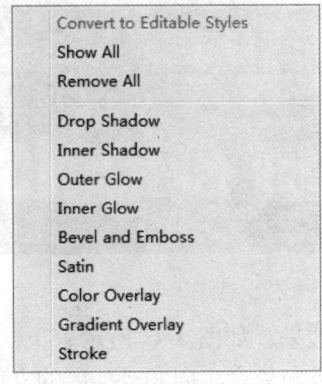

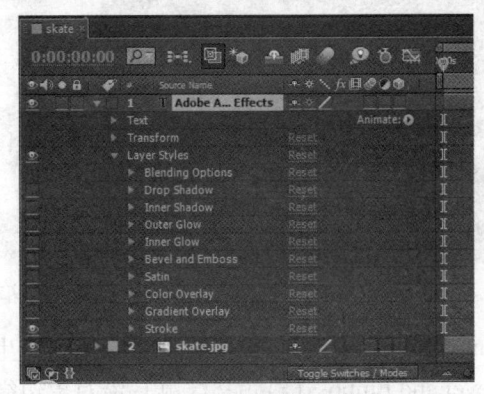

图 3-42 图层样式命令　　　　　图 3-43 显示全部图层样式

- Drop Shadow（投影）：沿对象外边缘向下层指定角度产生投影效果，可以在 Timeline（时间线）窗口中通过相关参数，设置投影的具体效果，如图 3-44 所示。

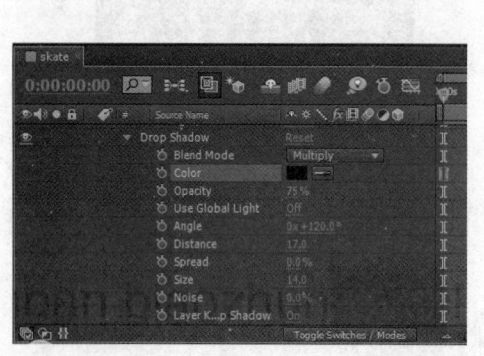

图 3-44　投影效果

- Inner Shadow（内阴影）：沿对象内边缘向内部指定角度产生投影效果，如图 3-45 所示。

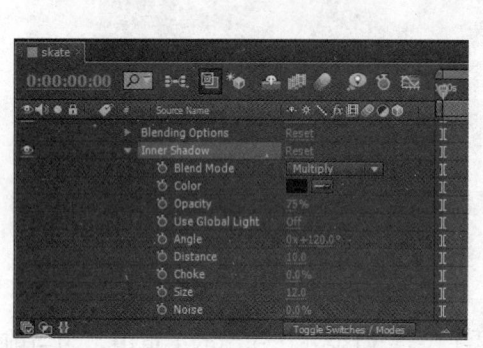

图 3-45　内阴影效果

- Outer Glow（外发光）：沿对象边缘向外产生发光效果，如图 3-46 所示。

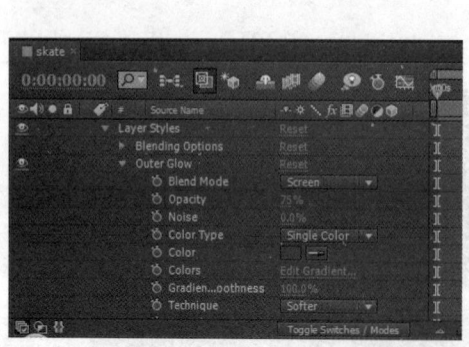

图 3-46　外发光效果

- Inner Glow（内发光）：沿对象边缘向内产生发光效果，如图 3-47 所示。
- Bevel and Emboss（斜角与浮雕）：沿对象边缘向内或向外产生斜角或浮雕的立体效果，如图 3-48 所示。

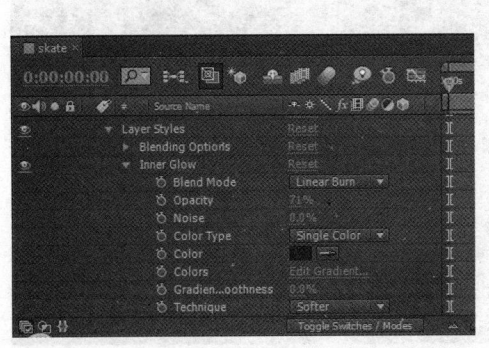

图 3-47　内发光效果

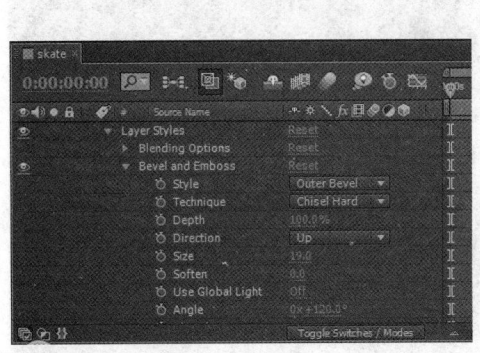

图 3-48　斜角与浮雕效果

- Satin（光泽）：在图像范围内部产生类似色光照射的光泽效果，如图 3-49 所示。

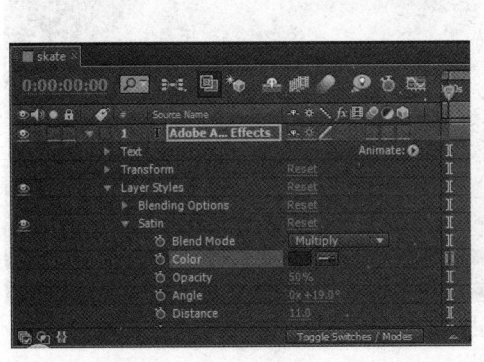

图 3-49　光泽效果

- Color Overlay（颜色叠加）：在图像范围上叠加新的色彩，并可以设置颜色叠加的不透明度，如图 3-50 所示。
- Gradient Overlay（渐变叠加）：在图像范围上叠加新的渐变色彩，并可以设置颜色渐变的不透明度、渐变样式等效果。在 Timeline（时间线）窗口中的图层样式选项中单击 Edit Gradient（编辑渐变）文字按钮，可以在打开的"Gradient Editor"（渐变编辑器）对话框中设置需要的颜色渐变，如图 3-51 所示。
- Stroke（描边）：在图像边缘生成颜色笔触的描边效果，如图 3-52 所示。

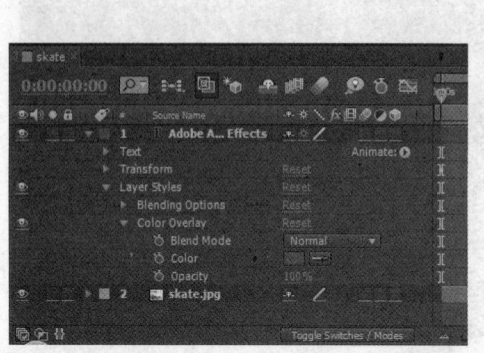

图 3-50　颜色叠加效果

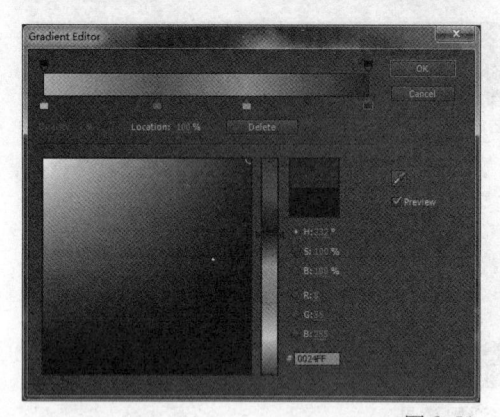

图 3-51　渐变叠加效果

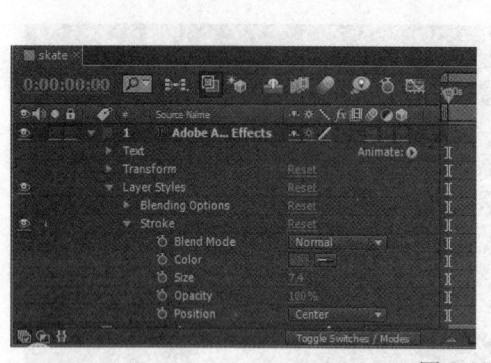

图 3-52　描边效果

3.5　图层的混合模式

在 After Effects 中可以对合成中的图层应用混合模式，得到一个图层与其图像范围下面的一个或多个图层的图像以指定的方式进行像素、色彩内容的混合效果。可以通过在选取图层后，执行"Layer（图层）→Blending Mode（混合模式）"命令，或者在 Timeline（时间线）窗口中展开混合模式面板，单击图层后面对应的"Mode"按钮，在弹出的下拉菜单中点选需要的图层混合模式即可，如图 3-53 所示。

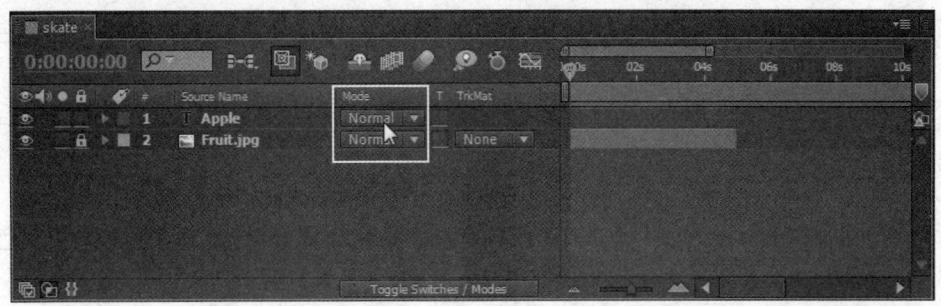

图 3-53 设置图层混合模式

- Normal（正常）：当不透明度为 100%时，目前层的显示不受其他层影响；当不透明度小于 100%时，目前层的每一个像素点的颜色将受其他层的影响，如图 3-54 所示。
- Dissolve（溶解）：使用下面层的颜色随机以像素点的方式替换层的颜色，以层的透明度为基础，需要调整上一层的 Opacity 属性来决定点分布的密度，如图 3-55 所示。

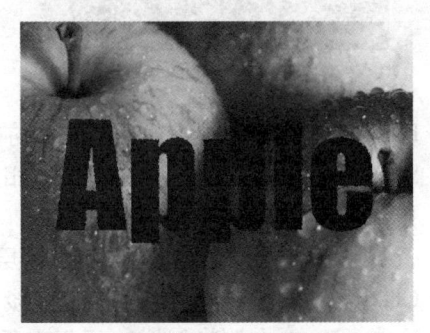

图 3-54 Normal 模式　　　　　　图 3-55 Dissolve 模式

- Dancing Dissolve（动态溶解）：与 Dissolve 模式类似，随着时间的变化，随机色也会发生相应的变化。
- Darken（变暗）：比较下面层与目前层的颜色通道值，显示其中较暗的。该模式只对目前层的某些像素起作用，这些像素比其下面层中的对应像素一般要暗，如图 3-56 所示。
- Multiply（正片叠底）：形成一种光线透过两张叠加在一起的幻灯片效果，结果呈现出一种较暗的效果。
- Color Burn（颜色加深）：使目前层中的有关像素变暗，如图 3-57 所示。

图 3-56 Darken 模式　　　　　　图 3-57 Color Burn 模式

- Classic Color Burn（典型颜色加深）：通过增加对比度使基色变暗以反映混合色，比 Color Burn 模式要好。
- Linear Burn（线性加深）：通过减小亮度使基色变暗以反映混合色，与白色混合不产生任何效果。
- Darker Color（深色）：自动作用于下层通道需要变暗的区域，如图 3-58 所示。
- Add（叠加）：将层的颜色值与下面层的颜色值混合作为结果。颜色要比源颜色亮一些，如图 3-59 所示。

图 3-58　Darker Color 模式 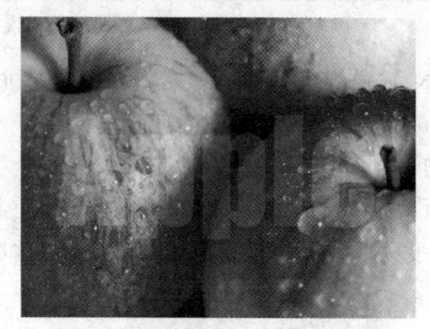　　　　图 3-59　Add 模式

- Lighten（变亮）：比较下面层与目前层颜色的通道值，显示其中较亮的。
- Screen（屏幕）：加色混合模式，相互反转混合画面颜色，将混合色的补色与基色相乘，呈现出一种较亮的效果。
- Color Dodge（颜色减淡）：使目前层中有关像素值变亮，如图 3-60 所示。
- Classic Color Dodge（典型颜色减淡）：通过减小对比度使基色变亮以反映混合色。
- Linear Doge（线性减淡）：用于查看每个通道中的颜色信息，并通过增加亮度使基色变亮以反映混合色，与黑色混合则不发生变化。
- Light Color（亮光）：自动作用于下层通道下需要加亮的区域，如图 3-61 所示。

图 3-60　Color Dodge 模式 　　　　图 3-61　Light Color 模式

- Overlay（实色混合）：在层之间混合颜色，保留加亮区和阴影，以影响层颜色的亮区域和暗区域，如图 3-62 所示。
- Soft Light（柔光）：根据层颜色的不同，变暗或加亮结果色，最终的结果使反差更大，如图 3-63 所示。
- Hard Light（强光）：根据源层的颜色相乘或者屏蔽结果色。它可以制作一种强烈的效果，高亮度的区域将更亮，暗调的区域将更暗，最终的结果使反差更大。

图 3-62　Overlay 模式 　　　　　　　　图 3-63　Soft Light 模式

- Linear Light（线性光）：通过减小或增加亮度来加深或减淡颜色，取决于混合色。
- Hard Mix（增强混合）：增加原始层遮罩下方可见层的对比度，遮罩的大小决定了对比区域的大小，如图 3-64 所示。
- Difference（差值）：重叠的深色部分反转为下层的色彩，取决于当前层和底层像素值的大小，它将单纯地反转图像，如图 3-65 所示。

图 3-64　Hard Mix 模式 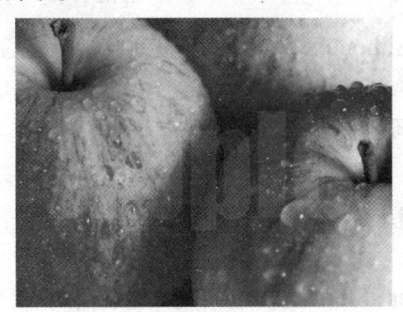　　　　　　　　图 3-65　Difference 模式

- Classic Difference（典型差值）：从基色中减去混合色，或从混合色中减去基色。
- Exclusion（减去）：由亮度值决定是从目前层中减去底层色，还是从底层色中减去目标色，其结果比 Difference 要柔和些。
- Hue（色相）：利用 HSL 色彩模式来进行合成，将当前层的色相与下面层的亮度和饱和度混合起来形成特殊的效果，如图 3-66 所示。
- Saturation（饱和度）：将目前层中的饱和度与下面层中的饱和度结合起来形成新的效果。
- Color（颜色）：通过下层颜色的亮度和目前层颜色的饱和度、色调创建一种最终的色彩。
- Luminosity（亮度）：与 Color 模式相反，它将保留目前层的亮度值，用下面层的色调和饱和度进行合成，如图 3-67 所示。

图 3-66　Hue 模式 　　　　　　　　图 3-67　Luminosity 模式

- Stencil Alpha（Alpha 通道模板）：使用层的 Alpha 通道影响下层的所有的 Alpha 通道，如图 3-68 所示。
- Stencil Luma（亮度模板）：层的较亮像素比较暗像素不透明的多。
- Silhouette Alpha（Alpha 通道剪影）：使用层的 Alpha 通道建立一个轮廓，如图 3-69 所示。

图 3-68　Stencil Alpha 模式 　　　　　　图 3-69　Stencil Alpha 模式

- Silhouette Luma（亮度剪影）：层的较亮像素比较暗像素透明的多。
- Alpha Add（Alpha 通道叠加）：底层与目标层的 Alpha 通道共同建立一个无痕迹的透明区域。

3.6　轨道蒙版的设置

Track Matte（轨道蒙版）是应用于图层间的特殊处理功能，类似于 Photoshop 中的图层蒙版，可以将一个图层中图像的亮度或 Alpha 通道作为显示区域，应用到下面的图层上。Track Matte（轨道蒙版）只能在下层图层中将与之相邻的上层图层设置为其轨道蒙版，不能向下选择或隔层选择。如果一个图层设置了 Track Matte，位于其上的图层位置被移动或删除，将自动应用该位置的新图层作为蒙版层；如果上面已经没有图层，则 Track Matte 设置自动取消。

在 Timeline（时间线）窗口中单击 Toggle Switches / Modes 按钮，将 Switches（效果开关）面板切换到 Modes（模式）面板，在 TrkMat（Track Matte）栏中单击"None"按钮，即可进行轨道蒙版的设置，如图 3-70 所示。

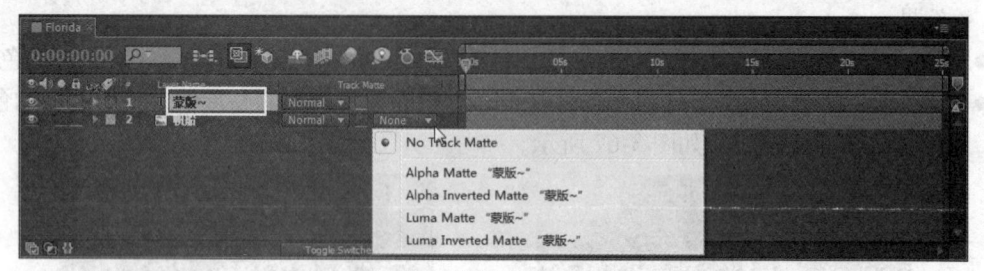

图 3-70　设置 Track Matte

- Alpha Matte（Alpha 通道蒙版）：只有含有 Alpha 通道的素材图层（如文字层、包含 Alpha 通道的 PSD、TIF 等格式的素材），才能被下层图层设置为蒙版，显示出 Alpha 通道的范围，其余部分透明，如图 3-71 所示。如果将不含 Alpha 通道的图层设置为通道蒙版，则以该素材的全部范围作为显示区域。
- Alpha Inverted Matte（Alpha 通道反转蒙版）：效果与 Alpha Matte 相反，如图 3-72 所示。

图 3-71 设置 Alpha Matte

图 3-72 设置 Alpha Inverted Matte

- Luma Matte（亮度蒙版）：将蒙版图层中图像内容的亮度值作为蒙版后透明区域的亮度，在蒙版图层中亮度值越高的区域，在背景中透明后越亮；亮度值越低的区域，在背景中透明后越暗，如图 3-73 所示。

图 3-73 设置 Luma Matte

- Luma Inverted Matte（亮度反转蒙版）：效果与 Luma Matte 相反，如图 3-74 所示。

图 3-74 设置 Luma Inverted Matte

- No Track Matte（无蒙版）：取消蒙版设置。

3.7 图层的父子关系

Parent 父子图层功能是 After Effects 的一个特色功能,可以将父级层上的变换效果附加在子级层上,对父级层所做的编辑处理将同时影响嵌入的子级层,而对子级层进行的操作处理不会影响父级层。这个功能可以很方便地将多个对象组合成一个组,一次即可完成对多个图层内容的编辑处理,可以节省编辑时间,提高工作效率。

如果要设置 Parent 父子图层功能,需要先在 Timeline(时间线)窗口中显示出 Parent(父级)面板。在 Timeline(时间线)窗口中的面板名称栏上单击鼠标右键,在弹出的菜单中选择"Columns(列)→Parent(父级)"命令,显示出 Parent 面板,如图 3-75 所示。

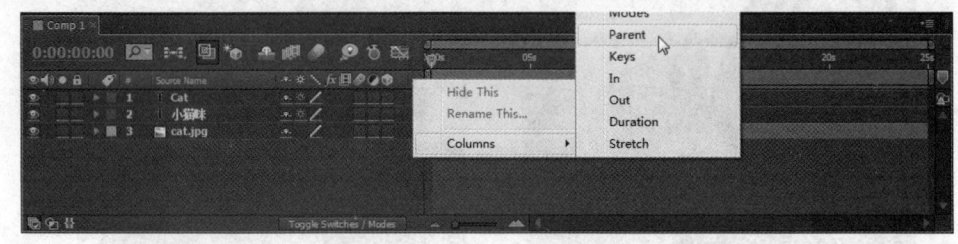

图 3-75 打开 Parent 面板

> **TIPS** 在父子层关系中,只有 Transform 变换属性下的 Anchor Point(轴心点)、Position(位置)、Scale(缩放)、Rotation(旋转)4 种属性可以被关联,Opacity(不透明度)属性不会被连带影响。为对象添加的其他效果(如视频特效),不属于关联的范围。

单击 Parent(父级)面板中的下拉按钮,可以在弹出的下拉列表中为当前层指定父级图层;也可以按住下拉列表按钮前的 ◎ 按钮,将其拖动并指向到目标图层名称上,同样可以为其执行父级图层,如图 3-76 所示。

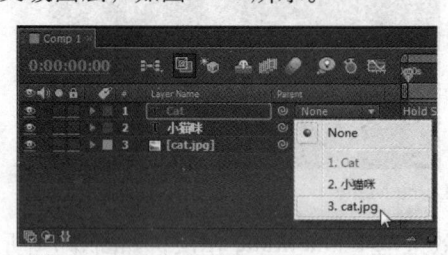

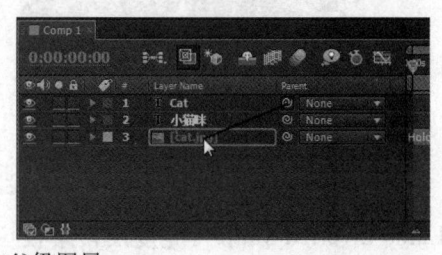

图 3-76 指定父级图层

为当前层指定父级图层后的显示状态,如图 3-77 所示。也可以为多个图层指定同一个图层作为其父级图层,使它们都与同一图层的变换保持联动效果,如图 3-78 所示。

图 3-77 指定父级图层后的显示状态　　　　图 3-78 设置同一父级图层

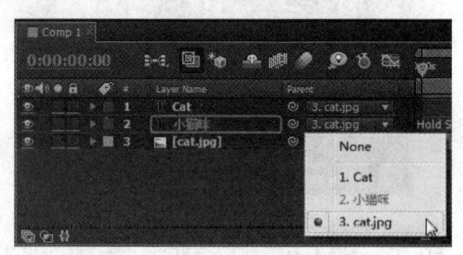

在 Timeline（时间线）窗口中展开父级图层的 Transform（变换）选项，对其 Anchor Point（轴心点）、Position（位置）、Scale（缩放）、Rotation（旋转）属性参数进行调整，即可对设置的子级图层产生相同的联动作用，如图 3-79 所示。

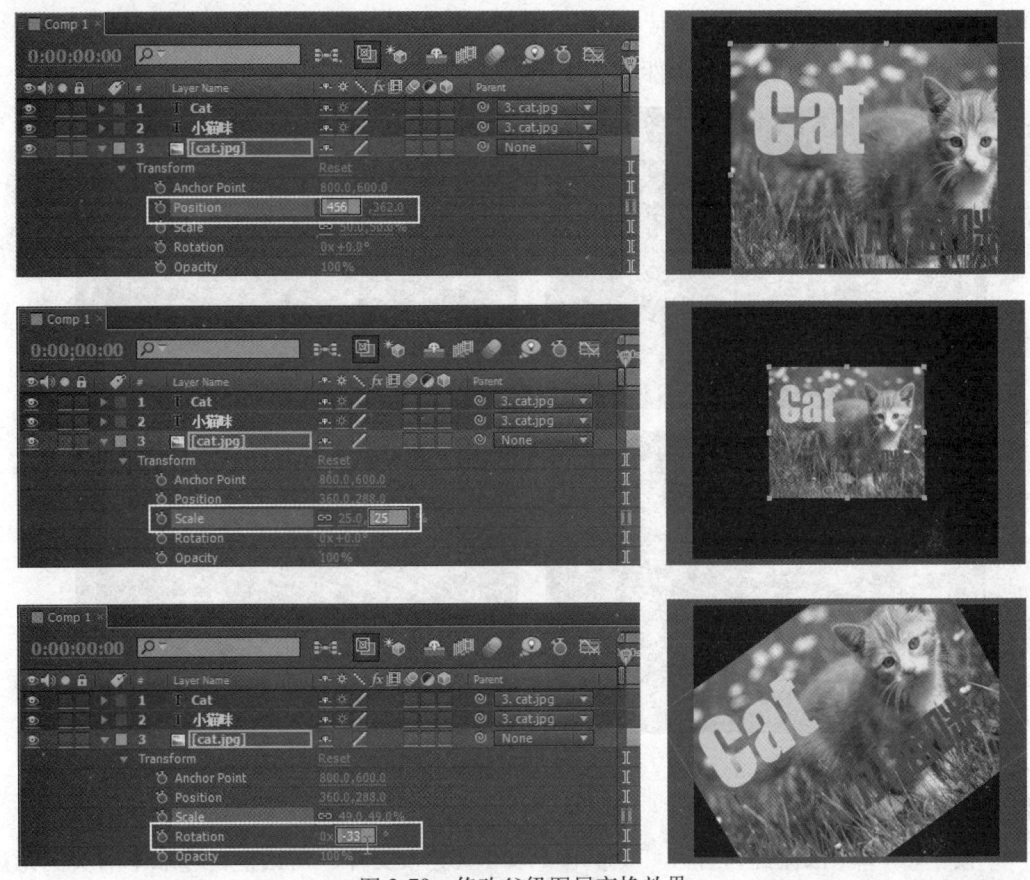

图 3-79　修改父级图层变换效果

> 对于暂时不再需要显示的面板，可以在该面板名称上单击鼠标右键并选择 Hide This（隐藏此项）命令，即可将其隐藏，如图 3-80 所示。选择 Rename This（重命名此项）命令，可以在打开的对话框中为该面板重命名。

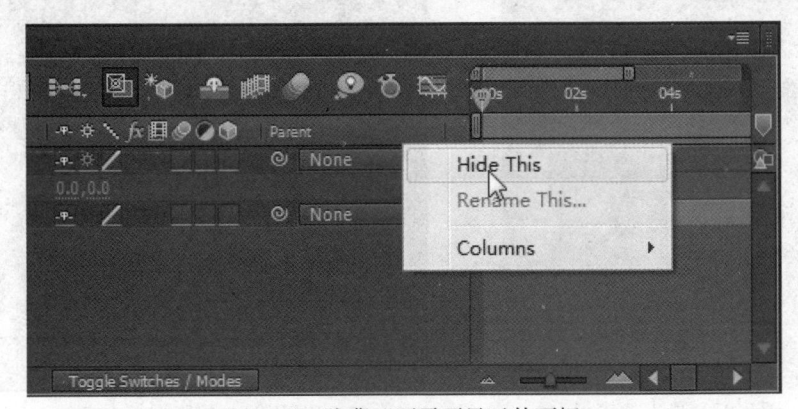

图 3-80　隐藏不再需要显示的面板

3.8 课堂实训——鲜花绽放

下面通过一个实例制作，对本章中学习的一些编辑功能进行练习。打开本书配套实例光盘中的"\Chapter 3\绽放\Export\绽放.mp4"文件，欣赏本实例的完成效果，在观看过程中分析所运用的编辑功能与制作方法，如图 3-81 所示。

图 3-81 观看影片完成效果

操作步骤

1 按"Ctrl+I"快捷键，打开"Import File"（导入文件）对话框，选取本书实例光盘中的"\Chapter 3\绽放\Media"目录下的所有视频文件，然后单击"打开"按钮，将它们导入到 Project（项目）窗口中，如图 3-82 所示。

2 在 Project（项目）窗口双击视频素材，打开 Footage（素材）预览窗口，对导入的素材进行播放预览，如图 3-83 所示。

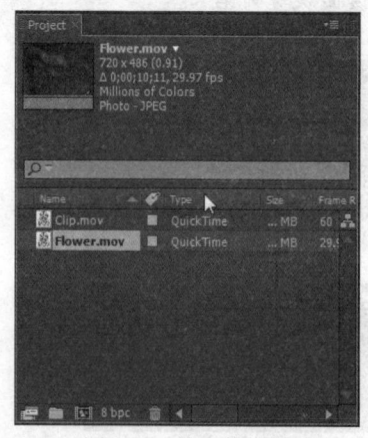

图 3-82 导入的素材　　　　　图 3-83 预览视频内容

3 按"Ctrl+S"快捷键，在打开的"Save As"（保存为）对话框中，为项目文件命名并保存到计算机中指定的目录。

4 按"Ctrl+N"快捷键，打开"Composition Settings"（合成设置）对话框，为新建的合成命名，选择 Preset（预设）为 NTSC DV，设置 Duration（持续时间）为 0:00:10:00，然后单击"OK"按钮，如图 3-84 所示。

5 将两个视频素材加入到新建合成的 Timeline（时间线）窗口中，然后将图层 2"Flower.mov"的轨道蒙版设置为图层 1，如图 3-85 所示。

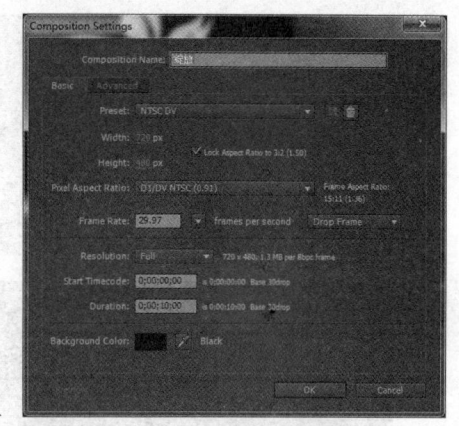

图 3-84　新建合成

图 3-85　设置轨道蒙版

6 拖动时间指针，预览目前设置好的影片效果。在预览播放时可以发现，Clip.mov 中花朵剪影的动画速度很快就播放完了，为了配合下层视频中花朵开放的动画速度，接下来对花朵剪影的动画速度进行调整。单击"Expand or Collapse the In/Out/Duration/Stretch panes"（展开或隐藏入点/出点/持续时间/时间伸缩面板）按钮，展开时间控制面板，将 Stretch（伸缩）参数设置为 1000%，将该视频素材的持续时间延长到 10 倍，也就是将画面的播放速度放慢了 10 倍，如图 3-86 所示。

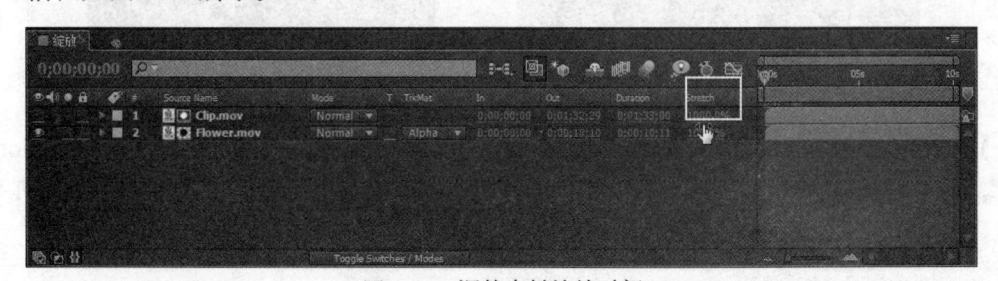

图 3-86　调整素材持续时间

7 再次拖动时间指针预览播放效果，可以发现在 2 秒的位置开始显示下层的花朵开放动画；接下来将其调整为从开始就出现蒙版显示效果：将图层 1"Clip.mov"的入点调整到 2 秒的位置，然后将其按住并向前拖动，使其入点对齐到 0 秒的位置开始，如图 3-87 所示。

8 在 Timeline（时间线）窗口中单击鼠标右键并选择"New（新建）→Text（文字）"命令，新建一个文字图层；在 Composition（合成）窗口中输入文字，并在 Character（字符）面板设置好文本的字号、字体、颜色等属性，如图 3-88 所示。

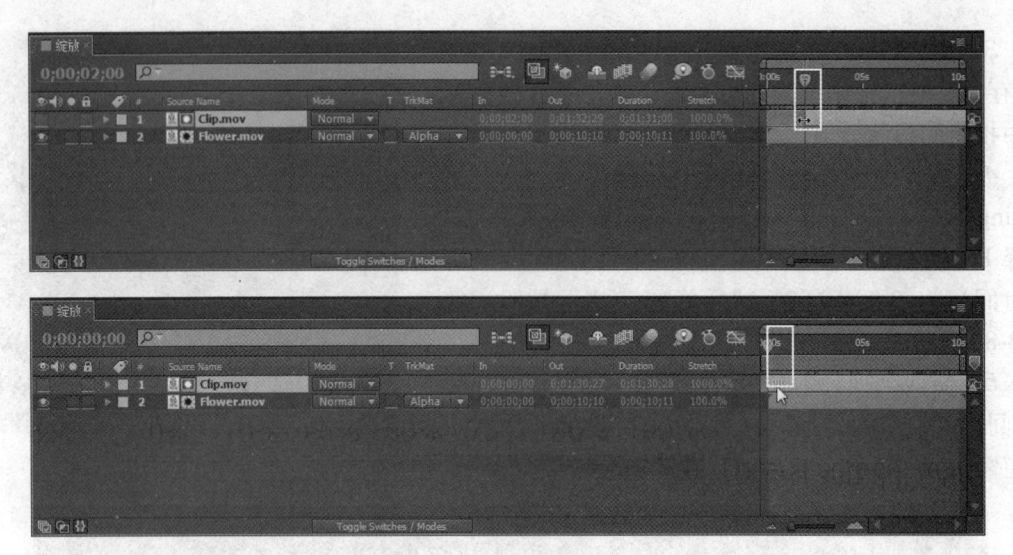

图 3-87　调整图层入点

9 按"T"键,打开文字图层的"Opacity"(不透明度)选项,将其不透明度设置为30%,然后将其图层混合模式设置为 Add(叠加),完成效果如图3-89所示。

图 3-88　新建文字

TIPS 按"A"键,可以打开"Anchor Point"(轴心点)选项;按"P"键,可以打开"Position"(位置)选项;按"S"键,可以打开"Scale"(缩放)选项;按"R"键,可以打开"Rotation"(旋转)选项。

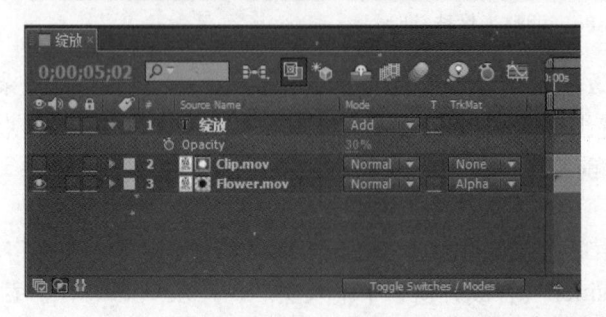

图 3-89　设置文字显示效果

10 按"Ctrl+S"快捷键,保存编辑完成的工作。按下"Ctrl+M"快捷键,将编辑好的合成添加到渲染队列中;单击"Output Module"(输出模块)选项后面的"Lossless"(无损)文字按钮,在打开的"Output Module Settings"对话框中,设置"Format"(格式)选项为MPEG4,保持其他选项的默认设置,然后单击"OK"按钮,如图 3-90 所示。

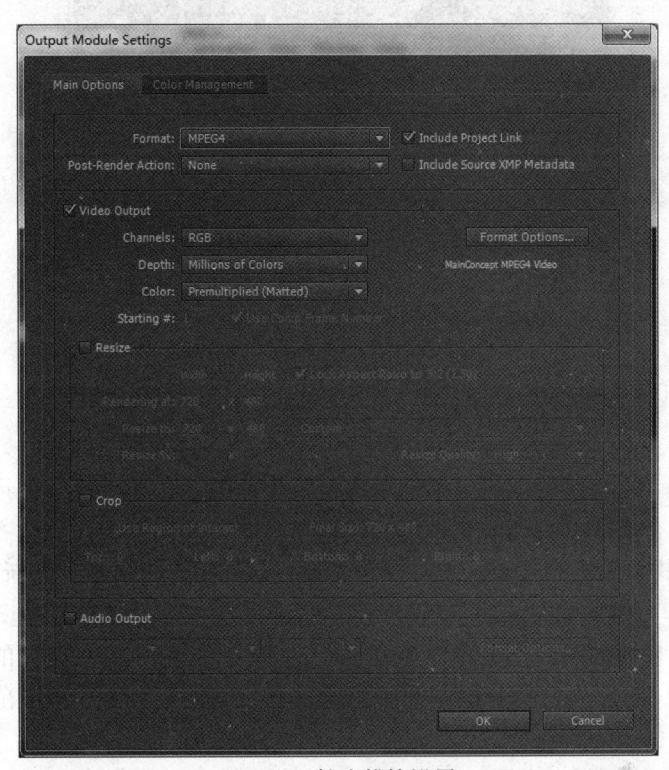

图 3-90 输出模块设置

11 单击"Output to"(输出到)后面的文字按钮,打开"Output Movie To"(输出影片到)对话框,为将要渲染生成的影片指定保存目录和文件名。

12 回到"Render Queue"(渲染队列)对话框中,单击"Render"按钮,开始执行渲染,如图 3-91 所示。

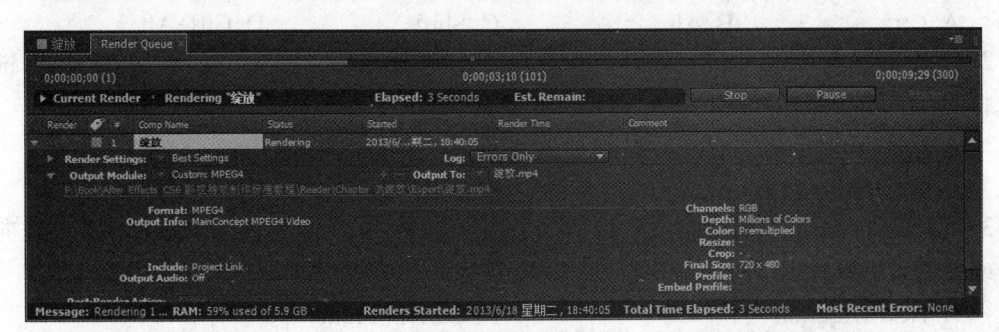

图 3-91 执行渲染输出

13 渲染完成后,打开影片的输出保存目录,观看输出文件的播放效果,如图 3-92 所示。

图 3-92　在 Media Player 中观看影片输出效果

3.9　习题

一、填空题

1. 在 Footage（素材）预览窗口中，单击窗口下面的_____按钮，可以将设置好的剪辑片段加入到当前合成的 Timeline（时间线）窗口中的顶部，并使入点对齐到时间指针所在的位置；同时，将其余图层在入点位置分割为两段，分割后的图层对齐到新图层的出点位置。

2. 在按住_____键的同时，将 Project（项目）窗口中的素材按住并拖动到 Timeline（时间线）窗口中需要替换的图层上，在释放鼠标后，即可将该图层替换为新的素材内容。

3._____图层自身并没有图像内容，可以同时对位于其图像范围下的所有图层应用添加在调整图层上的所有特效，快速完成对多个图层统一的特效设置。

4. 执行"Layer（图层）→Time（时间）→_____"命令，可以在打开的对话框中设置对应的选项，实现对图像、视频、音频等素材持续时间的自由调整。

二、选择题

1. 在使用鼠标缩放 Composition（合成）窗口中的图层对象的同时，按（　　）键，可以使图层对象的大小按等比例缩放。

　　A. Ctrl　　　　　　B. Alt　　　　　　C. Shift　　　　　　D. Ctrl+Alt

2. 在 Composition（合成）窗口中的多个图层对象中点选一个图层时，按（　　）键，可以将其直接移动到最上层。

　　A. Ctrl+Shift+]　　　　　　　　　　B. Ctrl+Shift+↑
　　C. Ctrl+Shift+Page up　　　　　　　D. Ctrl+Home

3. 在 Time Stretch（时间缩放）对话框中，点选（　　）单选项，可以入点为基准向后延长或缩短图层的持续时间。

　　A. New Duration　　　　　　　　　B. Current Frame
　　C. Layer In-point　　　　　　　　　D. Layer Out-point

4. 在 Timeline（时间线）窗口中点选一个图层后，按（　　）键，可以打开图层的 Opacity（不透明度）选项。

　　A. I　　　　　　　B. T　　　　　　　C. O　　　　　　　D. B

第 4 章 关键帧动画与运动追踪

学习要点

- 理解关键帧动画的原理，掌握关键帧动画的创建方法
- 熟练掌握对关键帧动画的各种编辑操作技能
- 了解运动追踪的设置方法，掌握创建运动轨迹追踪的方法

4.1 认识关键帧动画

关键帧动画的概念，来源于早期的卡通动画影片工业。动画设计师在故事脚本的基础上，绘制好动画影片中的关键画面，然后由工作室中的助手来完成关键画面之间连续内容的绘制，再将这些连贯起来的画面拍摄成一帧帧的胶片，在放映机上按一定的速度播放出这些连贯的胶片，就形成了动画影片。而这些关键画面的胶片，就称为关键帧。

在 After Effects 中的关键帧动画也是同样的原理：在一个动画属性的不同时间位置建立关键帧，并在这些关键帧上设置不同的参数，After Effects 就可以自动计算并在两个关键帧之间插入逐渐变化的画面来产生动画效果。

4.2 创建关键帧动画

利用图层大小、位置、角度等基本属性，以及添加到图层上的特效，都可以通过在不同的时间位置设置不同参数值的关键帧，来创建出关键帧动画。

上机实战　创建关键帧动画

1　按 "Ctrl+I" 快捷键，打开 "Import File" （导入文件）对话框，选择本书实例光盘中 "\Chapter 4\Media" 目录下的 "butterfly.psd、flower.jpg" 文件，将它们导入到 Project（项目）窗口中，如图 4-1 所示。

2　创建一个 Preset（预设）为 NTSC DV 制式的合成，设置持续时间为 20 秒，如图 4-2 所示。

3　将准备的素材加入到 Timeline（时间线）窗口中，然后在 Composition（合成）窗口中用鼠标将蝴蝶图像等比缩小到合适的大小，并使用旋转工具将其调整到合适的角度，如图 4-3 所示。

4　在 Timeline（时间线）窗口中点选 butterfly 图层并按 "P" 键，打开图层的 "Position"（位置）选项，单击关键帧记录器按钮，在开始位置创建关键帧；然后在 Composition（合成）窗口中将蝴蝶图像移动到画面左侧外，如图 4-4 所示。

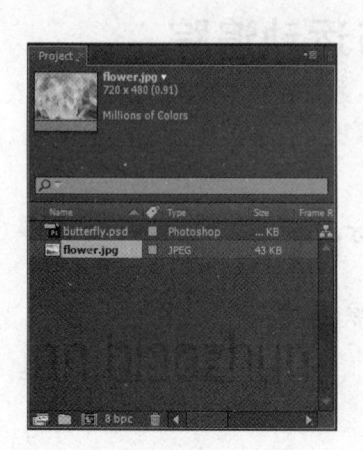

图 4-1　Project 窗口

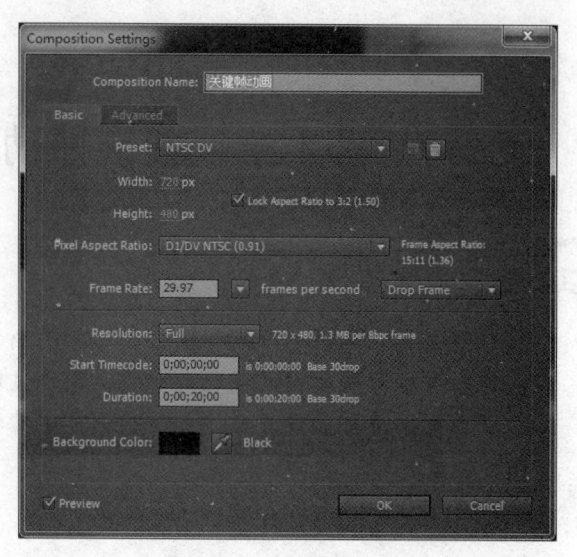

图 4-2　新建合成

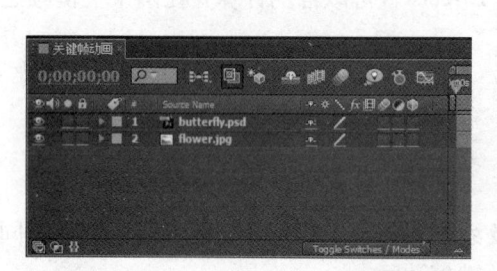

图 4-3　调整图像大小和角度

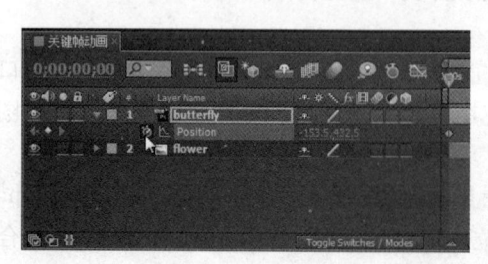

图 4-4　创建位置关键帧

5 将时间指针移动到时间标尺的末尾，然后将 Composition（合成）窗口中的蝴蝶图像移动到右侧外，如图 4-5 所示。

图 4-5 移动图层位置

6 在 Timeline（时间线）窗口中拖动时间指针或按下空格键，即可查看 Composition（合成）窗口中蝴蝶从画面左边飞入，然后从画面右边飞出的关键帧动画效果。

4.3 编辑关键帧动画

在创建了基本的关键帧动画后，可以在 Timeline（时间线）窗口中对关键帧进行编辑调整，制作出变化丰富的动画效果。添加关键帧后的时间线窗口，如图 4-6 所示。

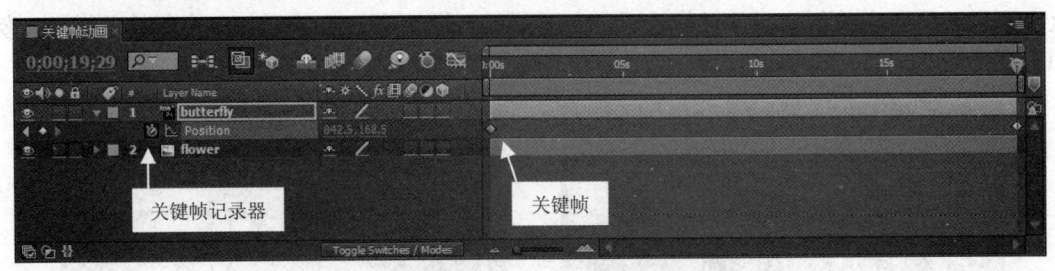

图 4-6 Timeline 窗口

4.3.1 添加与删除关键帧

在关键帧记录器按钮被按下的状态时，可以为图层的选项添加需要的关键帧，可以通过以下几种方法来完成。

方法 1 将时间指针移动到需要添加关键帧的位置，然后单击选项前面的"Add or remove keyframe at current time"（在当前时间位置添加或删除关键帧）按钮■。当时间指针在当前关键帧上，关键帧控制器中的"Add or remove keyframe at current time"按钮显示为■，此时修改该选项的数值，即可在上一个关键帧到当前关键帧之间创建动画效果，如图 4-7 所示。

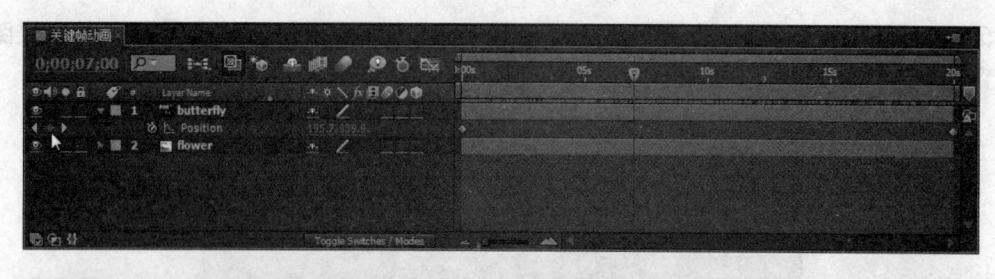

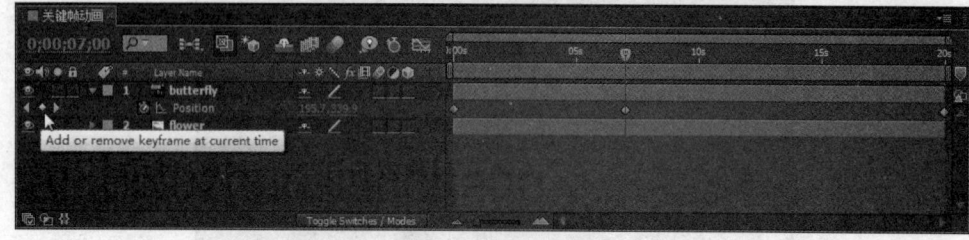

图 4-7 添加关键帧

方法 2 将时间指针移动到需要添加关键帧的位置，然后在 Timeline（时间线）窗口中修改选项的数值，即可在该位置添加关键帧，如图 4-8 所示。

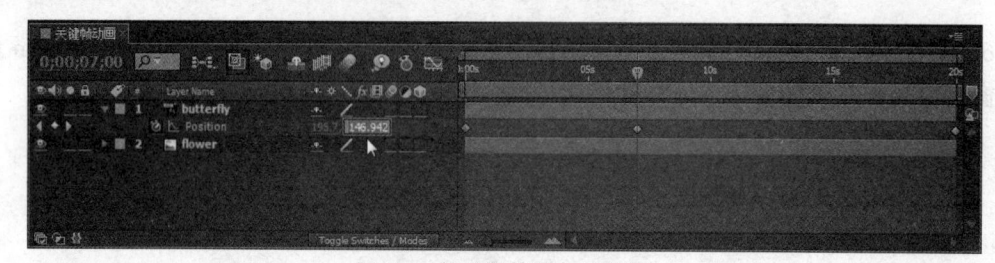

图 4-8 修改数值添加关键帧

方法 3 将时间指针移动到需要添加关键帧的位置，然后在 Composition（合成）窗口中改变图层对象在当前创建了关键帧选项的相关属性，即可在该位置添加一个新的关键帧。例如，在 Position（位置）选项关键帧状态下，移动图层对象的位置，如图 4-9 所示。

图 4-9 添加关键帧

方法 4 在工具栏中选取 Add Vertex Toll（添加节点工具），在运动路径中需要添加关键帧的位置单击鼠标左键，即可在该位置添加一个关键帧，如图 4-10 所示。

图 4-10 添加关键帧

对于不再需要的关键帧,可以通过以下方法来进行删除。

方法 1 单击 Timeline(时间线)窗口中创建了关键帧选项前对应的导航按钮,其中◀为跳到上一个关键帧,▶为跳到下一个关键帧,然后单击中间的"Add or remove keyframe at current time"(在当前时间位置添加或删除关键帧)按钮◆,即可删除该位置的关键帧。

方法 2 用鼠标直接单击图层动画编辑区中的关键帧,将其选取后(由◆变为◆)按"Delete"键即可。

方法 3 在工具栏中选取"Delete Vertex Toll"(删除节点工具)，在运动路径中单击任意的关键帧,即可将其删除。

方法 4 单击关键帧记录器按钮，将其恢复为未按下的状态,可以取消该选项所有的关键帧。

4.3.2 选取与移动关键帧

在图层动画编辑区中用鼠标点选需要的关键帧后,可以根据需要按住并向前或向后拖动该关键帧,改变该关键帧的时间位置,但保持其选项参数不变,如图 4-11 所示。

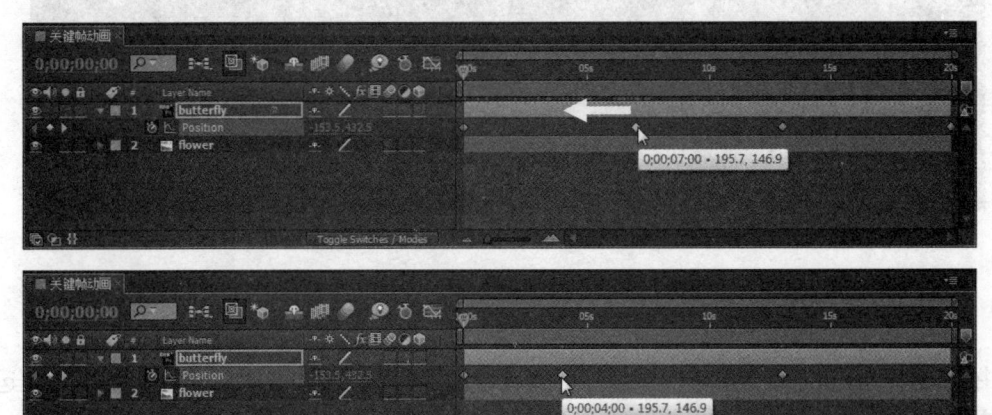

图 4-11 移动关键帧

> **TIPS:** 在为图层添加了多个关键帧以后，为了方便区分与查看，可以单击 Timeline（时间线）窗口右上角的选项按钮，在弹出的菜单中选择"Use Keyframe Indices（使用关键帧序号）"菜单命令，可以将关键帧图标切换为序号显示，如图 4-12 所示。

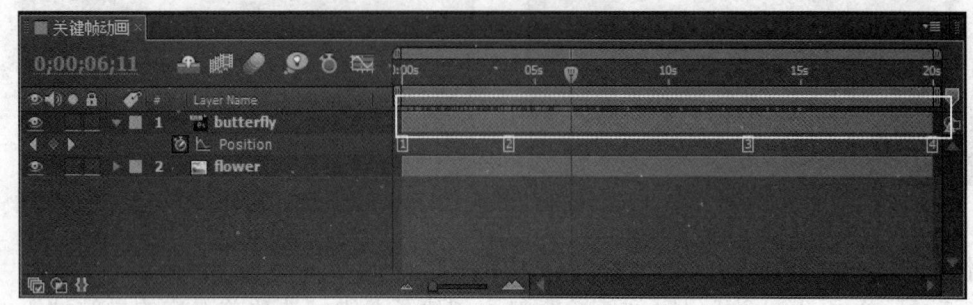

图 4-12 显示关键帧序号

4.3.3 复制与粘贴关键帧

在将图层选项中的关键帧进行复制后，可以快速地在其他时间位置添加与原关键帧保持相同参数的关键帧，省去重新设置参数的时间。点选需要复制的关键帧后，按"Ctrl+C"快捷键，然后将时间指针移动到需要粘贴的位置，按"Ctrl+V"快捷键即可，如图 4-13 所示。

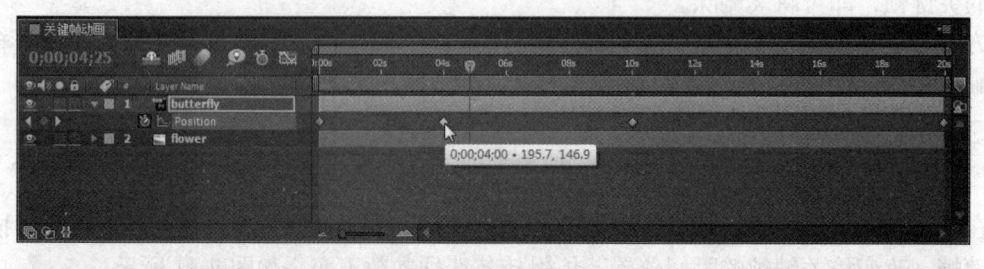

图 4-13 复制并粘贴关键帧

4.3.4 调整动画的路径

由于位移动画会产生运动路径的控制线，因此，可以通过调整图层对象的路径，使运动效果更加细腻。

按住并拖动关键帧上的控制柄，可以调整该关键帧前后的运动路径曲线，如图 4-14 所示。

图 4-14 调整关键帧前后的路径曲线

对于位移动画，还可以设置运动对象随着运动路径方向的改变，而自动调整旋转方向来与路径趋向保持一致。选取需要调整运动方向的动画图层，执行"Layer（图层）→Transform（变换）→Auto-Orientation（自动转向）"命令，在打开的对话框中选择"Orient Along Path"（沿路径转向）单选项，然后单击"OK"按钮，如图 4-15 所示。即可使图像在运动过程中随着路径方向的变化而改变方向，如图 4-16 所示。

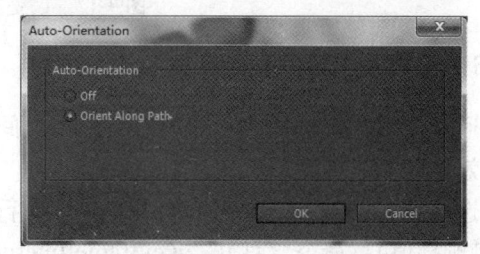

图 4-15 选择 Orient Along Path（沿路径转向）单选项

图 4-16 设置自动转向前后对比

4.3.5 调整动画的速度

在不改变关键帧属性选项参数的情况下，可以通过调整关键帧的时间位置缩短或加长关键帧之间的距离，即可加快或放慢关键帧间的动画速度。

如果需要同时对多个关键帧间的动画进行整体的均衡调速，可以在框选这些关键帧后，按住 Alt 键并向前或向后拖动第一个或最后一个关键帧，即可整体改变所选范围内的关键帧间距，如图 4-17 所示。

图 4-17　调整关键帧动画速度

4.3.6　设置关键帧插值运算

通过使用关键帧插值功能，对关键帧之间的运动变化进行数学运算处理，可以使关键帧动画效果进一步提升。

选取需要调整关键帧插值的关键帧，执行"Animation（动画）→Keyframe Interpretation（关键帧插值）"命令，打开"Keyframe Interpolation"（关键帧插值）对话框，通过对应的参数设置，可以对所选关键帧前后的运动效果进行调整。

Temporal Interpolation（时间插值）下拉列表中的选项，用于调整对象运动路径上连续的帧变化的时间节奏，如图 4-18 所示。以位移动画为例，关键帧之间的帧在位置距离变化上的差别，会形成不同运动快慢的效果。距离越大，运动速度越快；距离越小，运动速度越慢。

- Current Settings（当前设置）：应用在合成中当前完成的设置效果。
- Linear（线性）：在关键帧上产生间距一致的变化率，变化效果机械平直。按下 Timeline（时间线）窗口中的 Graph Editor（图形编辑器）开关，可以查看该类型插值算法的帧变化曲线图形，如图 4-19 所示。

图 4-18　时间插值下拉列表

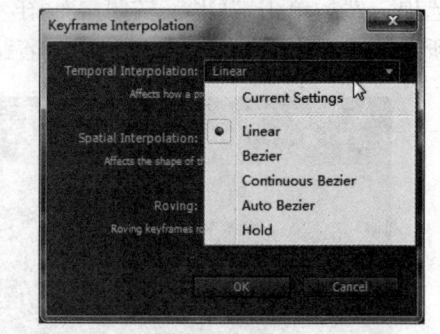

图 4-19　线性插值算法

- Bezier（贝塞尔曲线）：设置帧变化曲线为贝塞尔曲线，可以随意手动调节曲线的形状和关键帧之间的曲线路径，如图 4-20 所示。此时拖动时间指针，可以在 Composition

(合成)窗口中观察到不同于默认的线性插值算法的运动动画效果。

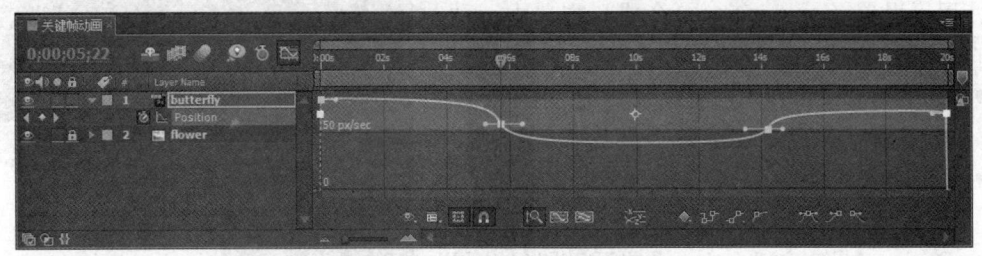

图 4-20　贝塞尔曲线插值算法

- Continuous Bezier（持续贝塞尔曲线）：设置帧变化曲线为持续贝塞尔曲线，在调整曲线时，可以影响整个关键帧动画的曲线路径，如图 4-21 所示。

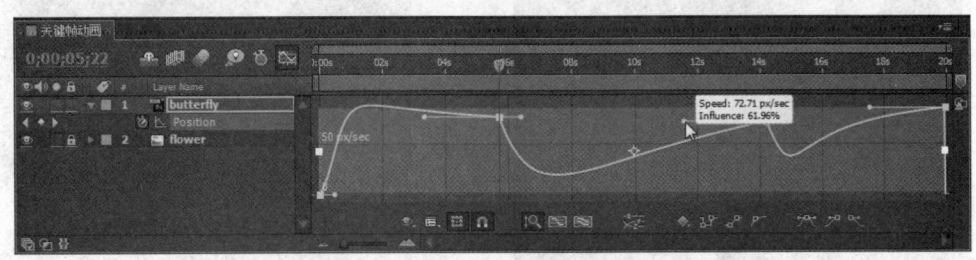

图 4-21　持续贝塞尔曲线插值算法

- Auto Bezier（自动贝塞尔曲线）：设置帧变化曲线为自动贝塞尔曲线，在改变关键帧上的曲线时，After Effects 会自动调整控制柄的位置，保持关键帧之间的平滑过渡，如图 4-22 所示。

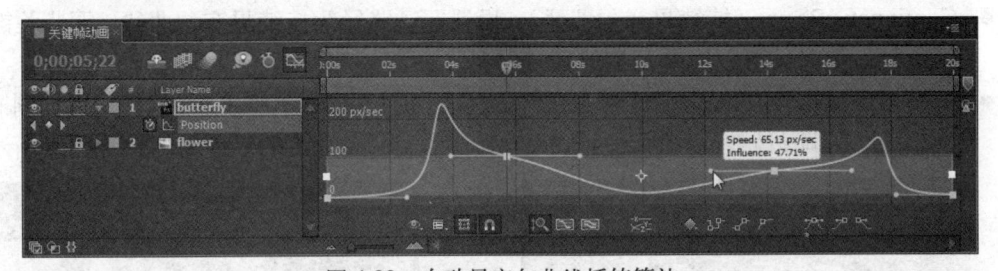

图 4-22　自动贝塞尔曲线插值算法

- Hold（保持）：该插值算法会产生突变运动，只保持关键帧画面，一直到下一个关键帧时再突然发生变化，而关键帧之间的帧变化会被取消不显示，如图 4-23 所示。该算法适用于特效效果，或需要使图层对象在关键帧之间突然出现或消失时使用。

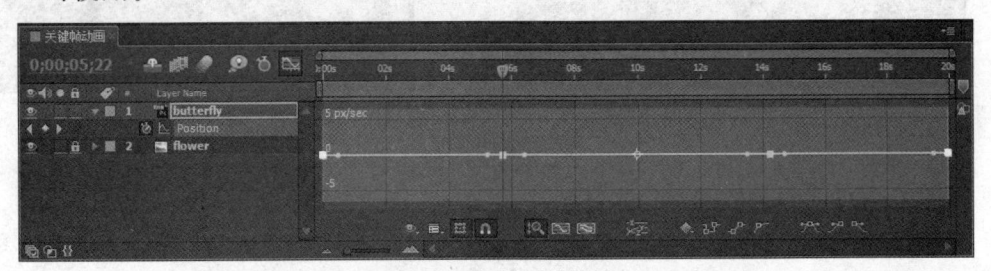

图 4-23　保持插值算法

Spatial Interpolation（空间插值）下拉列表中的选项，用于设置 Composition（合成）窗口中运动路径的曲线形式，如图 4-24 所示。

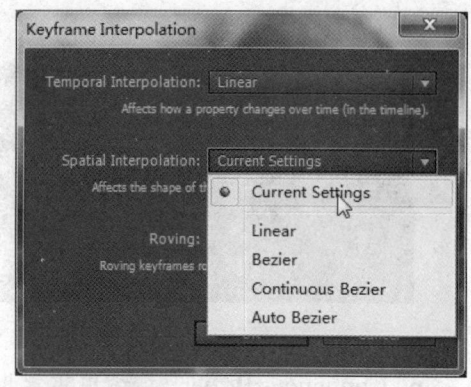

- Current Settings（当前设置）：应用在合成中当前完成的设置效果。
- Linear（线性）：在关键帧上产生直线运动，不可调节曲线，如图 4-25 所示。
- Bezier（贝塞尔曲线）：设置运动路径为贝塞尔曲线。调节关键帧上的控制柄时，只能影响该侧的曲线路径，如图 4-26 所示。

图 4-24　空间插值下拉列表

图 4-25　线性路径 　　　　　　图 4-26　贝塞尔曲线路径

- Continuous Bezier（持续贝塞尔曲线）：设置运动路径为持续贝塞尔曲线。调节关键帧上的控制柄时，可以影响两侧的曲线路径，如图 4-27 所示。
- Auto Bezier（自动贝塞尔曲线）：设置运动路径为自动贝塞尔曲线。关键帧两侧控制柄长度相同，在调整改变曲线时，由 After Effects 自动调整曲线的平滑度，如图 4-28 所示。

图 4-27　持续贝塞尔曲线路径 　　　　　　图 4-28　自动贝塞尔曲线路径

4.4　运动追踪特效编辑应用

在影视后期编辑中，Track Motion 运动追踪是指对被追踪素材中一帧画面的某一特征区

域进行像素确定，在后续帧的画面中追踪之前确定的像素区域并进行记录分析，得到该像素区域的运动路径，然后应用到新的素材图层上，使该素材得到与记录路径相同的运动动画。运动追踪也是影视后期编辑中的一种高级合成特效，在电影艺术中应用较多。

4.4.1 运动追踪的设置

在 After Effects 中进行运动追踪合成，需要至少两个图层，即追踪层与被追踪层，可以实现对被追踪素材中指定像素区域在位置、旋转、缩放等动作的追踪记录。点选 Timeline（时间线）窗口中的图层后，执行"Animation（动画）→Track Motion（运动追踪）"命令，可以打开 Tracker（追踪控制）面板，如图 4-29 所示。

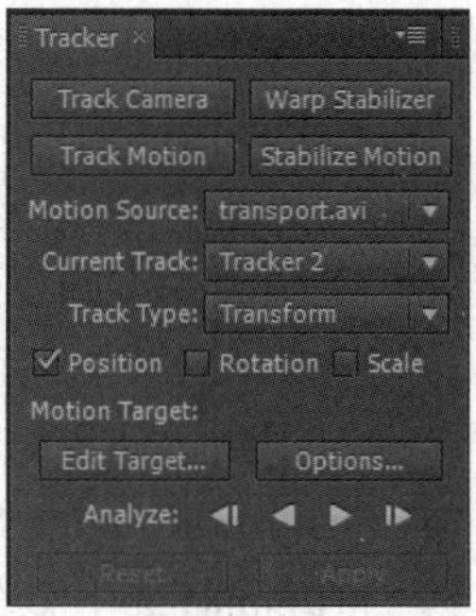

- Track Camera（摄像机追踪）：单击该按钮，可以进行摄像机的反操作。
- Warp Stabilizer（自动画面稳定）：单击该按钮，可以对选择的晃动画面素材进行自动画面稳定操作。
- Track Motion（运动追踪）：单击该按钮，创建新的追踪轨迹。
- Stabilize Motion（运动稳定）：单击该按钮，创建新的稳定轨迹。

图 4-29 Tracker 追踪控制面板

> **TIPS** 实际上，Track Motion（运动追踪）和 Stabilize Motion（运动稳定）在原理上是相似的，在操作方法上也基本相同。运动追踪是用追踪范围框"跟随"追踪特征区域，使追踪物体得到与追踪特征区域相同的运动轨迹；运动稳定可以理解为"定住"追踪特征区域，使被追踪区域得到从开始到结束最大程度上的稳定，如同将一张纸用一个图钉固定在桌面上，纸张可以发生旋转，但被定住的点保持不动。运动追踪是将一个图层中特征点的运动轨迹应用给另外的图层，而运动稳定则是对当前图层的调整。

- Motion Source（运动来源）：在该下拉菜单中显示了合成中的所有动画层，用于设置创建追踪的动画层（如果有静态图像层，则显示为不可点选的灰色），如图 4-30 所示。
- Current Track（当前轨迹）：这里显示了当前使用的轨迹，一个层可以被多次执行追踪命令，包含多个轨迹。
- Track Type（追踪类型）：这个下拉菜单中提供了几种不同的追踪类型，当选择"Animation（动画）→Stabilize Motion（稳定画面）"命令时，系统会默认为 Stabilize（稳定）；如果合成中有多个层则该菜单默认为 Transform（变换）；如果合成中只有一个层，则该菜单默认为 Raw（数据追踪），如图 4-31 所示。

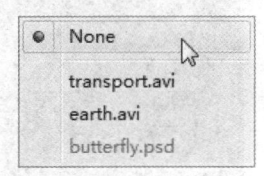

图 4-30 Motion Source 下拉菜单 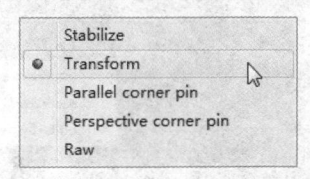　　　　图 4-31 Track Type 下拉菜单

- ➢ Stabilize（稳定）：设置追踪位置或旋转，稳定摄像机镜头颤动所导致的画面晃动。当追踪位置时，该选项创建一个追踪点，并生成位置关键帧；当追踪旋转对象时，该选项创建两个追踪点，并生成旋转关键帧。
- ➢ Transform（变换）：追踪原动画层的位置和旋转，然后施加到其他的层。
- ➢ Parallel Corner pin（平行四边角追踪）：通过改变四个角的位置来定位图像，不能自由扭曲，也称为 4 点追踪。
- ➢ Perspective Corner pin（平行角点追踪）：该类型和 Parallel Corner Pin 类型相似，只是它可以追踪原动画在空间上变化，也称为 3 点追踪。当施加到目标层时，原始层的空间变化也将应用到目标层中，从而将其扭曲来模拟空间的变化。
- ➢ Raw（数据追踪）：只追踪位置。如果运动目标不可用或希望稍后再将追踪数据应用到运动目标时选择该选项，所有的追踪数据将与原动画层一起保存在项目中。

● Position/Rotation/Scale（位置/旋转/缩放）：设置对象追踪方式，即位置、旋转与缩放，可以同时选中多个。

● Edit Target（编辑目标）：单击该按钮，可以选择或修改要应用追踪的目标图层，如图 4-32 所示。

● Options（选项）：单击该按钮，将打开 Motion Tracker Options（运动追踪选项）对话框，对追踪选项进行设置，如图 4-33 所示。
- ➢ Track Name（追踪名称）：可以在其中为当前的追踪轨迹命名。
- ➢ Tracker Plug-in（追踪插件）：用于指定追踪插件，以适应不同情况的追踪。如果没有安装第三方插件，则为默认的 Built-in。
- ➢ Channel（通道）：根据被追踪素材图像的特点选择合适的通道模式，使设置的追踪区域与周围像素形成差异，便于更准确分析追踪路径。如果追踪区域与周围存在较大的色彩反差，可以选择 RGB；如果是亮度存在差异，则应选择 Luminance（亮度）；如果是饱和度反差大，则应选择 Saturation（饱和度）。
- ➢ Process Before Match（在追踪程序前处理）：勾选该选项后，可以对被追踪区域像素边缘进行模糊（Blur）或锐化（Enhance）设置，以增强被追踪区域与周围的反差，以便更容易被追踪。此设置只在追踪时临时改变画面，完成后不影响素材原来的显示效果。

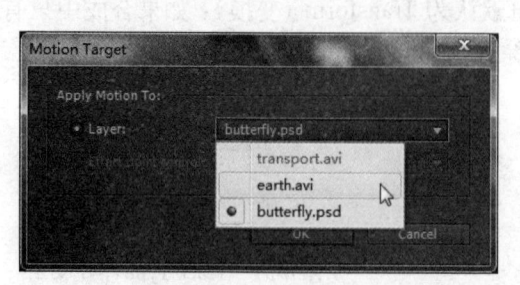

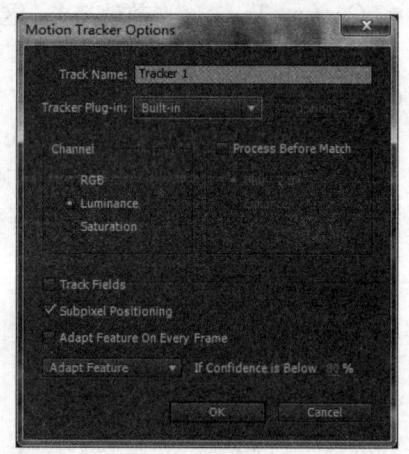

图 4-32 设置追踪目标   图 4-33 "Motion Tracker Options" 对话框

- ➢ Track Fields（追踪场）：勾选该选项后，可以使帧频加倍，以保证对隔行扫描的视频的两个视频场都可以追踪。
- ➢ Subpixel Positioning（子像素定位）：将特征区域中的像素划分为更小的部分进行匹配，以获取更精确的追踪效果，但需要花费更多分析时间。
- ➢ Adapt Feature On Every Frame（适应在每一帧上的特征）：勾选该选项后，在追踪时适应素材特征的变化。对于在过程中有明显的形状、颜色、亮度的变化追踪对象，那么勾选此项可以增强追踪准确性。
- ➢ ___If Confidence Is Below__%（当精度低于___%时）：在该下拉列表中设置当追踪精度低于一个数值时的处理方法。其中，Continue Tracking 为继续追踪；Stop Tracking 为停止追踪；Extrapolate Motion 为推算追踪运动；Adapt Feature 为适应特征追踪。
- Analyze（分析）：开始帧与分析追踪点的位置及旋转角度相对应，以下按钮用于控制追踪分析的过程。
  - ➢ ▐◀：通过退回到前一帧来分析当前帧。
  - ➢ ◀：从当前帧向后一直到动画素材工作区域的起始点进行反向分析。
  - ➢ ▶：从当前帧向前一直到动画素材工作区域的结束点进行常规的分析。
  - ➢ ▶▐：通过前进到下一帧对当前帧进行分析。
- Reset（重设）：单击该按钮，可以将当前帧所选轨迹的追踪范围、搜索范围和追踪点恢复到默认位置。
- Apply（应用）：追踪分析完成后，单击该按钮，打开"Motion Tracker Apply Options"（运动追踪应用选项）对话框，在"Apply Dimensions"（应用方向）下拉列表中选择需要应用到目标图层对象上的方向，如图4-34所示。

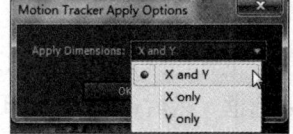

图4-34 运动追踪应用选项

4.4.2 运动追踪的创建

将准备好的视频素材加入到Timeline（时间线）窗口中，对该图层执行"Animation（动画）→Track Motion（运动追踪）"命令后，将自动进入Layer图层编辑窗口并显示出追踪范围框，如图4-35所示。

在追踪范围框中，外面的方框为搜索区域，里面的方框为特征区域，通过方框的控制点可以改变两个区域的大小和形状，可以用鼠标将追踪范围框移动到需要追踪的像素位置。

搜索区域的作用是定义下一帧的追踪范围，搜索区域的大小与追踪物体的运动速度有关，通常被追踪物体的运动速度越快，两帧之间的位移就越大，这时搜索区域也要相应的增大。特征区域的作用是定义追踪目标的范围，程序会记录当前追踪区域中图像的色彩、亮度以及其他特征，然后在后续帧中以该特征进行追踪。

追踪区域内的小十字形是追踪点。追踪点与追踪层的定位点或滤镜效果相连，它表示在追踪过程中，追踪层或效果点的位置。在追踪完之后，追踪点的关键帧将被添加到相关的属性层中。

设置好追踪选项后，可以单击 Analyze（分析）按钮进行正式的追踪预览。如果对效果不满意，可以单击鼠标或任意键停止追踪，重新对设置进行修改，或单击"Reset"（重设）按钮，恢复为默认设置后重新进行新的设置；如果对追踪结果满意，可以单击"Apply"（应用）按钮将追踪施加到目标层。

图 4-35　追踪范围框

4.4.3　运动追踪的类型

在 Tracker（追踪控制）面板中选择不同的追踪类型，会出现不同数量、不同样式的追踪范围框。下面分别介绍这几种不同类型的运动追踪。

1. 位置追踪

位置追踪是最常用的追踪应用。在 Tracker（追踪控制）面板中勾选"Position"（位置）复选框，然后单击"Edit Target"（编辑目标）按钮设置好追踪物体，即可进行追踪设置操作。

位置追踪只有一个追踪区域，只能追踪视频素材中的一个特征区域。设置好追踪位置，单击 Analyze（分析）中的 ▶ 进行追踪分析后，在 Timeline（时间线）窗口中展开被追踪图层，可以看见当前追踪轨迹下生产的关键帧序列。单击"Apply"（应用）按钮后，可以将这些关键帧动画应用到目标物体上，如图 4-36 所示。

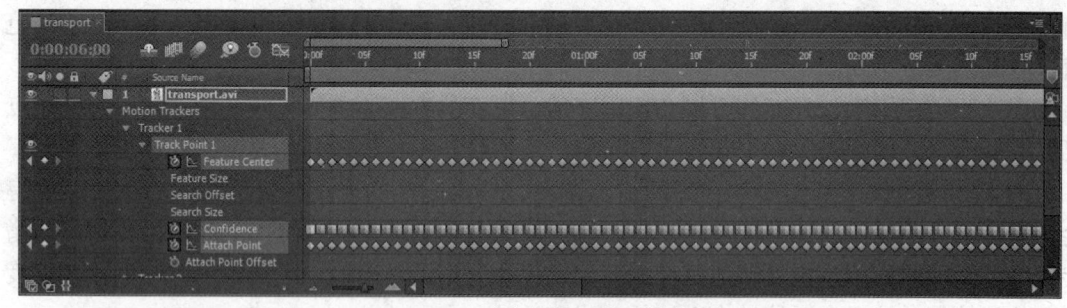

图 4-36　追踪分析得到的运动轨迹

2. 旋转追踪

在 Tracker（追踪控制）面板中勾选"Rotation"（旋转）复选框，即可进行旋转追踪的设置。旋转追踪有两个追踪范围框，中间有一条轴线；由两个追踪范围框分别确定两个追踪区域后，根据追踪过程中轴线角度的变化进行分析，得到被追踪对象的旋转运动记录，然后将其应用到追踪物体上，使其具有与追踪记录相同的旋转运动，如图 4-37 所示。

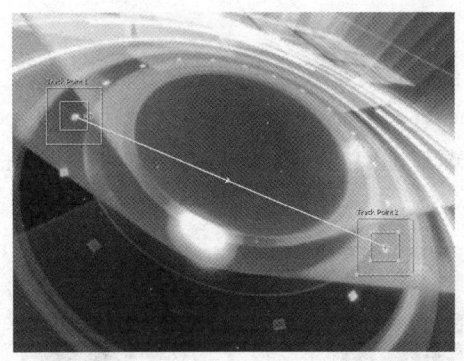

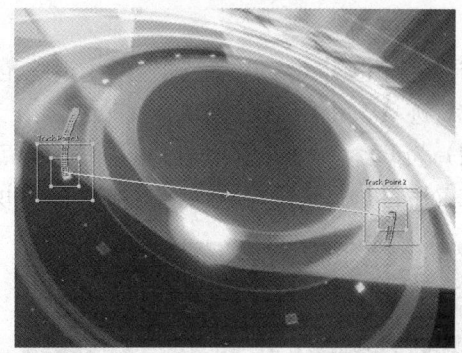

图 4-37 旋转追踪

3. 缩放追踪

在 Tracker（追踪控制）面板中勾选"Scale"（缩放）复选框，即可进行缩放追踪的设置。缩放追踪是在追踪轨迹中，通过记录两个追踪范围框之间距离的变化来分析得到缩放比例的变化，并将其应用到追踪物体上，使其具有与追踪记录相同的缩放变化，如图 4-38 所示。

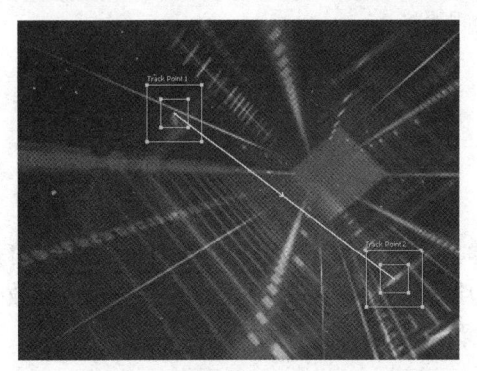

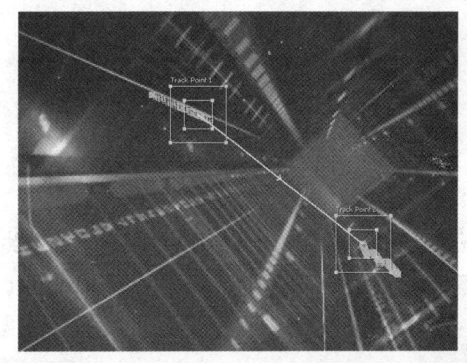

图 4-38 缩放追踪

4. 复合运动追踪

如果要将被追踪对象在运动过程中既有移动又有旋转，或既有旋转又有缩放的动作应用到追踪物体上，只需要在 Tracker（追踪控制）面板中同时勾选对应的 Position（位置）、Rotation（旋转）或 Scale（缩放）复选框，即可执行追踪记录操作，程序将在追踪轨迹中同时分析两个追踪范围框在位置、间距、旋转角度方面的变化，并将结果应用到追踪物体上，如图 4-39 所示。

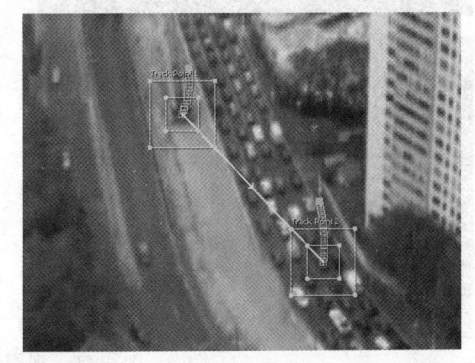

图 4-39 复合运动追踪

5. 透视追踪

透视追踪也叫4点追踪，通过4个追踪范围框确定特征区域进行追踪分析，得到更完善的追踪轨迹，常用于比较复杂的追踪操作。在Tracker（追踪控制）面板中选择Track Type（追踪类型）为Perspective Corner Pin（平行角点追踪）选项，即可在分别设置好4个追踪范围框的位置后，执行追踪记录操作，如图4-40所示。

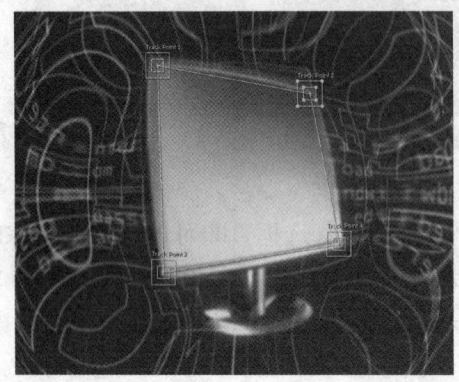

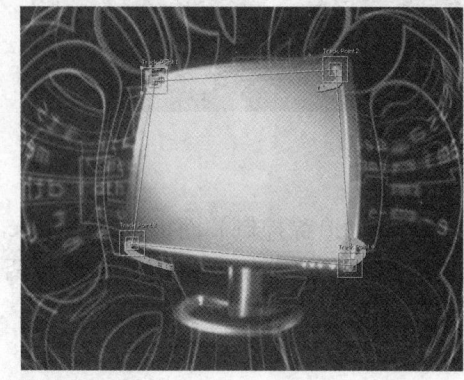

图4-40 透视追踪

4.5 课堂实训

4.5.1 新年倒计时

下面通过一个简单的动画短片制作，对关键帧动画的创建与效果编辑进行练习。打开本书配套实例光盘中的"\Chapter 4\2014\Export\2014.mp4"文件，先欣赏本实例的完成效果，如图4-41所示，在观看过程中分析所运用的编辑功能与制作方法。

图4-41 观看影片完成效果

操作步骤

1 通过观看影片，可以了解到本实例需要运用多段动画效果来连贯完成。首先来制作日期滚动的动画效果。按"Ctrl+N"快捷键，新建一个合成项目"Comp 1"，选择 Preset（预设）为 NTSC DV，持续时间为 20 秒，如图 4-42 所示。

2 按"Ctrl+S"快捷键，在打开的"Save As"（保存为）对话框中，为项目文件命名并保存到电脑中指定的目录。

3 在 Timeline（时间线）窗口中单击鼠标右键并选择"New（新建）→Text（文字）"命令，新建一个文字图层；在 Composition（合成）窗口中输入文字"2013.12."，并在 Character（字符）面板设置好文本的字号、字体、颜色等属性，如图 4-43 所示。

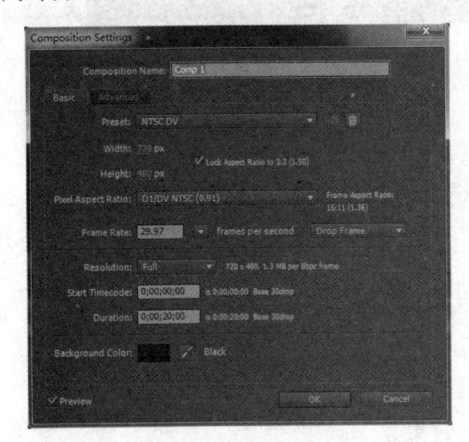

图 4-42　新建合成　　　　　　　　图 4-43　输入文字

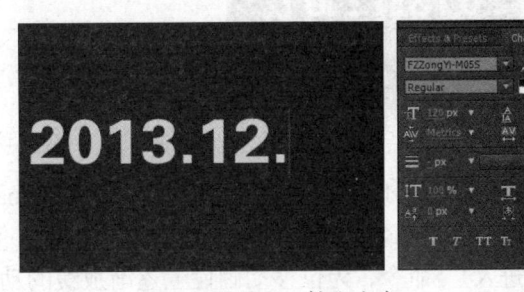

4 再次新建一个文字图层，并在"2013.12."的后面以同样的文本属性设置，输入从 01~31 的日期数字，并在每个日期数字后换行；然后在 Timeline（时间线）窗口中展开该图层的 Transform（变换）选项，将其 Anchor Point（轴心点）移动到文字框上边的中点，并将其移动到"2013.12."后面与其顶边对齐，如图 4-44 所示。

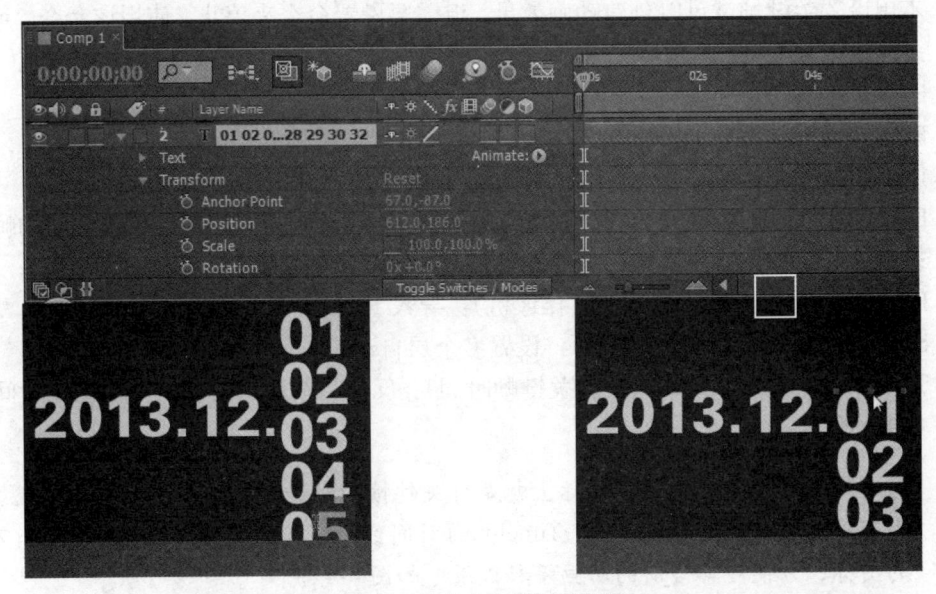

图 4-44　输入文字并调整位置

5 在 Timeline（时间线）窗口中将时间指针定位到开始的位置；按下日期文本图层的 Position（位置）属性前的关键帧记录器按钮，在开始位置创建关键帧；将时间指针移动到 10 秒的位置，然后减小 Position（位置）参数中的 Y 数值，直到最后一个行日期文字与前面的"2013.12."对齐，如图 4-45 所示。

图 4-45 创建位移动画

6 点选位于 10 秒位置的关键帧，执行"Animation（动画）→Keyframe Assistant（关键帧辅助）→Easy Ease In（缓和曲线进入）"命令，为位移动画设置逐渐放缓的动画效果，如图 4-46 所示。

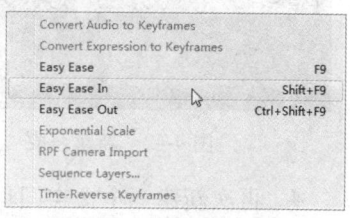

图 4-46 设置关键帧缓入

- **Convert Audio to Keyframes**（转换音频到关键帧）：可以将音频层的声谱振幅转换为关键帧，并附加到新生成的图层中，可以查看每一帧上音频波动的数值，根据音乐的变化来影响对象。
- **Convert Expression to Keyframes**（转换表达式到关键帧）：应用表达式建立运算关系，不用设置关键帧就可以创建动画效果，但需要设置命令来停止；使用该命令，可以将表达式生成的动画转换为关键帧动画，方便根据需要对关键帧动画进行控制。
- **Easy Ease**（缓和曲线）：减缓进入和离开关键帧的动画速率。
- **Easy Ease In**（缓和曲线进入）：减缓进入所选择关键帧的动画速率。
- **Easy Ease Out**（缓和曲线离开）：减缓离开所选择关键帧的动画速率。
- **Exponential Scale**（指数刻度）：可以将 Scale（缩放）动画的每个关键帧间的帧全部转换为关键帧，方便观察和单独调整每个关键帧上的数值。
- **RPF Camera Import**（导入 RPF 摄像机）：导入 RLA 或 RPF 数据的摄像机层。
- **Sequence Layers**（序列化图层）：设置多个层自动排列顺序。
- **Time-Reverse Keyframes**（反转关键帧时间）：反转当前图层的所有关键帧在时间线窗口中的位置。

> **TIPS** 对运动曲线的缓和处理，实际上就是对关键帧动画进行插值曲线的快捷设置。应用不同的关键帧插值运算后，Timeline（时间线）窗口中的关键帧也会呈现出不同的图标，方便观察当前的动画缓和效果，如图 4-47 所示。

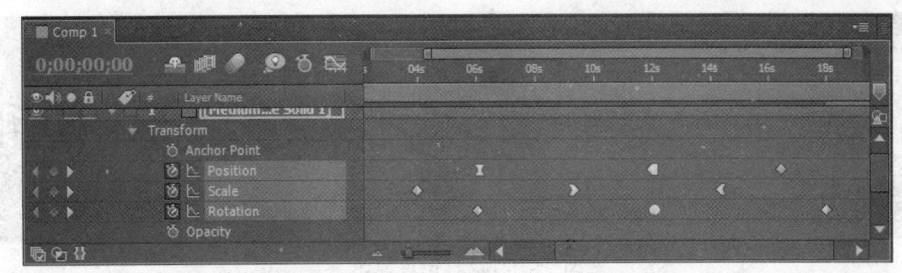

图 4-47　不同曲线类型时的关键帧图标

7　执行"Layer（图层）→New（新建）→Solid（固态层）"命令，新建一个固态图层，然后调整其位置和大小，刚好覆盖住画面窗口中的一行日期文字，如图 4-48 所示。

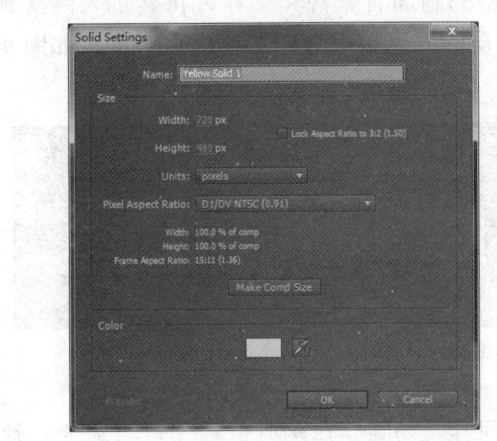

图 4-48　绘制矩形

8　在 Timeline（时间线）窗口中显示出 Modes（模式）面板，单击日期文字图层的 TrkMat 下拉按钮，将绘制的矩形图形设置为日期文字图层的 Alpha 蒙版，使画面窗口中只显示出在矩形范围下的日期文字，完成效果如图 4-49 所示。

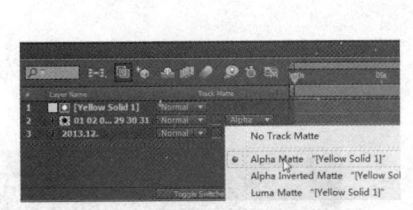

图 4-49　设置轨道蒙版

9　下面制作日期动画的倒影效果。按"Ctrl+N"快捷键，新建一个合成"Comp 2"，保持与 Comp 1 相同的设置，单击"OK"按钮。

10　After Effects 将自动在 Timeline（时间线）窗口中打开合成"Comp 2"的时间线；用鼠标将 Project（项目）窗口中的合成"Comp 1"加入两次到时间线窗口中。

11　点选位于下层的合成图层，依次按"P"键、"Shift+S"快捷键、"Shift+T"快捷键，展开图层的 Position（位置）和 Scale（缩放）属性，单击"Scale"（缩放）属性后面的"Constrain Properties"（强制属性）开关，取消对水平和垂直方向缩放的强制保持；然后调整其位置、缩放、不透明度到如图 4-50 所示的数值，得到日期倒计时动画的倒影效果。

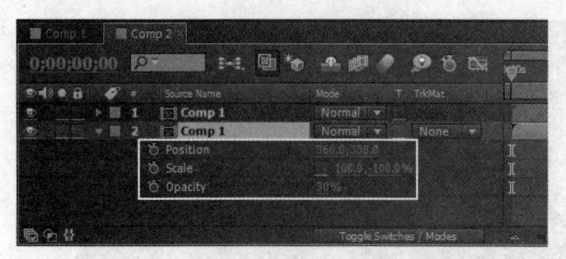

图 4-50　设置倒影效果

12　按"Ctrl+N"快捷键，新建一个合成"Comp 3"，保持与 Comp 1 相同的设置，单击 OK 按钮。按"Ctrl+I"快捷键，打开"Import File"（导入文件）对话框，导入本书实例光盘中的"\Chapter 4\2014\Media"目录下准备的画面背景视频文件，将其加入两次到合成"Comp 3"的时间线窗口中，并调整下一图层的入点与上一图层的出点对齐，如图 4-51 所示。

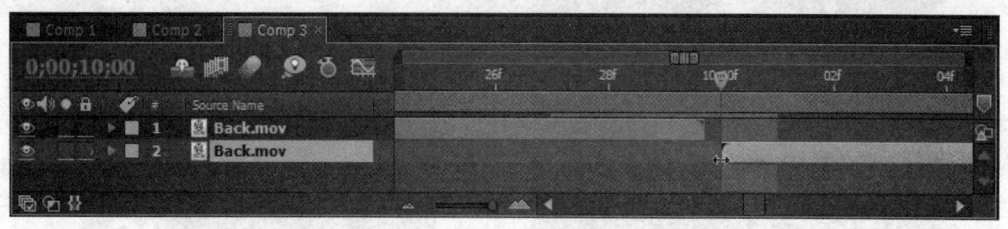

图 4-51　对齐图层的出点与入点

> **TIPS**　在 Timeline（时间线）窗口中调节时间标尺的显示比例时，按"+"（加号）键，可以放大时间标尺的显示比例，直到每单位标尺显示一帧，在调整图层时间位置时可以更准确；按"–"（减号）键，可以缩小时间标尺的显示比例，直到显示出整个合成长度。

13　为避免在后面编辑操作中的误操作，可以先单击 Timeline（时间线）窗口中两个视频图层前的 Lock（锁定）开关，将背景视频图层锁定；然后将合成"Comp 2"加入到时间线窗口的开始位置。

14　展开图层"Comp 2"的 Position（位置）、Scale（缩放）属性，将其缩小为 40% 大小，并移动到画面左侧的位置，如图 4-52 所示。

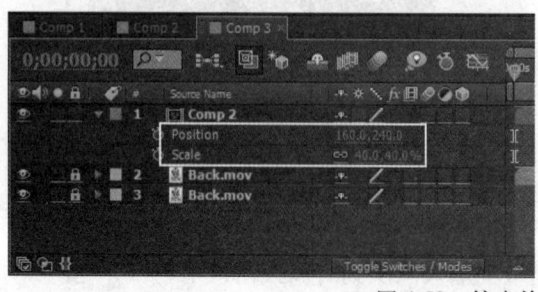

图 4-52　缩小并移动对象

15　为 Position（位置）、Scale（缩放）属性创建关键帧，编辑出倒计时文字从 0~13 秒的区间，从画面左侧缓慢进入放大，并在日期滚动停止后，缓和飞出画面右侧的动画效果，如图 4-53 所示。

		0;00;00;00	0;00;10;00	0;00;11;00	0;00;12;00	0;00;13;00
⏱	Position	160.0, 240.0	360.0, 240.0	360.0, 240.0	292.0, 318.0	1084.0, -6.0
⏱	Scale	40%, 40%	100%, 100%			

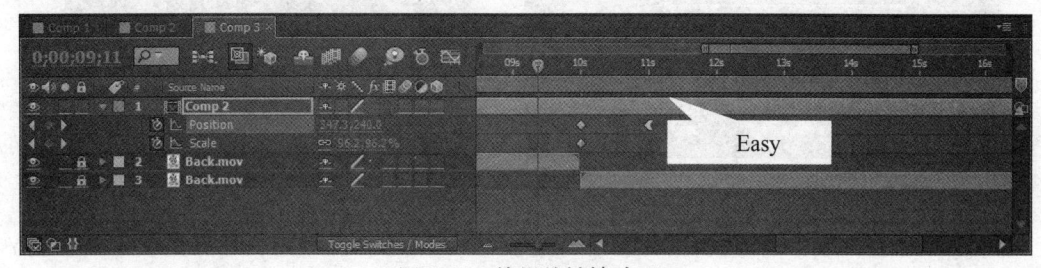

图 4-53　编辑关键帧动画

16 选取 Horizontal Type Tool（水平文本输入工具）T，在合成窗口中输入"2014"，设置好文本属性后，为其创建逐渐显现并旋转飞入画面的关键帧动画，如图 4-54 所示。

		0;00;14;00	0;00;16;00
	Position	200.0, 386.0	
⏱	Scale	800%, 800%	100%, 100%
⏱	Rotation	0x+0.0°	2x+0.0°
⏱	Opacity	0%	100%

图 4-54　编辑关键帧动画

17 新建一个文字层并输入"2014"，设置相同的文本属性，将其入点调整到第 16 秒开始，设置为前一文字动画的倒影效果，如图 4-55 所示。

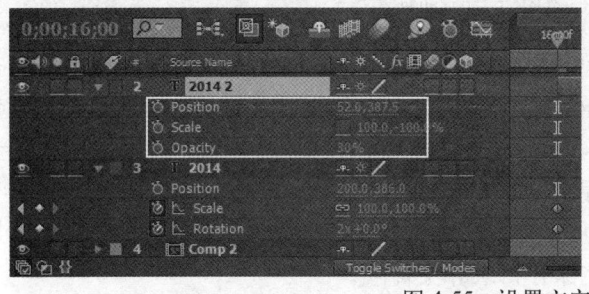

图 4-55　设置文字倒影

18 再次新建一个文字层并输入"2014"，将其入点调整到第 16 秒开始，放大并降低不透明度数值，移动到如图 4-56 所示的位置。

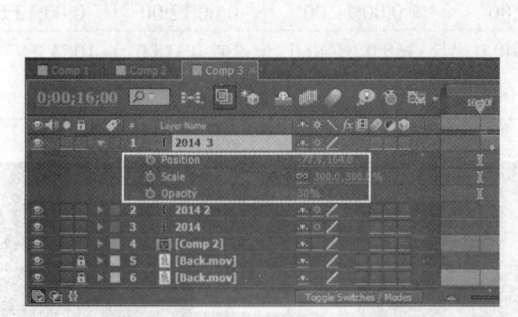

图 4-56 设置文字效果

19 新建一个文字层并输入"Happy New Year",为其设置好文本属性后,执行"Layer(图层)→Layer Styles(图层样式)→Gradient Overlay(渐变叠加)"命令,为其编辑如图 4-57 所示的色彩渐变叠加效果。

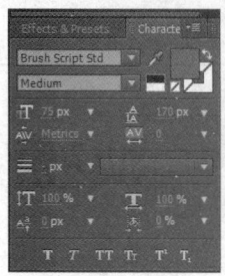

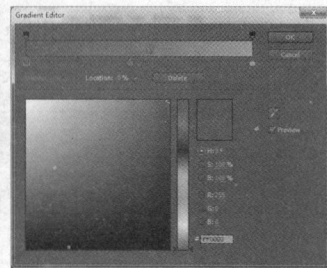

图 4-57 输入文本并设置图层样式

20 为文字层"Happy New Year"创建从第 16 秒到第 17 秒、从画面右侧缓和飞入画面并逐渐显现的关键帧动画,如图 4-58 所示。

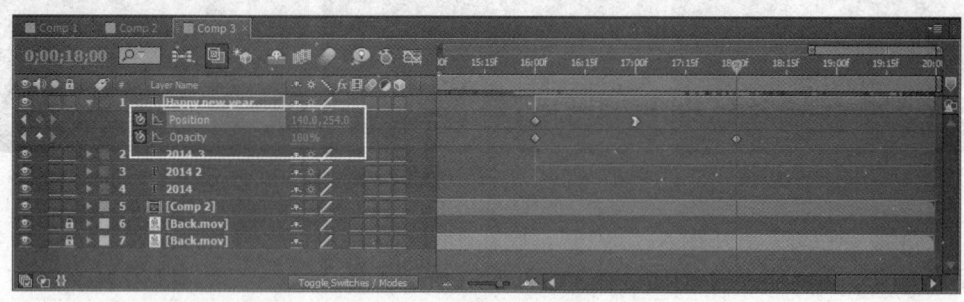

图 4-58 编辑关键帧动画

21 按"Ctrl+S"快捷键,保存编辑完成的工作。按"Ctrl+M"快捷键,将编辑好的合成添加到渲染队列中;单击"Output Module"(输出模块)选项后面的"Lossless"(无损)文字按钮,在打开的"Output Module Settings"对话框中,设置"Format"(格式)选项为 MPEG4,保持其他选项的默认设置,然后单击"OK"按钮。

22 单击"Output to"(输出到)后面的文字按钮,打开"Output Movie To"(输出影片到)对话框,为将要渲染生成的影片指定保存目录和文件名。

23 回到"Render Queue"(渲染队列)对话框中,单击"Render"(渲染)按钮,开始执行渲染。渲染完成后,打开影片的输出保存目录,观看输出文件的播放效果,如图 4-59 所示。

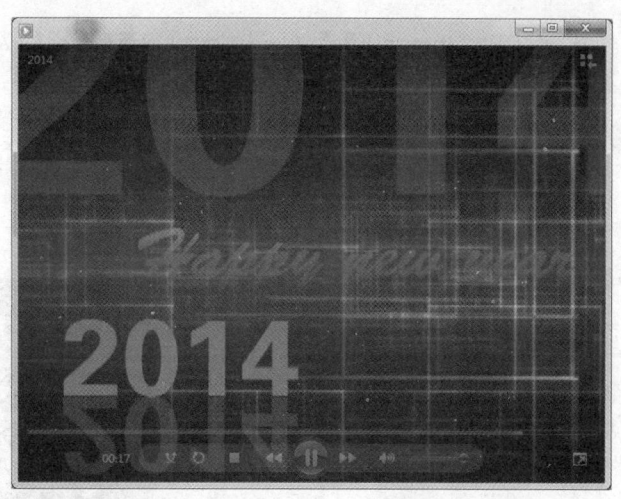

图 4-59　在 Media Player 中观看影片输出效果

4.5.2　手心里的火球

在很多科幻、魔幻电影里面，都有使用运动追踪的后期特效合成拍摄所不能实现的镜头画面。需要注意的是，如果要准备在后期中运用运动追踪，那么在拍摄视频素材时就需要安排好被追踪对象在整个拍摄过程中的移动路径，并与周围像素形成明显差异，才能得到更好的合成效果。请打开本书配套实例光盘中的"\Chapter 4\手心里的火球\Export\手心里的火球.mp4"文件，欣赏本实例的完成效果，如图 4-60 所示，在观看过程中分析所运用的编辑功能与制作方法。

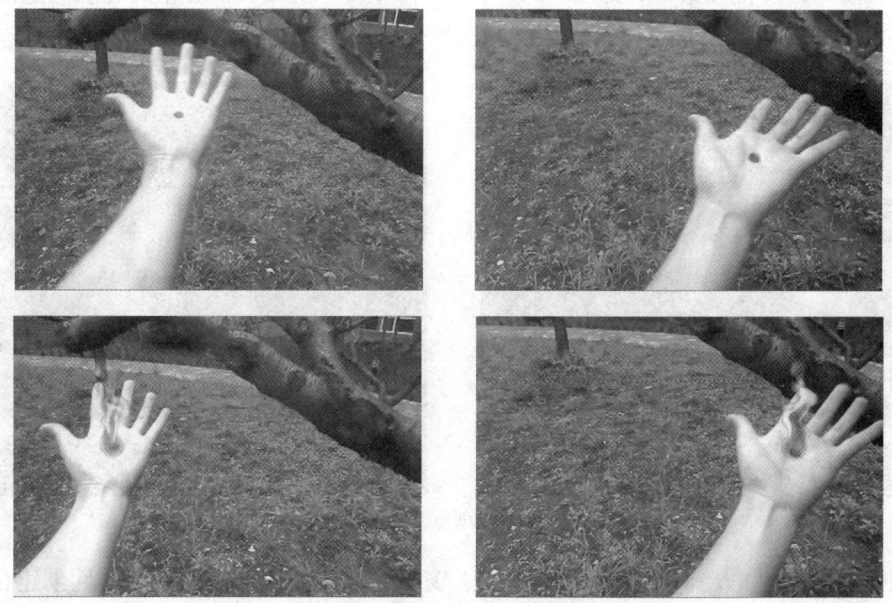

图 4-60　观看影片完成效果

操作步骤

1　在 Project（项目）窗口中双击鼠标左键，打开"Import File"（导入文件）对话框后，导入本书实例光盘中的"\Chapter 4\手心里的火球\Media\images"目录下准备的序列图像文件，如图 4-61 所示。

2 按"Ctrl+I"快捷键打开"Import File"(导入文件)对话框,导入本书实例光盘中的"\Chapter 4\手心里的火球\Media"目录下准备的视频文件,如图 4-62 所示。

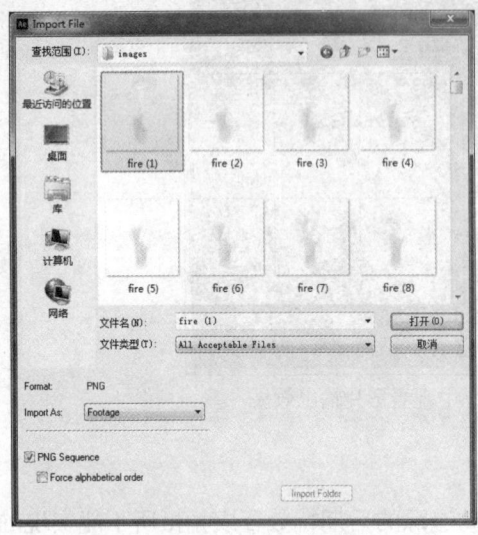

图 4-61　导入序列图像　　　　　　　　图 4-62　导入视频素材

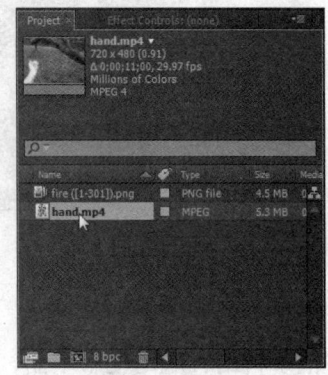

3 按"Ctrl+S"快捷键,在打开的"Save As"(保存为)对话框中为项目文件命名并保存到电脑中指定的目录。

4 双击 Project(项目)窗口中的视频素材,在打开的 Footage(素材)预览窗口中拖动时间指针,预览这段视频素材,如图 4-63 所示。本实例将以人物手心中的色块为追踪特征区域,追踪记录其运动轨迹并应用到火球动画对象上。

图 4-63　浏览视频素材

5 将视频素材加入到 Timeline(时间线)窗口,直接以该素材的视频属性创建合成。为方便查看进行运动追踪前后的效果对比,需要加入前后两段首尾相连的视频素材到 Timeline(时间线)窗口。这里需要先对当前合成的时间长度进行修改,按"Ctrl+K"快捷键,打开"Composition Settings"(合成设置)对话框,将持续时间由 11 秒改为 22 秒。

6 将视频素材加入到 Timeline(时间线)窗口中,并使其入点对齐到前一段视频素材的出点位置,如图 4-64 所示。

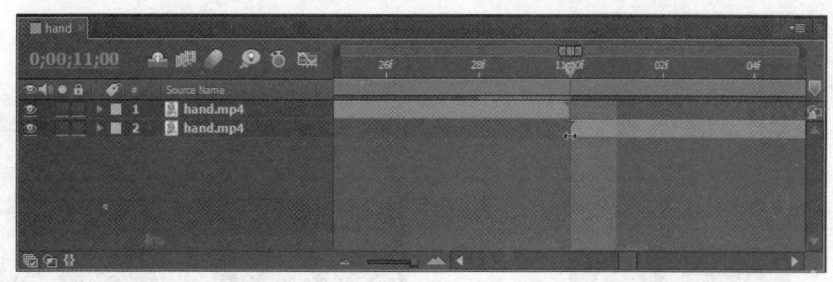

图 4-64　修改合成时间

7　在浏览视频素材时可以看到，人物的手在开始一段时间后打开，并在将要结束时合上，追踪物体的图像就需要配合好手心中色块出现的时间位置。将 Project（项目）窗口中的序列图像素材加入到 Timeline（时间线）窗口中 00:00:11:11 的位置，并安排在底层视频素材的上层，如图 4-65 所示。

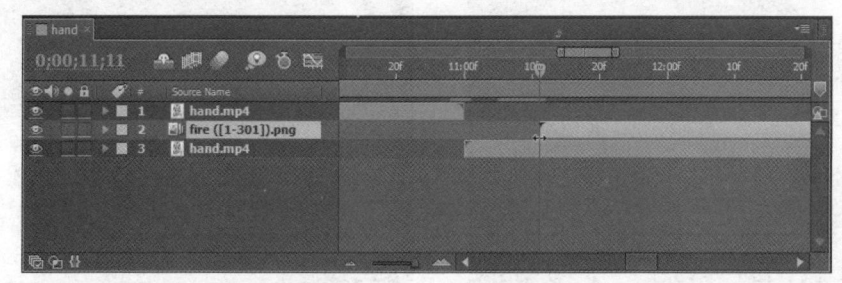

图 4-65　加入序列图像素材

8　双击 Composition（合成）窗口中的火球动画素材，进入其编辑窗口，将其轴心点移动到火球的中心位置（Anchor Point：95，165），使其在被应用追踪轨迹后，火球贴附到人物手心上，如图 4-66 所示。

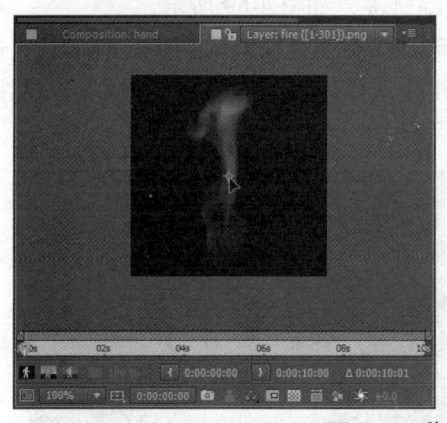

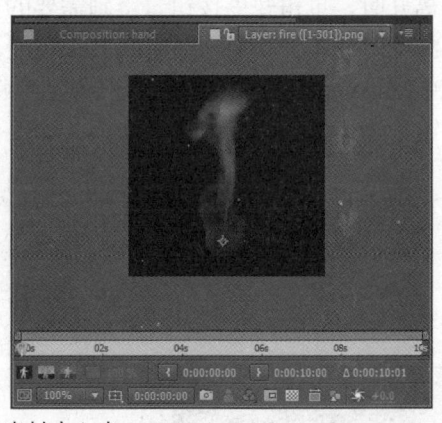

图 4-66　移动素材中心点

9　点选 Timeline（时间线）窗口中底层的视频素材，执行"Animation（动画）→Track Motion（运动追踪）"命令，在打开的 Tracker（追踪控制）面板中单击"Track Motion"按钮，然后在 Motion Source（运动来源）下拉列表中选择下层的视频素材，勾选"Position"（位置）复选框；单击"Edit Target"（编辑目标）按钮，在弹出的对话框中选择序列图像素材作为追踪轨迹的应用对象，如图 4-67 所示。

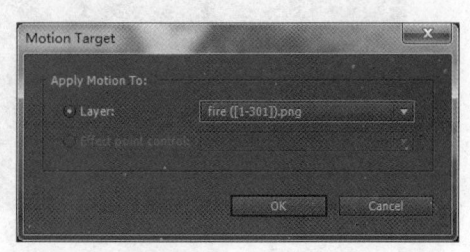

图 4-67　设置追踪类型与轨迹应用对象

10　在素材编辑窗口中，移动追踪范围框到人物手心的色块上，将里面的特征区域对齐到色块中心，并适当放大外面的搜索框，如图 4-68 所示。

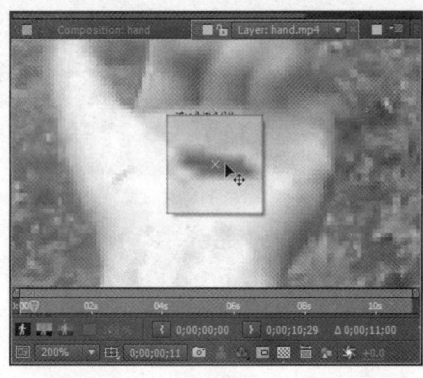

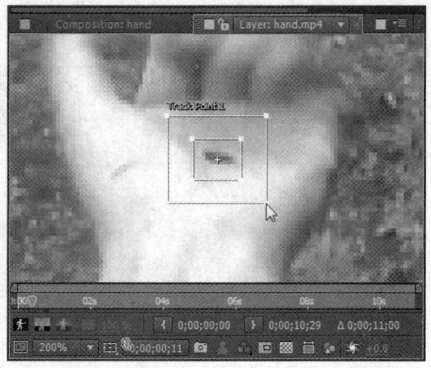

图 4-68　定位追踪范围框

11　设置好追踪位置后，单击 Tracker（追踪控制）面板中 Analyze（分析）下的 ▶ 按钮进行追踪分析，注意观察素材编辑窗口中的追踪范围框的运动变化，在视频素材中人物的手合上并要离开时，单击暂停按钮，得到需要的追踪轨迹，如图 4-69 所示。

12　拖动时间指针，浏览创建的追踪轨迹，确认没有明显误差后，单击 Tracker（追踪控制）面板中的 Apply（应用）按钮，在弹出对话框中选择应用方向为"X and Y"，然后单击"OK"按钮，为追踪物体应用轨迹动画，如图 4-70 所示。

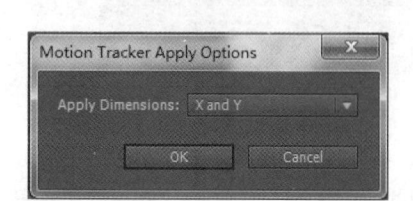

图 4-69　设置应用方向　　　　　　图 4-70　应用追踪动画

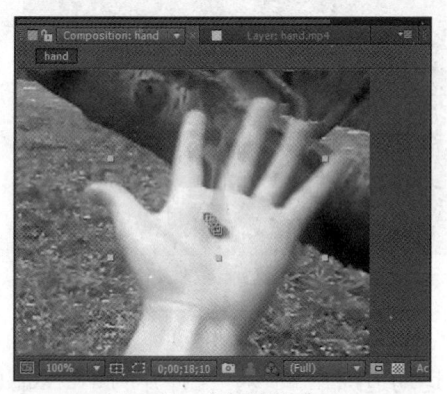

13　在 Timeline（时间线）窗口中拖动时间指针时可以调整方向，由于序列图像是透明背景文件，所以在显示效果上不够清晰，下面通过为其应用特效来增强显示效果。点选序列

素材图层,执行"Effects(特效)→Stylized(风格化)→Glow(发光)"命令,为序列图像应用发光特效,使动画火焰更加明亮,如图 4-71 所示。

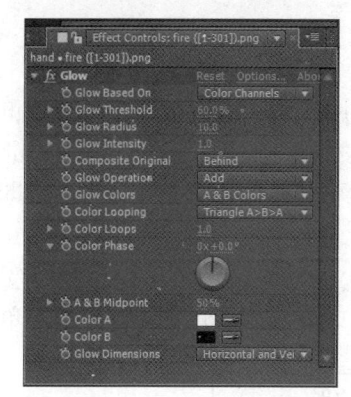

图 4-71　应用 Glow 特效

14 在 Timeline(时间线)窗口中点选序列素材图层,按"Ctrl+D"快捷键两次,对其进行两次复制,可以得到更加完善清晰的火焰动画图像,完成效果如图 4-72 所示。

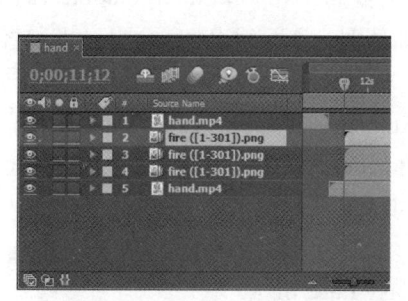

图 4-72　复制图层

15 按"Ctrl+S"快捷键保存项目。按"Ctrl+M"快捷键,打开 Render Queue(渲染队列)面板,设置合适的渲染输出参数,将编辑好的合成项目输出成影片文件,欣赏完成效果,如图 4-73 所示。

图 4-73　影片完成效果

4.6 习题

一、填空题

1. 在_____按钮被按下的状态时，将时间指针移动到需要添加关键帧的位置，然后在 Timeline（时间线）窗口中修改图层属性选项的数值，即可在该位置添加关键帧。

2. 在工具栏中选取_____工具，在运动路径中需要的位置单击鼠左键，即可在该位置添加一个关键帧。

3. 选取需要调整运动方向的动画图层，执行"Layer（图层）→Transform（变换）→Auto-Orientation（自动转向）"命令，在打开的对话框中选择"Orient Along Path"单选项，然后单击"OK"按钮，即可使图像在运动过程中_____。

4. 在 Tracker（追踪控制）面板中选择 Track Type（追踪类型）为_____选项，可以在追踪对象图层上设置四个追踪范围框，来对追踪目标进行更复制的多点追踪。

二、选择题

1. 在工具栏中选取（　　）工具，在运动路径中单击任意的关键帧，可以将其删除。

  A. ![]   B. ![]   C. ![]   D. ![]

2. 在 Keyframe Interpolation（关键帧插值）对话框的 Temporal Interpolation（时间插值）下拉列表中选择（　　），可以在改变关键帧上的曲线时，After Effects 会自动调整控制柄的位置以保持关键帧之间的平滑过渡。

  A. Linear   B. Auto Bezier
  C. Continuous Bezier   D. Bezier

3. 在"Animation（动画）→Keyframe Assistant（关键帧辅助）"菜单下选择（　　）命令，可以减缓进入所选关键帧的动画速率。

  A. Easy Ease   B. Easy Ease In
  C. Easy Ease Out   D. Exponential Scale

第 5 章　遮罩与抠像特效

学习要点

- 了解遮罩的功能，并掌握创建遮罩的三种基本方法
- 熟悉遮罩的基本属性参数和设置方法
- 掌握为遮罩创建关键帧动画的编辑方法
- 了解 After Effects CS6 中的键控特效，并掌握常用抠像特效的编辑技能

5.1 遮罩特效的编辑

在图层上绘制遮罩，可以隐藏图层中不需要显示的区域，只显示遮罩路径内的区域，同时显示出遮罩范围外的下层图像，是一种简单实用的抠像技术。

5.3.1 遮罩的创建

在 After Effects 中，可以使用以下方法来创建遮罩。

1. 使用形状工具绘制遮罩

在工具栏中按下 Rectangle Tool（矩形工具）按钮■，可以在弹出的列表中选择 5 种形状工具，绘制矩形、圆角矩形、椭圆形、多边形、星形等形状的遮罩，适用于一些简单图形的抠图操作，如图 5-1 所示。

选取形状工具后，在 Timeline（时间线）窗口中点选需要绘制遮罩的图层，然后移动鼠标到图形上绘制遮罩的位置，按下鼠标左键并拖动到合适的大小后释放鼠标，即可创建对应形状的遮罩效果，如图 5-2 所示为在上层图像上绘制了一个矩形遮罩后，显示出下层图像的效果。

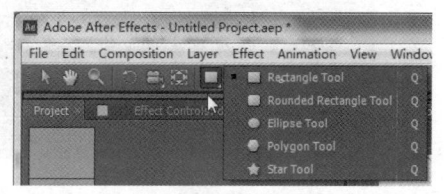

图 5-1　形状绘图工具

图 5-2　绘制矩形遮罩

> 在使用矩形、圆角矩形、椭圆形工具绘制遮罩的同时，按住"Shift"键可以绘制出正方形、圆角正方形或圆形。先按下"Shift"键再按下"Ctrl"键进行绘制，可以从图形中心创建正方形或圆形。

如果没有先在 Timeline（时间线）窗口中选中要绘制遮罩的图层，那么使用形状工具将会直接绘制出矢量图形，并且可以在工具栏或 Timeline（时间线）窗口的选项组中设置矢量图形的填充色、边框色及边框线条宽度，同时在 Timeline（时间线）窗口中也会添加对应的形状图层，如图 5-3 所示。

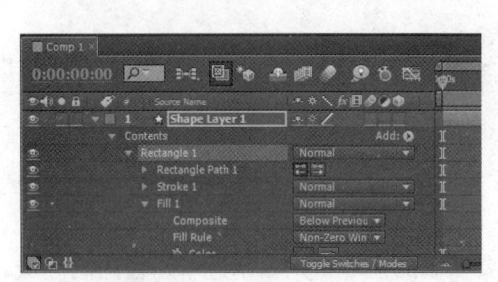

图 5-3　绘制的矢量图形

在 Timeline（时间线）窗口中展开创建了遮罩的图层，可以在下面看见其 Mask（遮罩）选项组，如图 5-4 所示。

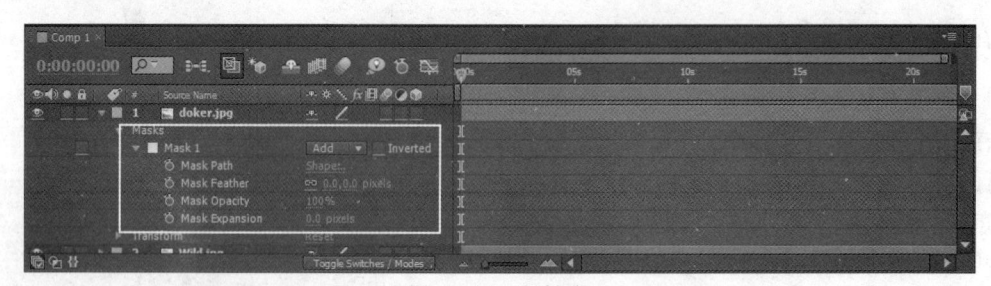

图 5-4　Mask 选项组

2. 使用钢笔工具绘制遮罩

使用 Pen Tool（钢笔工具），可以创建由线段和控制柄构成的路径遮罩，通过增加或删减路径节点、调整路径节点和控制柄的位置改变遮罩的形状。使用钢笔工具可以创建封闭或开放路径，不过开放的路径不能产生遮罩效果，但可以用来作为动画的运动路径或特效的参数。使用钢笔工具绘制的路径遮罩效果，如图 5-5 所示。

图 5-5　绘制路径遮罩

在工具栏中按住 Pen Tool（钢笔工具）按钮，可以在弹出的列表中选择 5 种形状路径编辑工具，除了 Pen Tool 钢笔工具以外，还有 Add Vertex Tool（增加节点工具）、Delete Vertex Tool（删除节点工具）、Convert Vertex Tool（节点转换工具）、Mask Feather Tool（遮罩羽化工具），可以对绘制的路径进行细致的形状调整处理，如图 5-6 所示。

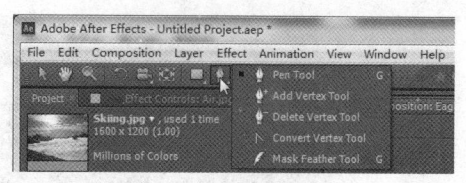

图 5-6　路径编辑工具

3. 使用命令创建

在 Timeline（时间线）窗口中选中需要创建遮罩的图层后，执行"Layer（图层）→Mask（遮罩）→New Mask（新建遮罩）"命令，即可在图层上创建出与图层形状、大小相同的遮罩，此时可以通过调整路径编辑遮罩形状，也可以执行"Layer（图层）→Mask（遮罩）→Mask Shape（遮罩形状）"命令，在打开的"Mask Shape"（遮罩形状）对话框中，可以重新设置合适的遮罩形状〔Rectangle（矩形）、Ellipse（椭圆）〕和大小，然后单击"OK"按钮，即可为遮罩应用新的大小和形状，如图 5-7 所示。

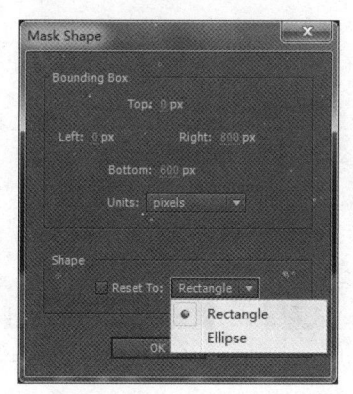

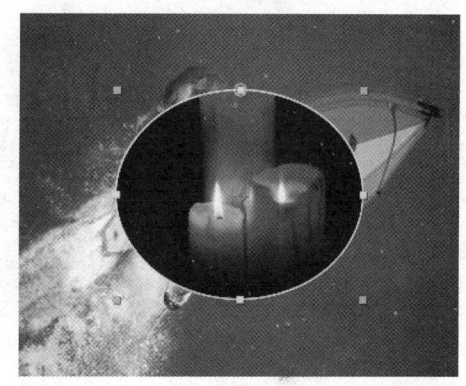

图 5-7　通过命令创建遮罩

5.3.2　遮罩的编辑

在 Timeline（时间线）窗口中点选绘制了遮罩的图层，按 M 键，可以展开 Mask（遮罩）选项组，在其中可以对各项选项参数进行设置，完成对遮罩的各种基本编辑，如图 5-8 所示。

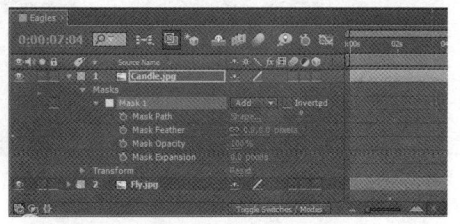

图 5-8　Mask 属性选项

- Mask Path（遮罩路径）：单击 Mask Path 后面的 Shape（外形）文字按钮，可以打开 Mask Shape（遮罩外形）对话框，在其中可以对该遮罩的形状、大小进行调整。
- Mask Feather（遮罩羽化）：对绘制的遮罩应用边缘羽化效果，如图 5-9 所示。羽化值越大，边缘就越柔和。单击"Constrain Properties"（强制属性）开关取消其选中状态，可以单独修改遮罩形状在横向（前一数值）或纵向（后一数值）的羽化值。

> **TIPS**：在工具栏中选取 Mask Feather Tool（遮罩羽化工具），在绘制的遮罩路径上单击，即可添加一个羽化控制点，然后按住并向遮罩内或外拖动，可以快速地对绘制的遮罩进行向外或向内的羽化，如图 5-10～图 5-12 所示。

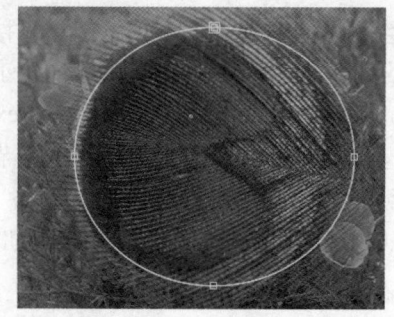

图 5-9 设置不同羽化参数的效果

- Mask Opacity（遮罩不透明度）：设置遮罩区域中图像的不透明度。100%为完全不透明，0%为完全透明，此属性和图层的 Opacity（不透明度）属性相同。
- Mask Expansion（遮罩扩展）：调节遮罩边缘的扩展或收缩，该参数值为正时向外扩展，为负时向内收缩，可以在不用改变遮罩形状的情况下调整遮罩大小，如图 5-13～图 5-15 所示。

图 5-10 绘制的遮罩　　　图 5-11 向外羽化　　　图 5-12 向内羽化

图 5-13 绘制的遮罩　　　图 5-14 向内缩小　　　图 5-15 向外扩展

如果需要对图层上遮罩的位置进行移动，可以在 Timeline（时间线）窗口中点选图层下的 Mask（遮罩）选项的状态下，将鼠标移动到 Composition（合成）窗口中的遮罩路径上，在鼠标指针由 变成 形状后，按下鼠标左键并拖动，即可对遮罩的位置进行移动，如图 5-16 所示。

使用钢笔工具通过增删节点、调整路径曲线，可以对遮罩进行路径形状的修改。使用 Selection Tool（选择工具） ，可以直接对遮罩的路径节点、路径线段进行移动调整。使用选择工具双击遮罩路径的线段，在遮罩路径周围出现控制框后，即可对其进行大小的缩放与角度的旋转，如图 5-17 所示。

图 5-16 移动遮罩在图层上的位置

图 5-17 对遮罩进行变换调整

5.3.3 遮罩的合成模式

遮罩的合成模式用于设置与图层上的其他遮罩以及与图层之间的范围关系。可以理解为多个遮罩层之间的加减运算,在为其中某个遮罩层设置不同的合成模式后,产生的遮罩效果也会发生变化,不同的模式组合也将产生不同的显示效果。在 Timeline(时间线)窗口展开图层的遮罩选项,按下 Mask(遮罩)选项后面的 Add 按钮,即可在弹出的下拉列表中为当前所选遮罩设置合成模式,如图 5-18 所示。

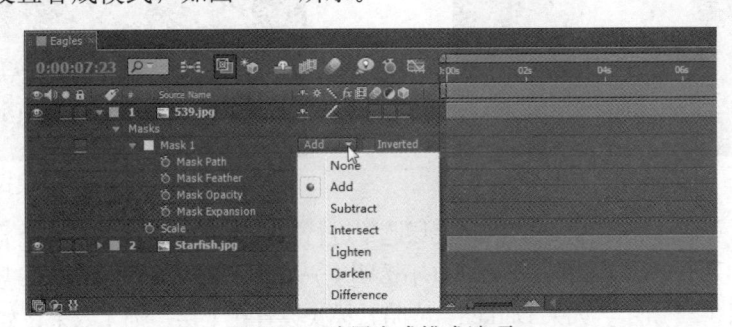

图 5-18 遮罩合成模式选项

- None(无):只显示遮罩的形状,不产生遮罩效果,在需要为遮罩路径添加特效时使用,如图 5-19 所示。
- Add(相加):默认的合成模式,当图层中有多个遮罩时,可以显示前后遮罩相加的所有区域,如图 5-20 所示。
- Subtract(相减):与 Add(相加)的效果相反,将遮罩区域变为透明,区域外的不透明。在有多个遮罩相交时,下层的遮罩会将与上层遮罩重叠的部分减去,如图 5-21 所示。

图 5-19　None 模式 　　　　　　　　　图 5-20　Add 模式

- Intersect（相交）：只显示两个遮罩重叠的区域，但必须两个都使用 Intersect 相交模式，否则将不会显示重叠部分，如图 5-22 所示。

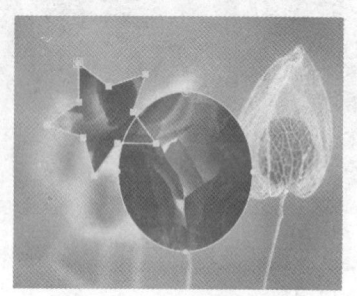

图 5-21　Subtract 模式 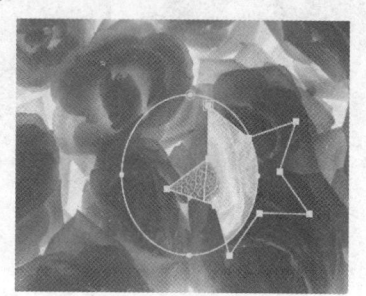　　　　　　　　图 5-22　Intersect 模式

- Lighten（变亮）：该模式需要两个以上的遮罩重叠在一起，然后将它们的 Opacity（不透明度）数值降低，此时遮罩重叠的区域的亮度就会叠加，如图 5-23 所示；如果所有遮罩的合成模式都设置为 Lighten（变亮），则重叠区域的亮度将会相互覆盖，如图 5-24 所示。

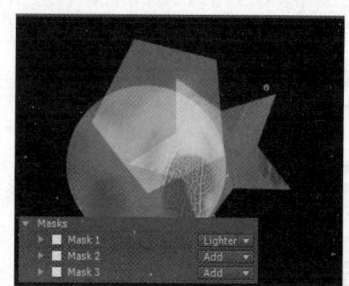

图 5-23　上层遮罩设置 Lighten 模式 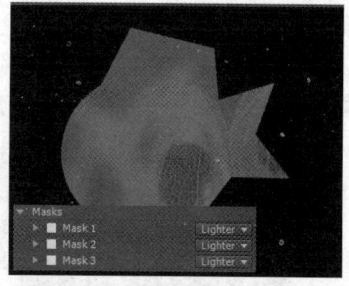　　　图 5-24　全部为 Lighten 模式

- Darken（变暗）：该模式从下层向上层遮罩进行重叠区域的显示，没有重叠的区域将变得透明，如果上下层遮罩的 Opacity（不透明度）参数不同，则以最低的参数值显示重叠区域，如图 5-25 所示。如果 Darken（变暗）模式设置在上层，则无效果，如图 5-26 所示。

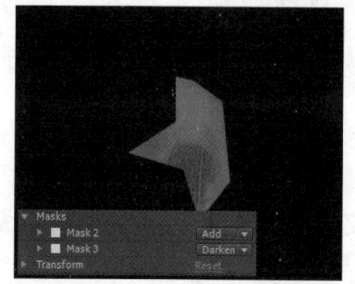

图 5-25　下层遮罩设置 Darken 模式 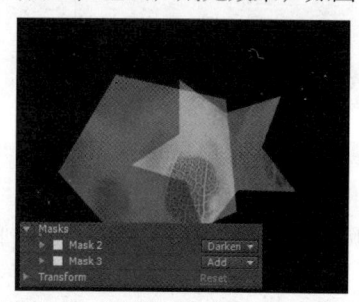　　　图 5-26　上层遮罩设置 Darken 模式

- Difference（差异）：该模式可以使多个重叠的遮罩中不相交的部分正常显示，使相交的部分变透明，如图 5-27 所示。
- Inverted（反转）：勾选该复选项，可以反转当前遮罩的显示范围，如图 5-28 所示。勾选多个，可以执行多次反转。

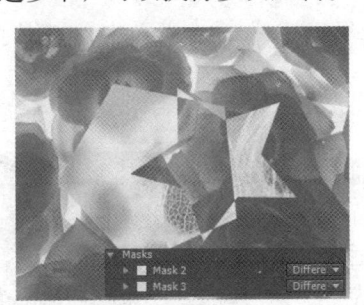

图 5-27　Difference 模式　　　　　图 5-28　反转合成模式

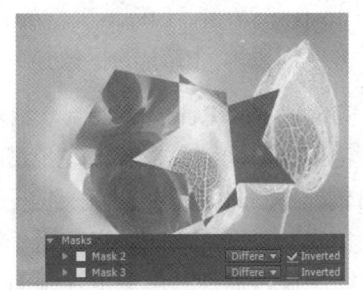

5.2　创建遮罩动画

在 Timeline（时间线）窗口中点选绘制了遮罩的图层，单击 Mask Path（遮罩路径）选项前的关键帧记录器按钮，为遮罩在该位置创建关键帧，然后通过在其他时间位置对遮罩的形状进行改变，即可创建遮罩变形动画；同样，对遮罩的其他属性也可以创建关键帧动画，得到动态变化的遮罩效果，如图 5-29 所示。

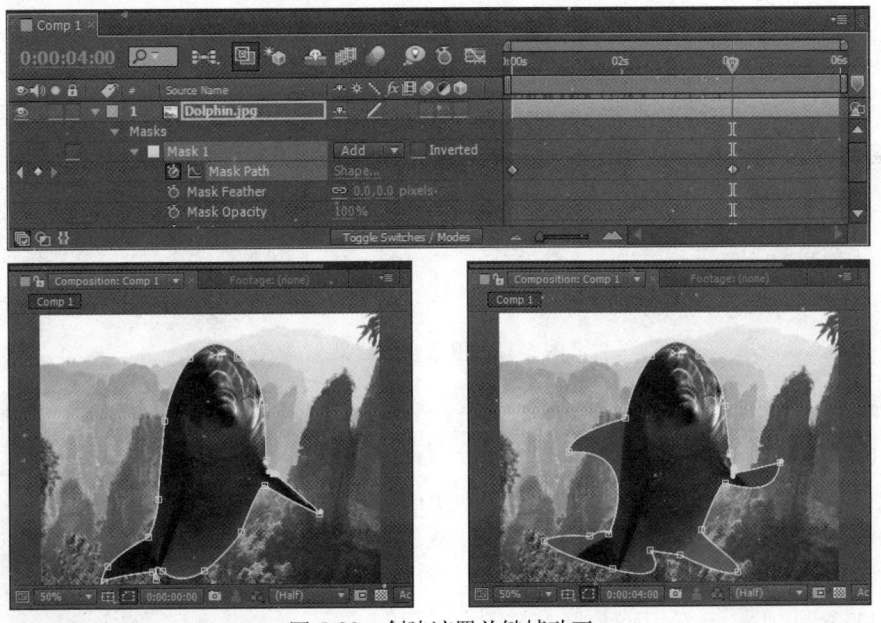

图 5-29　创建遮罩关键帧动画

5.3　抠像特效的编辑

视频抠像是基本的影视合成特效技术之一，被广泛运用在电视剧、电影的制作中。使用遮罩的方式进行的抠像，只适合于静态的图像素材或制作遮罩动画效果。如果用于动态的视频内容抠像,就很难得到满意的效果。此时,可以使用特效命令,利用抠像目标图像在亮度、色彩等方面与背景的明显差异,快速得到完善的抠像效果。

5.3.1 使用 Keying(键控)特效抠像

After Effects CS6 在"Effects(特效)→Keying(键控)"命令菜单中,提供了多个抠像特效命令,方便用于不同情况的抠像处理中。

1. CC Simple Wire Removal(简单钢丝移除)

大部分使用动作特技的影片,在拍摄时都需要通过给演员吊钢丝绳(即所谓的"吊威亚")来完成特技动作或保护安全。该特效即是专门用于抠除拍摄画面中的钢丝绳图像,也可以用于抠除画面中直线形状的图像,如图 5-30 所示。

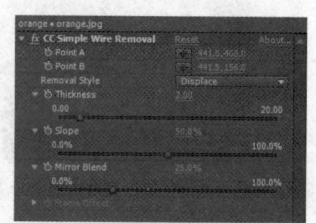

图 5-30 CC Simple Wire Removal 特效设置

- Point A/B(A/B 点):分别单击 Point A/B 后面的 ⊕ 按钮,在画面中钢丝图像的两端定位抠像端点。可以创建关键帧动画,根据画面中钢丝绳的移动来改变移除直线的位置。
- Removal Style(移除方式):在该下拉列表中选择对钢丝图像的移除方式,分别包括 Fade(消褪)、Fade Offset(消褪补偿)、Displace(替换)、Displace Horizontal(垂直替换);常用的是 Fade(消褪),可以直接去除钢丝绳的线条图像。
- Thickness(厚度):设置定位的两个端点间的直线图像要处理的宽度。例如,选择 Fade(消褪),则可以消褪指定宽度的直线图像。
- Slope(倾斜):设置定位生成的直线的倾斜程度。如图 5-31 所示。

图 5-31 抠像合成效果

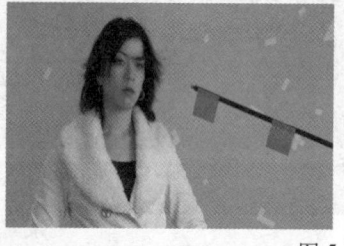

2. Color Difference Key(色彩差异键)

通过将图像划分为 A 和 B 两个部分,分别在 A 图像和 B 图像中用吸管指定需要变成透明的不同颜色,得到两个黑白蒙版,最后将这两个蒙版合成,得到素材抠像后的 Alpha 通道,如图 5-32 所示。

- Preview(预览):左边的是原素材图,右边的是 A、B 两个 Matte 以及最终合成的 Alpha 通道的内容,可以通过单击下面的 A、B 及 α 按钮来选择。
- View(视图):设置右边合成视窗中要显示的内容。例如,显示原素材(Source)、校正前

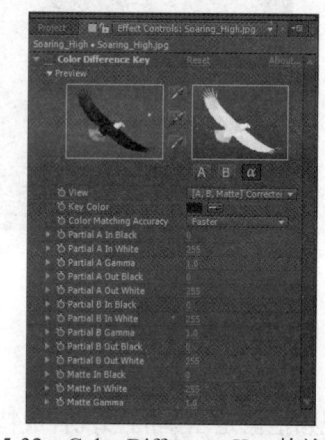

图 5-32 Color Difference Key 特效设置

的蒙版通道（Matte Partial A/B Uncorrected）、校正后的蒙版通道（Matte Partial A/B Corrected）、最终合成效果（Final Output）、AB 蒙版及合成图等，如图 5-33 所示。

图 5-33　多视图预览窗口

- Key Color（键控颜色）：设置需要抠除的颜色。可以单击后面的色块来设置，也可以点选吸管后进行吸取。
- Color Matching Accuracy（颜色匹配的精确度）：选择 Faster 可以快速显示结果，但不够精确；选择 More Accurate 则会显示更精确的结果，但要花费更多运算时间。
- Partial A In Black/ White：设置 A 遮罩的非溢出黑/白平衡。
- Partial A Gamma：设置 A 遮罩的伽玛校正值。
- Partial A Out Black/ White：设置 A 遮罩的溢出黑/白平衡。
- Partial B In Black/ White：设置 B 遮罩的非溢出黑/白平衡。
- Partial B Gamma：设置 B 遮罩的伽玛校正值。
- Partial B Out Black/ White：设置 B 遮罩的溢出黑/白平衡。
- Matte In Black/ White：设置合成蒙版的非溢出黑/白平衡。
- Matte Gamma：设置合成蒙版的伽玛校正值。

3. Color Key（色彩键）

通过设置或指定素材图像中某一像素的颜色，将图像中相同的颜色全部去除，从而产生透明的通道，是一种最简单实用的色彩抠像方法，如图 5-34 所示。

图 5-34　Color Key 特效设置

- Key Color（键控颜色）：选择需要被抠除的颜色。
- Color Tolerance（色彩容差）：设置颜色容差范围，数值越高，偏差越大。
- Edge Thin（边缘宽度）：对生成的 Alpha 通道沿边缘向内或向外溶解若干像素，以修补图像的 Alpha 通道。
- Edge Feather（边缘羽化）：对边缘进行柔化，使抠像效果更柔和，便于合成，如图 5-35 所示。

图 5-35　抠像合成效果

4. Color Range（色彩范围）

通过设置一定范围的色彩变化来对图像进行抠像，主要用于非同一颜色背景但颜色相近的背景画面抠像，用于单一背景色抠像效果更好，如图 5-36 所示。

- Preview（预览）：用于显示当前素材的 Alpha 通道，同时在右侧会有 3 个吸管工具，其中第一个普通吸管工具用于初始指定要变成透明的颜色，带加号的吸管工具用于加选要变成透明的颜色，减号工具用于指定不需要变透明的颜色。如图 5-37 所示，在应用了不同的吸管工具进行多个颜色相近位置的取色后，背景中的蓝色基本上被抠除，变成了透明区域。

图 5-36　Color Range 特效设置　　　　图 5-37　抠像效果

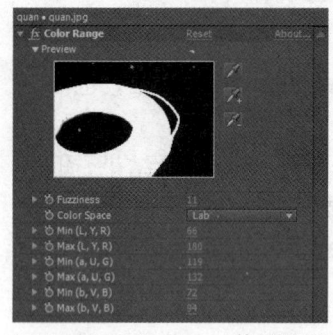

- Fuzziness（模糊）：调节抠像效果边缘的柔和程度，用于对抠像效果进行完善；数值不同，抠像程度也不同，如图 5-38 所示。

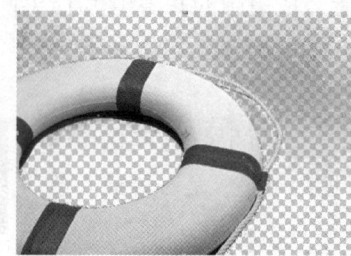

图 5-38　调节抠像边缘柔和

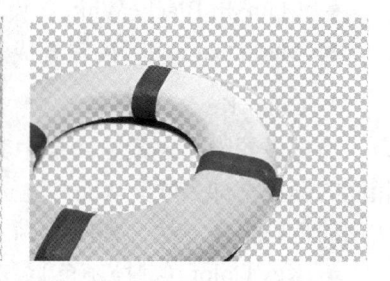

- Color Space（色彩空间）：选择一种色彩空间的模式用于调节蒙版，可选的模式有 Lab、YUV、RGB 三种。
- Min（L、Y、R）：设置第一组数据的最小值，如果所选的模式为 Lab，则设置该色彩模型的第一个值 L；如果所选的模式为 YUV，则设置该色彩模型的第一个值 Y；如果所选的模式为 RGB，则设置该色彩模型的第一个值 R。
- Max（L、Y、R）：设置第一组数据的最大值，后面的参数解释同上。
- Min（a、U、G）：设置第二组数据的最小值，如果所选的模式为 Lab，则设置该色彩模型的第二个值 a；如果所选的模式为 YUV，则设置该色彩模型的第二个值 U；如果所选的模式为 RGB，则设置该色彩模型的第二个值 G。
- Max（a、U、G）：设置第二组数据的最大值，后面的参数解释同上。
- Min（b、V、B）：设置第三组数据的最小值，如果所选的模式为 Lab，则设置该色彩模型的第三个值 b，如果所选的模式为 YUV，则设置该色彩模型的第三个值 V；如果所选的模式为 RGB，则设置该色彩模型的第三个值 B。
- Max（b，U，B）：设置第三组数据的最大值，后面的参数解释同上。

5. Difference Matte（差异蒙版）

通过对两个图像的内容进行比较，然后将两个图像中相同的显示部分（包括位置和像素值）抠掉变成透明。这种抠像方法适用于抠掉运动对象的背景（前后帧的画面中，背景相似或相同），如图 5-39 所示。

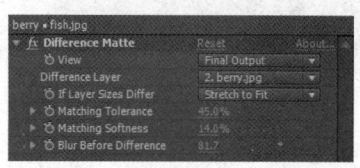

图 5-39 Different Matte 特效设置

- View（视图）：设置窗口显示的方法，可以只显示原始图（Source only）、蒙版（Matte only）或者合成后的图像（Final Output）。
- Difference Layer（差异层）：选择要用来做抠像参考的素材图层。
- If Layer Sizes Differ（如果层尺寸不同）：如果两个层的大小不统一，可以选择居中（Center）或是拉伸至合适尺寸（Stretch to fit）。
- Matching Tolerance（匹配容差度）：设置两个图像间抠像时可允许的最大差值，超过这个最大差值的部分将会被抠掉。
- Matching Softness（匹配柔和度）：设置抠像像素间的柔和度。
- Blur Before Difference（差异前模糊）：设置对差值抠像的内部区域边缘进行模糊处理的大小，使抠像后的边缘过渡自然。如图 5-40 所示。

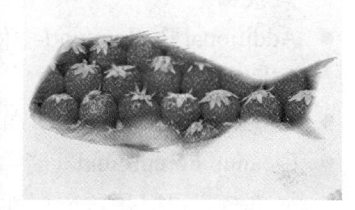

图 5-40 添加特效的前后效果对比

6. Extract（抽出）

通过设置一个亮度范围后，将素材图像中所有与指定亮度范围相近的像素部分都变成透明。这种抠像的方法适用于有很强曝光度的背景或者对比度很高的图像，如将画面中主体的影子抠掉，如图 5-41 所示。

- Histogram（柱形图）：该图表显示了用于做抠像参数的色阶，左端为黑平衡输出色阶，右端为白平衡输出色阶，调整下面的参数，该图表内容会适时改变。
- Channel（通道）：选择要抠除的颜色通道，包括 Luminance（亮度通道，即全图）、R/G/B、Alpha 通道。
- Black Point（黑点）：设置黑点透明范围，小于该值的黑点将被透明。
- White Point（白点）：设置白点透明范围，大于该值的白点将被透明。
- Black Softness（黑色柔和度）：设置暗部区域的柔和度。
- White Softness（白色柔和度）：设置亮部区域的柔和度。
- Invert（反转）：反转黑白色阶，使被透明的部分与不透明的部分反转。如图 5-42 所示。

图 5-41　Extract 特效设置　　　　　图 5-42　应用抽出抠像

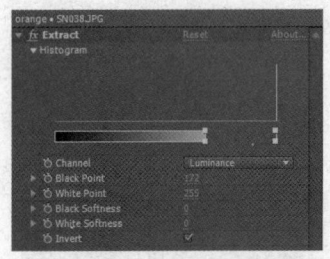

7. Inner/Outer Key（内外键）

通过指定一个手绘遮罩层来对图像进行抠像，属于比较高级的抠像功能，常用于处理人物头发、衣服褶皱等细节。在使用时，首先在素材的 Mask 通道上绘制一个遮罩，然后把它指定给特效的 Foreground（前景）或 Background（背景）属性。如果指定给 Foreground，那么遮罩所包括的内容将作为合成的前景层；如果指定给 Background，那么遮罩所包括的内容将作为合成的背景层，如图 5-43 所示。

- Foreground（前景）：选择作为前景层的遮罩层，该层所包含的素材将作为合成中的前景层。
- Additional Foreground（附加前景）：当合成中有多个前景层时，可以在这里添加，作用同上。
- Background（背景）：选择作为背景层的遮罩层，该层所包含的素材将作为合成中的背景层。
- Additional Background（附加背景）：当合成中有多个背景层时，可以在这里添加，作用同上。
- Single Mask Highlight（单一遮罩加亮半径）：设置单个遮罩的高光大小。
- Cleanup Foreground（清除前景）：指定一个路径层，该层上的路径将会变为前景层的一部分，可以用这个属性将其他背景层中需要作为前景的元素提取出来。
- Cleanup Background（清除背景）：指定一个路径层，该层上的路径将会变为背景层的一部分，可以用这个属性将其他前景层中需要作为背景的元素提取出来。
- Edge Thin（边缘宽度）：设置遮罩边缘宽度大小。
- Edge Feather（边缘羽化）：设置遮罩边缘羽化度。
- Edge Threshold（边缘极限）：设置遮罩边缘的阈值，较大值可以向内缩小遮罩的区域。
- Invert Extraction（反转抽出）：反转遮罩。
- Blend with Original（混合原图）：设置原图像与抠像后的图像之间的混合度。如图 5-44 所示。

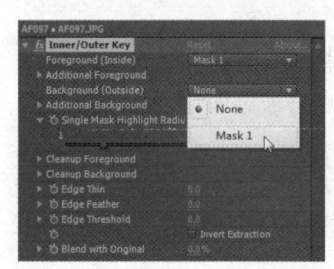

图 5-43　Inner/Outer Key 特效设置　　　　　图 5-44　应用内外键抠像

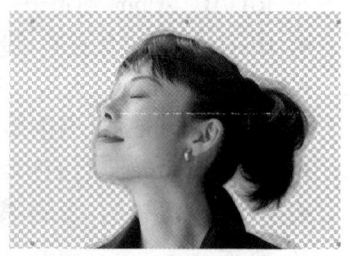

8. Keylight 1.2

Keylight 是知名的影视后期抠像插件，从 After Effects CS3 开始集成在键控命令中，是一个非常强大的色彩抠像插件，只需要非常简单的设置，即可完美地将画面中的指定颜色变为透明，非常适合用于人物头发、半透明图像等细节部分，如图 5-45 所示。

使用该特效，通常只需要在 Screen Colour（屏幕色彩）选项中设置需要移除的色彩，基本不用设置其他的参数选项，即可得到完美的抠像效果，如图 5-46 所示。

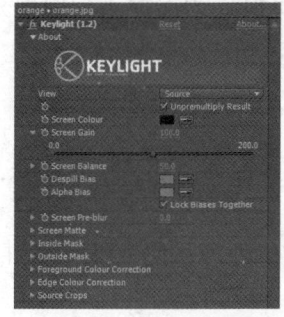

图 5-45　Keylight 1.2 特效设置　　　　　图 5-46　Keylight 抠像合成效果

9. Linear Color Key（线性色键）

该特效既可用于对图像进行抠像，也可以用来保护那些被抠掉区域的部分或指定区域的图像内容（即使要被保护的部分与指定抠除的颜色相同）不被去掉。该特效的选项参数，如图 5-47 所示。

- Preview（预览）：显示原始素材和选色抠像后的效果，吸管工具和 Color Range（色彩范围）的使用方法完全相同。
- View（视图）：调节右侧视窗中的选择内容，可供选择的有 Final Output（最终输出）、Source Only（只有素材）、Matte Only（只有蒙版）3 个选项。
- Key Color（键控颜色）：选择主要抠像颜色，其功能和上面的主吸管工具作用相同。
- Match Colors（匹配颜色）：选择用于调节抠像的色彩空间，有 RGB、Hue（色相）、Chroma（浓度）这 3 种模式。
- Matching Tolerance（匹配容差度）：设置抠像颜色的容差范围，在容差范围内的颜色会被转换为透明像素。
- Matching Softness（匹配柔和度）：指定透明与不透明像素间的柔和度。
- Key Operations（键控运算）：设置要保留（选择 Keep Colors）或要去除（选择 Key Color）的颜色。如图 5-48 所示。

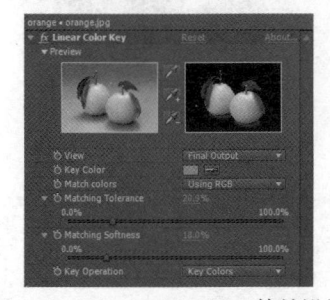

图 5-47　Linear Color Key 特效设置　　　　　图 5-48　应用线性色键特效

10. Luma Key（亮度键）

根据图像中像素间亮度的不同来进行抠像，适用于图像前后亮度对比大而色相变化不大的抠像，如图 5-49 所示。

- Key Type（键控类型）：选择亮度差异抠像的模式。Key Out Brighter 模式为抠掉较亮部分的颜色；Key Out Brighter 模式为抠掉较暗的部分的颜色；Key Out Similar 模式为抠掉较相似部分的颜色；Key Out Dissimilar 模式为抠掉不相似部分的颜色。

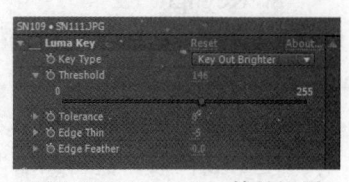

图 5-49　Luma Key 特效设置

- Threshold（阈值）：设置抠像程度的大小。
- Tolerance（容差）：设置抠像颜色的容差范围。
- Edge Thin（边缘宽度）：在生成 Alpha 图像后再沿边缘向内或向外清除若干层像素，以修补图像的 Alpha 通道。
- Edge Feather（边缘羽化）：对生成的 Alpha 通道进行羽化边缘处理，使蒙版更柔和。如图 5-50 所示。

11. Spill Suppressor（溢出抑制）

该特效实际上并不具有抠像功能，其主要作用是对抠完像的素材进行颜色处理。这种情况经常出现在蓝屏或绿屏抠像后，在头发、玻璃边缘等细节部分经常会有残留蓝色边，此时即可用该特效将这些边沿部分的颜色抑制，从而达到去除这些颜色的目的，如图 5-51 所示。

图 5-50　应用亮度键抠像效果

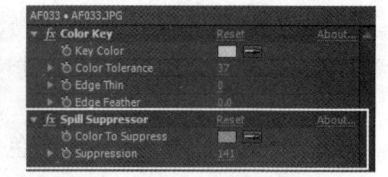

图 5-51　Spill Suppressor 特效设置

- Color To suppress（抑制的颜色）：选择要溢出的颜色。
- Suppression（抑制程度）：设置溢出抑制的程度大小。如图 5-52 所示。

图 5-52　色彩键抠像后应用溢出抑制

5.3.2 使用 Roto 画笔工具抠像

Roto 画笔工具是 After Effects CS6 中新增的抠像工具，可以将运动主体从背景中分离出来，适用于主体对象与背景之间的差异不明显的视频内容抠像。

上机实战 使用 Roto 来笔工具抠像

1 在 Project（项目）窗口中导入准备的视频素材，直接将其拖入 Timeline（时间线）窗口中，以其视频属性创建相同设置的合成项目，如图 5-53 所示。

2 按"Ctrl+K"快捷键，打开"Composition Settings"（合成设置）对话框，将合成的持续时间修改为 2 秒，如图 5-54 所示。

图 5-53　用素材创建合成　　　　　　　　　图 5-54　修改持续时间

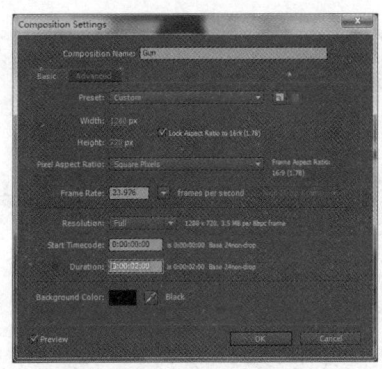

3 为了方便查看抠像前后的效果对比，这里先对素材图层进行复制。点选 Timeline（时间线）窗口中的视频素材图层并按"Ctrl+C"快捷键，对其进行复制，然后将复制得到的图层对齐到下层图层的出点，使它们前后相连，如图 5-55 所示。

图 5-55　复制图层

4 双击复制得到的新图层，进入其图层编辑窗口，在工具栏中点选 Roto 画笔工具，在需要抠除的背景区域上绘制出封闭区域，After Effects 将根据所绘制区域的像素特征进行自动运算，并用紫色线条标示出将会被保留的区域，如图 5-56 所示。

5 使用 Roto 工具圈选其他背景区域，直到紫色线条标示区域与前景人物分离开来，如图 5-57 所示。

6 由于画面中人物戴的黑色帽子与该区域背景像素相似，所以也被圈入抠像处理区域，可以在按住 Alt 建的同时，沿人物帽子内边缘绘制一个区域，将其从圈选区域恢复，如图 5-58 所示。

图 5-56 绘制抠像区域

图 5-57 分离前景与背景

图 5-58 修整抠像区域

7　展开 Composition（合成）预览窗口，拖动时间指针，可以看见画面中背景被保留，前景人物被抠除。这是因为默认情况下，紫色线条范围内为保留区域。在 Effects Control（特效控制）面板中勾选 "Invert Foreground/Background"（反转前景与背景）复选框，即可将抠像区域反转，如图 5-59 所示。

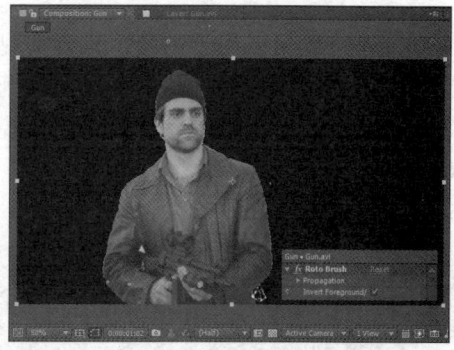

图 5-59　反转抠像区域

8　向后拖动时间指针进行预览，可以发现在素材图层的第 19 帧时，抠像效果失效。这是因为在该时间位置时的画面前景发生了明显变化，与背景的像素发生了交叉混合，此时可以继续使用 Roto 工具对背景区域进行补充圈选，用同样的方法再次分离出前景与背景，如图 5-60 所示。

图 5-60　补充抠像

9　在 Effects Control（特效控制）面板中对 Matte（蒙版）选项参数进行设置，对抠像边缘进行 Smooth（平滑）、Feather（羽化）或 Choke（收缩）处理，得到更完善的抠像效果，完成效果如图 5-61 所示。

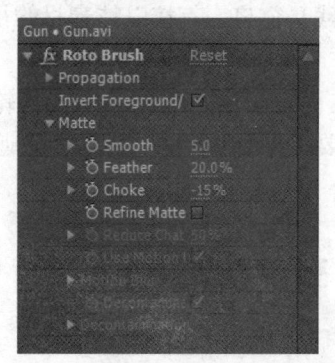

图 5-61　调整抠像边缘

5.4 课堂实训快乐舞动

5.4.1 快乐舞动

遮罩功能不仅仅可以用于抠像,只要实现创意与动画的完美配合,使用遮罩功能,也可以制作出精彩的动画影片。打开本书配套实例光盘中的"\Chapter 5\快乐舞动\Export\快乐舞动.mp4"文件,欣赏本实例的完成效果,在观看过程中分析所运用的编辑功能与制作方法。如图 5-62 所示。

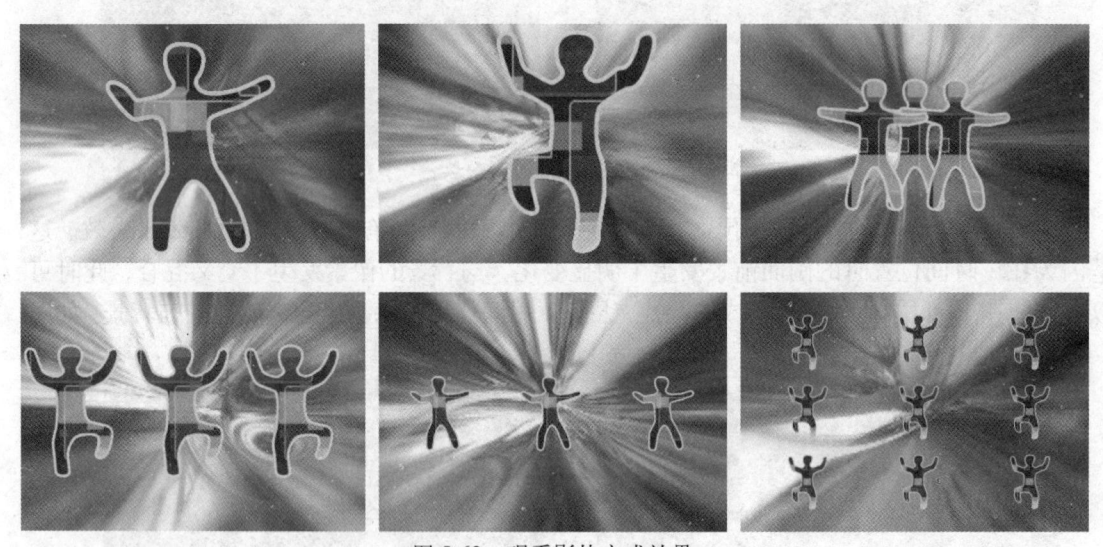

图 5-62 观看影片完成效果

操作步骤

1 通过观看影片,可以了解到本实例需要先编辑遮罩动画,然后再编辑位移关键帧动画来配合完成。先制作遮罩效果的人物动画。按"Ctrl+I"快捷键,打开"Import File"(导入文件)对话框后,导入本书实例光盘中的"\Chapter 5\快乐舞动\Media\"目录下准备的视频和音频文件,如图 5-63 所示。

2 按"Ctrl+S"快捷键,在打开的 Save As(保存为)对话框中为项目文件命名并保存到电脑中指定的目录。

3 将视频素材 formask.avi 加入到 Timeline(时间线)窗口,直接以该素材的视频属性创建合成。

4 在工具栏中选取 Pen Tool(钢笔工具) ,在视频图层上绘制一个人物轮廓的遮罩。为了后面创建人物轮廓的肢体关节运动效果,需要按照如图 5-64 所示创建遮罩控制节点。

> **TIPS** 为了方便查看和编辑遮罩路径,可以暂时将遮罩的合成模式设置为 None(无),在后面的编辑应用中再恢复为 Add(叠加)。

图 5-63 导入素材　　　　　图 5-64 绘制遮罩

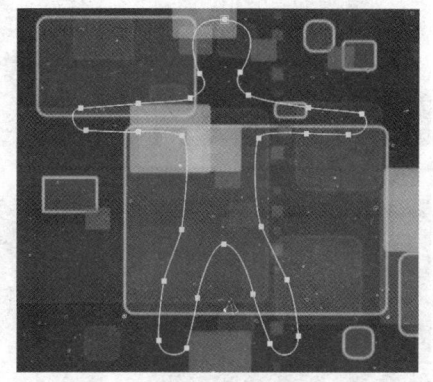

5 在 Timeline（时间线）窗口中展开图层的 Mask（遮罩）选项组，单击"Mask Path"（遮罩路径）选项前的关键帧记录器按钮，在开始位置创建关键帧。将时间指针移动到 1 秒的位置，然后修改 Composition（合成）窗口中的遮罩形状，如图 5-65 所示。

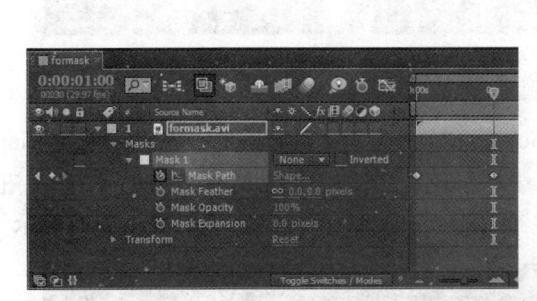

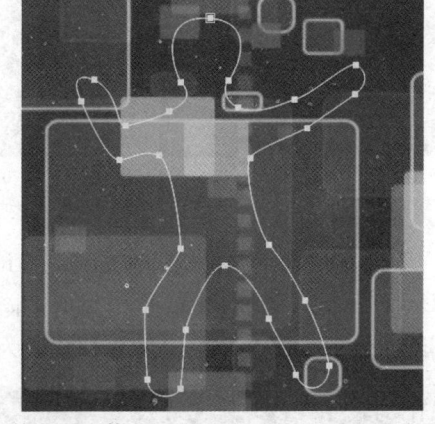

图 5-65 编辑关键帧上的遮罩形状

6 点选开始位置的关键帧，按"Ctrl+C"快捷键进行复制。将时间指针移动到 2 秒的位置，按"Ctrl+V"快捷键进行粘贴，使遮罩形状在该时间位置恢复开始的形状，如图 5-66 所示。

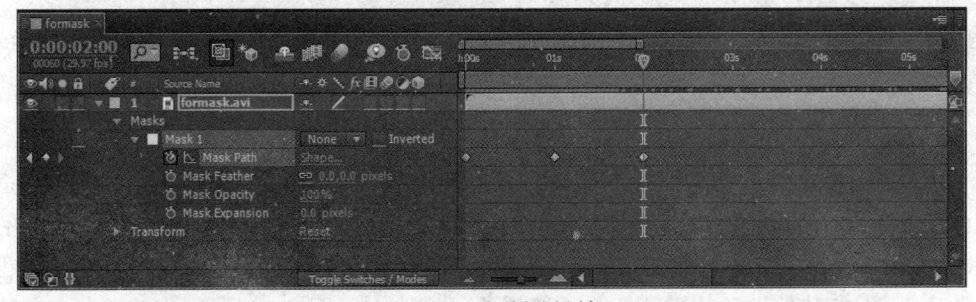

图 5-66 复制关键帧

7 使用同样的方法，编辑出后面的遮罩关键帧动画效果，如图 5-67 所示。

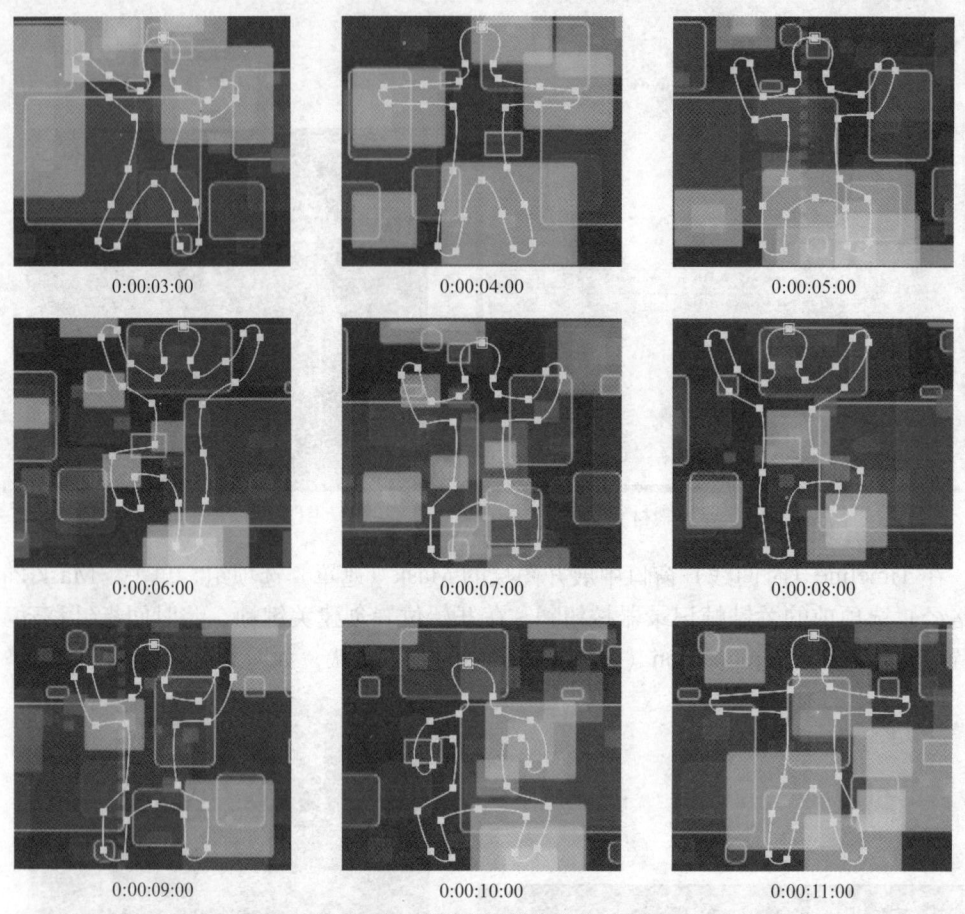

0:00:03:00　　0:00:04:00　　0:00:05:00

0:00:06:00　　0:00:07:00　　0:00:08:00

0:00:09:00　　0:00:10:00　　0:00:11:00

图 5-67　编辑遮罩形状变化动画

8 下面加快动画的运动速度。单击 Timeline（时间线）窗口下面的"Expand or Collapse the In/Out/Duration/Stretch panes"（展开或隐藏入点/出点/持续时间/时间伸缩面板）按钮，在展开的面板中，将 Stretch（伸缩）修改为 50%，使动画速度加快一倍，如图 5-68 所示。

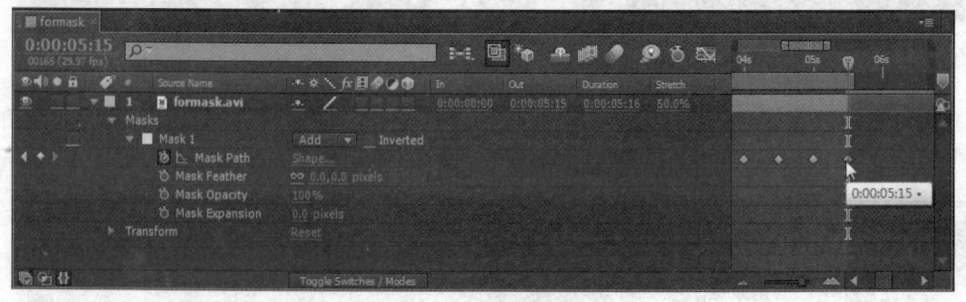

图 5-68　加快动画速度

9 为了使人物轮廓更加清晰，下面为遮罩的边缘添加描边效果：在图层上单击鼠标右键，在弹出的菜单中选择"Effect（特效）→Generate（生成）→Stroke（描边）"命令，在打开的 Effects Controls（特效控制）面板中，设置 Color（颜色）为黄绿色，Brush Size（笔刷大小）为 5.0，保持其他选项的默认值，为遮罩路径描边，如图 5-69 所示。

10 按"Ctrl+K"快捷键，在打开的 Composition Settings（合成设置）对话框中将合成的持续时间修改为 0:00:05:15，使其与遮罩动画的时间保持一致。

11 新建一个 Comp "Dancer"，设置 Preset（预设）为 NTSC DV，持续时间为 33 秒，如图 5-70 所示。

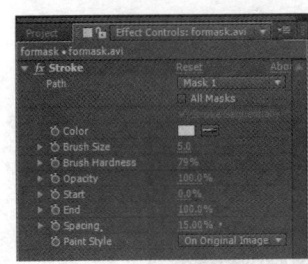

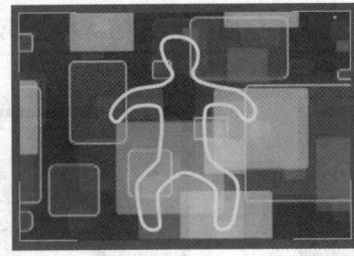

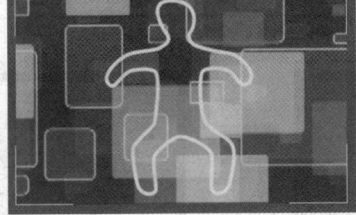

图 5-69　为遮罩路径描边　　　　　图 5-70　新建合成

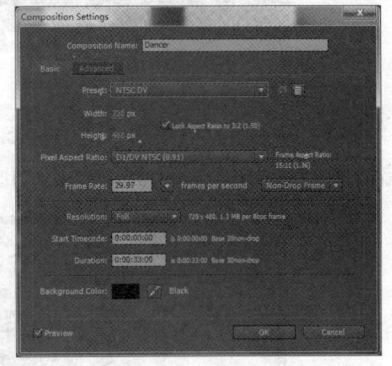

12 将合成 "formask" 加入到新建合成的时间线窗口中，并按 5 次 "Ctrl+D" 快捷键，得到 6 个图层。然后执行 "Animation（动画）→Keyframe Assistant（关键帧辅助）→Sequence Layers（序列化图层）"命令，在弹出的 "Sequence Layers" 对话框中直接单击 "OK" 按钮，将时间线窗口中的图层调整为前后依次相接，如图 5-71 所示。

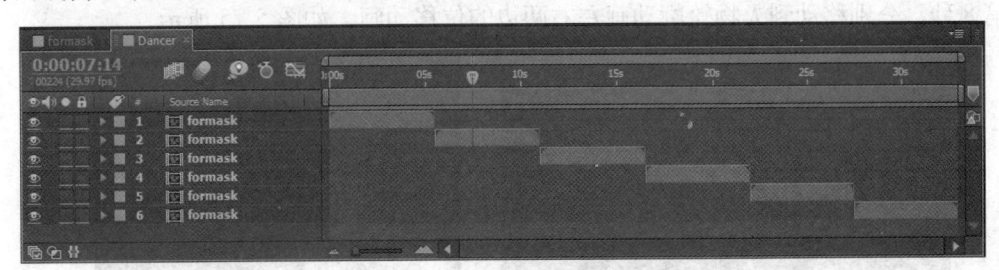

图 5-71　序列化图层

13 新建一个 Comp "background"，设置 Preset（预设）为 NTSC DV，持续时间为 30 秒。将 Project（项目）窗口中的 "Back.avi" 加入到新建合成的时间线窗口中，并按 3 次 "Ctrl+D" 快捷键，得到 4 个图层；然后执行 "Animation（动画）→Keyframe Assistant（关键帧辅助）→Sequence Layers（序列化图层）"命令，将时间线窗口中的图层调整为前后依次相接，如图 5-72 所示。

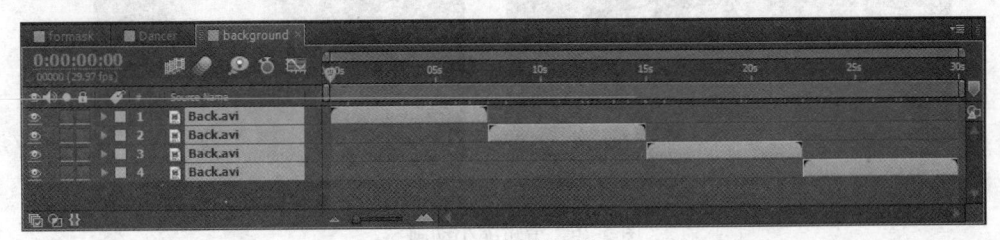

图 5-72　序列化图层

14 新建一个 Comp "Dancing"，设置 Preset（预设）为 NTSC DV，持续时间为 16 秒。将 Project（项目）窗口中的 Comp "Dancer"、Comp "background" 加入到新建合成的时间线

窗口中；修改第 1 个图层的名称为"Dancer 1"，如图 5-73 所示。

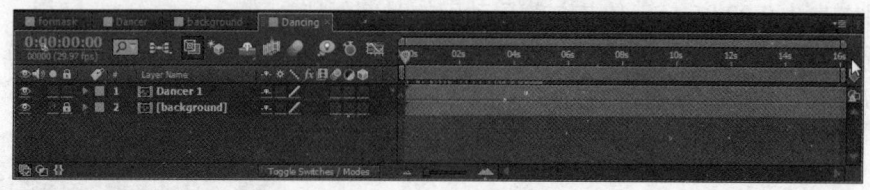

图 5-73 加入图层

15 按"S"键展开图层的 Scale（缩放）属性，在第 5 秒、第 6 秒的位置创建关键帧，编辑图层从 100%缩小到 60%的动画，如图 5-74 所示。

图 5-74 创建缩小动画

16 按两次"Ctrl+D"快捷键，复制图层 Dancer 2、Dancer 3，然后为它们创建从第 7 秒到第 8 秒，分别移动到人物轮廓动画左右两边的位移动画，如图 5-75 所示。

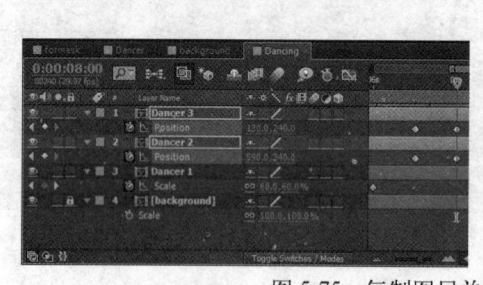

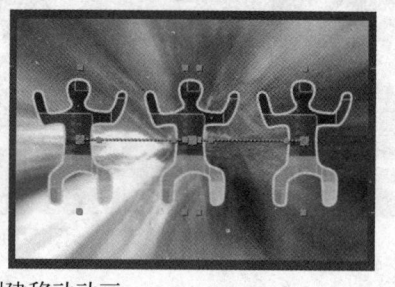

图 5-75 复制图层并创建移动动画

17 选中 3 个人物跳舞的轮廓图层，按"S"键展开 Scale（缩放）属性，为它们创建从第 11 秒到第 12 秒，从 60%缩小到 25%的缩放动画，如图 5-76 所示。

图 5-76 编辑缩小动画

18 参考上面的编辑方法，继续对人物跳舞轮廓图层进行复制并创建移动动画，如图 5-77 所示，编辑出如图 5-78 所示的 9 个人物轮廓跳舞的画面。

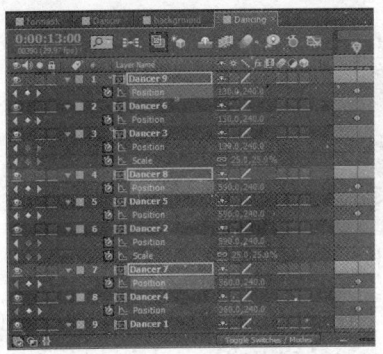

图 5-77 为复制的图层创建移动动画

19 按"Ctrl+S"快捷键保存工作。在 Project（项目）窗口中点选编辑好了的 Comp "Dancing"，按"Ctrl+C"快捷键，复制出 Comp "Dancing 2"，进入其 Timeline（时间线）窗口，选中所有的人物跳舞轮廓图层，按"P"键后再按"Shift+S"快捷键，展开 Position（位置）和 Scale（缩放）属性，然后用鼠标选取这些图层的所有位置缩放关键帧，然后执行 "Animation（动画）→Keyframe Assistant（关键帧辅助）→Time-Reserve Keyframes（反转关键帧时间）"命令，对所有关键帧的参数在时间位置上进行反转。

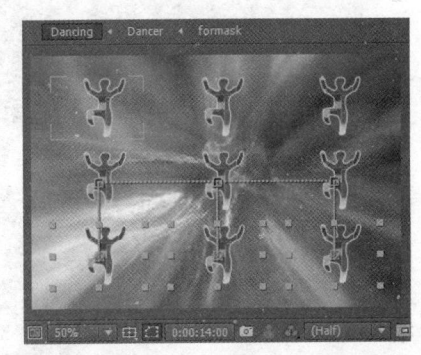

图 5-78 人物跳舞轮廓移动动画

20 按"P"键，展开这些图层的 Position（位置）属性，然后用鼠标将这些图层的位置关键帧调整到如图 5-79 所示的时间位置。

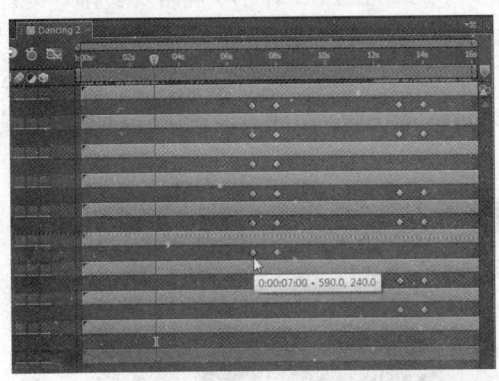

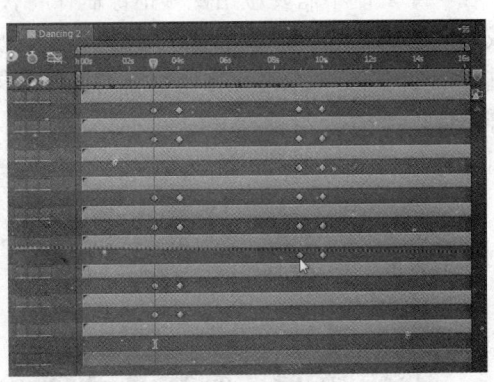

图 5-79 移动关键帧的时间位置

21 新建一个 Comp "Final"，设置 Preset（预设）为 NTSC DV，持续时间为 32 秒。将 Project（项目）窗口中的 Comp "Dancing"、Comp "Dancing 2"、"music.wav"加入到新建合

成的时间线窗口中。将两个合成图层的时间位置前后相连,如图 5-80 所示。

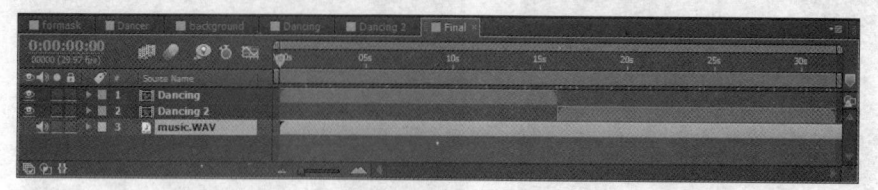

图 5-80　编排时间线

22　按"Ctrl+S"快捷键保存项目。按"Ctrl+M"快捷键,打开 Render Queue(渲染队列)面板,设置合适的渲染输出参数,将编辑好的合成项目输出成影片文件,欣赏完成效果,如图 5-81 所示。

图 5-81　影片完成效果

5.4.2　绿屏抠像

在实际工作中需要应用视频抠像制作特技画面时,通常在拍摄素材时就需要安排好纯绿色或纯蓝色的背景,并保持主体对象(如人物)上没有与背景相同或相近的颜色,这样可以在进行抠像时简单、快速地得到完善的抠像效果。下面打开本书配套实例光盘中的"\Chapter 5\绿屏抠像\Export\绿屏抠像.mp4"文件,欣赏本实例的完成效果,在观看过程中分析所运用的编辑功能与制作方法。如图 5-82 所示。

图 5-82　观看影片完成效果

操作步骤

1 按"Ctrl+I"快捷键，打开 Import File（导入文件）对话框后，导入本书实例光盘中的"\Chapter 5\绿屏抠像\Media\绿底人像\"目录下的第一个图像文件，然后勾选下面的 JPEG Sequence（JPEG 序列）复选框，导入准备好的绿屏背景动态素材，如图 5-83 所示。

2 按"Ctrl+S"快捷键，在打开的 Save As（保存为）对话框中为项目文件命名并保存到电脑中指定的目录。

3 按"Ctrl+N"快捷键，新建一个 Composition（合成）项目，选择 Preset 预设模式为 NTSC DV，Duration（持续时间）为 0:00:05:10（即序列图像素材长度的两倍），如图 5-84 所示。

图 5-83　导入序列图片　　　　　　　图 5-84　新建合成项目

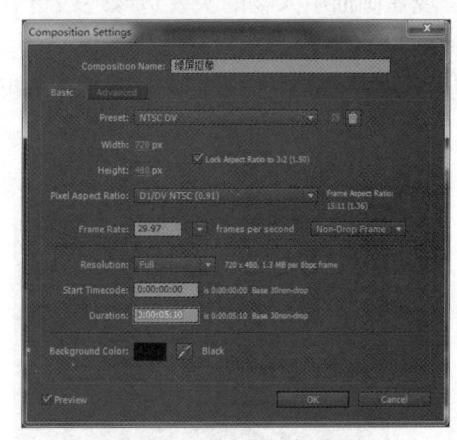

4 将序列图像素材加入两次到 Timeline（时间线）窗口，并使下层图像与上层图像结束位置首尾相连，方便查看添加抠像特效前后的效果对比。

5 再次按"Ctrl+I"快捷键，导入本书实例光盘中的"\Chapter 5\绿屏抠像\Media\目录下的 room.jpg"图像文件，并将其加入到 Timeline（时间线）窗口的最底层，作为抠像处理后的背景画面。

6 选中 Timeline（时间线）窗口中的三个图层并按"S"键，打开图层的 Scale（缩放）属性，分别调整各个图层的大小到刚好与合成画面一致，如图 5-85 所示。

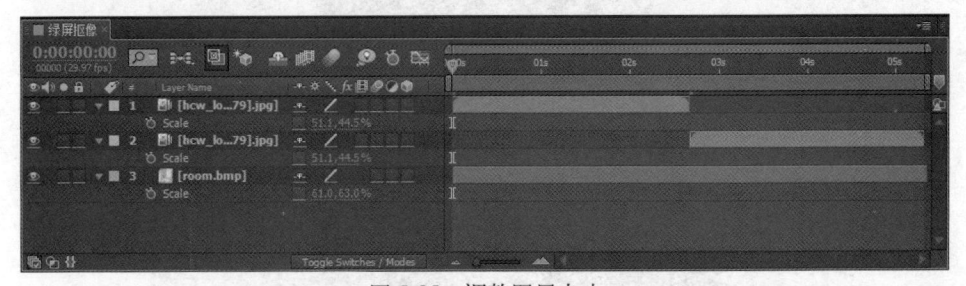

图 5-85　调整图层大小

7 点选图层 2 中的序列图像素材，为其添加"Keying（键控）→Color Key（色彩键）"特效，在 Effects Controls（特效控制）面板中单击吸管按钮，单击 Composition（合成）窗口中画面背景上的绿色部分，然后设置 Color Tolerance（色彩容差）为 38，Edge Thin（边缘宽度）为 2，Edge Feather（边缘羽化）为 15，去掉背景中的绿色，如图 5-86 所示。

图 5-86　清除绿色背景

8　现在画面中人物的头发边缘还残留着一些淡绿色，可以通过继续添加抠像特效进行细节完善。再为序列图像素材添加 Spill Suppressor（溢出抑制）键控特效，使用吸管工具点选人物头发边缘的淡绿像素，保持其他参数的默认值，即得到更完善的抠像效果，如图 5-87 所示。

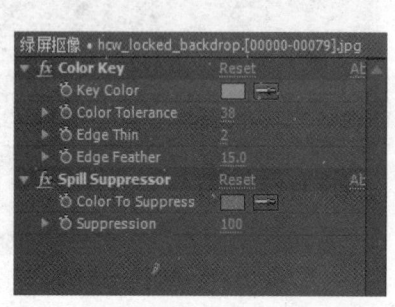

图 5-87　抑制抠像边缘残留颜色

9　按"Ctrl+S"快捷键保存项目。按"Ctrl+M" 快捷键，打开 Render Queue（渲染队列）面板，设置合适的渲染输出参数，将编辑好的合成项目输出成影片文件，欣赏完成效果，如图 5-88 所示。

图 5-88　影片完成效果

5.5 习题

一、填空题

1. 使用钢笔工具在图层上绘制_____的路径，才能产生遮罩效果。

2. 调整遮罩熟悉选项中的_____数值，可以调节遮罩边缘的扩展或收缩，参数值为正时向外扩展，为负时向内收缩。

3. 遮罩的_____合成模式，可以使绘制的遮罩区域变为透明，显示出遮罩范围外的图像。

4. _____键控命令，可以通过将图像划分为 A 和 B 两个部分，分别在 A 图像和 B 图像中用吸管指定需要变成透明的不同颜色，得到两个黑白蒙版，最后将这两个蒙版合成，得到素材抠像后的 Alpha 通道。

二、选择题

1. 遮罩的（　　）合成模式，可以使多个重叠的遮罩中不相交的部分正常显示，使相交的部分变透明。

  A. Add   B. Intersect   C. Difference   D. Darken

2. （　　）键控命令，可以通过设置一定范围的色彩变化来对图像进行抠像，主要用于非同一颜色但颜色相近的背景画面抠像。

  A. Color Difference Key   B. Color Key
  C. Extract   D. Color Range

第 6 章 文字的编辑与特效应用

学习要点

- 了解影视后期中色彩校正编辑的用途
- 了解各个 Color Correction 色彩校正命令的功能
- 掌握常用色彩校正命令的添加与设置方法

6.1 文字的创建与编辑

文字是基本的信息表达方式,在影视项目中除了可以用来显示标题、字幕外,还可以配合属性的设置、动画的创建,制作出漂亮的创意影片。

6.1.1 文字的输入工具

在工具栏单击"Horizontal Type Tool"(水平文本工具)按钮,可以在弹出的列表中选择水平文本工具或垂直文本工具(Vertical Type Tool),然后在 Composition(合成)窗口中直接输入需要的水平文本或垂直文本,如图 6-1 所示。

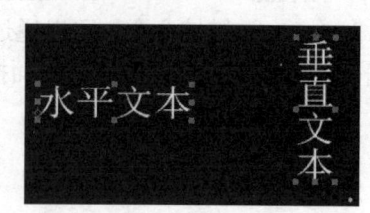

图 6-1 输入的文本

> 在输入的过程中,单击主键盘区的"Enter"键会执行换行;单击数字键盘区的"Enter"键将完成输入状态。

默认情况下,使用文本工具直接输入的文本都是字符文本。如果要建立段落文本,可以在选择文本工具后,在 Composition(合成)窗口中单击鼠标左键并拖拽到合适的位置,先创建一个文本框,如图 6-2 所示,再输入需要的段落文本内容,如图 6-3 所示。

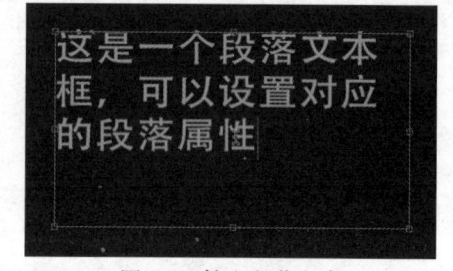

图 6-2 绘制文本框　　　　　　　图 6-3 输入段落文本

> 在绘制文本框的同时按住"Alt"键,可以将鼠标按下的位置作为中心点来绘制段落文本框。按住"Shift"键,则可以绘制正方形的文本框。

6.1.2 文本层的属性设置

使用文本工具输入文字后,在 Timeline(时间线)窗口中将会自动创建对应的文本图层。在文本图层的选项组中,除了包括素材图层的 5 项基本变换属性外,还包括文本图层的属性选项,如图 6-4 所示。

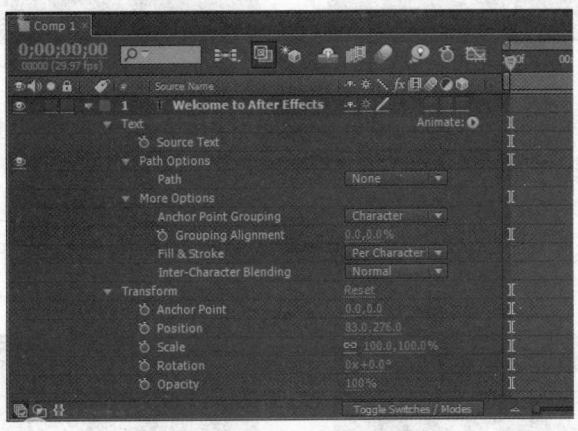

图 6-4 文本图层属性选项

- Animate(动画):单击该按钮,在弹出的菜单中选择添加到文字对象上的各种属性选项,可以在编辑文字动画时提供更多的变化设置。
- Source Text(源文本):单击前面的关键帧记录器按钮,可以在不同的时间位置创建关键帧,并且可以为不同的关键帧输入不同的文本内容,而不用创建新的文本图层,非常适合在编辑影片字幕的时候使用。
- Path(选项):如果在 Composition(合成)窗口中绘制了路径,则可以在此单击下拉按钮选择需要的路径,将文本设置为沿路径排列,如图 6-5 所示。在为文本应用了沿路径排列后,还可以在展开的子选项中,对路径文本的效果进行详细的设置,如图 6-6 所示。

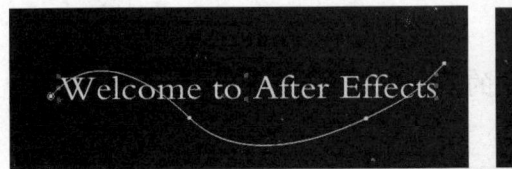

图 6-5 使文字沿路径排列

图 6-6 路径文本选项

➢ Reverse Path(反转路径):在 On(打开)状态下,将文本调整为沿路径反转方向排列,如图 6-7 所示。
➢ Perpendicular To Path(沿路径垂直):默认为 On(打开)状态,即每个字符与路径方向垂直；在 Off（关闭）状态时，则每个字符直接保持与画面相同的垂直方向，如图 6-8 所示。

图 6-7　反转排列　　　　　　　　　　图 6-8　每个字符垂直

> Force Alignment（强制对齐）：在 On（打开）状态下时，可以使文本沿路径的长度进行两端强制对齐，如图 6-9 所示。
> First/Last Margin（首/尾缩进）：设置文本开始与结束位置的缩进量，单位为像素，常用于编辑文本沿路径运动的动画效果。如图 6-10 所示为开始位置缩进 100 像素的效果。

图 6-9　两端强制对齐　　　　　　　　图 6-10　开始位置缩进

● More Options（更多选项）：可以设置文本对象的轴心点分组方式、轴心点百分比位置、填充和描边方式、字符间混合模式等。

6.2　字符与段落的格式化

可以通过 Character（字符）和 Paragraph（段落）面板，对输入的文字或形成的段落进行详细的设置。

6.2.1　Character（字符）面板设置

Character（字符）面板主要用于设置文字的字体、大小、颜色、行距、字间距、描边宽度与方式、字符缩放等，如图 6-11 所示。

字体与颜色
字号与间距
填充与描边
缩放与位移
字符样式

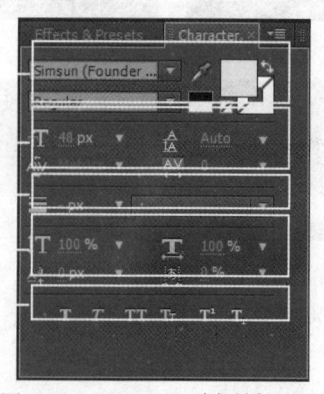

图 6-11　Character（字符）面板

- 字体与颜色：用于显示当前的字体、字体样式、文字和描边的颜色。
- 字号与间距：用于设置字号■、行距■、两个字符的间距■、所有字符间距■等。
- 描边：在前面的选项中设置描边宽度，在后面的下拉列表中选择 4 种填充与描边的着色方式。
  - Fill Over Stroke（填充覆盖描边）：文字的填充色在描边色的上方，如图 6-12 所示。
  - Stroke Over Fill（描边覆盖填充）：文字的描边色在填充色的上方，如图 6-13 所示。

图 6-12　填充覆盖描边 　　　　　　　图 6-13　描边覆盖填充

- All Fills Over All Strokes（所有填充覆盖所有描边）：所有文字的填充色覆盖描边色，如图 6-14 所示。
- All Strokes Over All Fills（所有描边覆盖所有填充）：所有文字的描边色覆盖填充色，如图 6-15 所示。

图 6-14　所有填充覆盖所有描边 　　　图 6-15　所有描边覆盖所有填充

- 缩放和移动：用于设置所选择文字的缩放与位移，包括在垂直方向上缩放文字■、在水平方向上缩放文字■、以文字的基线为准，提高所选文字的位置■、在小范围内改变字间距■。
- 字符样式：单击对应的按钮，可以为选择的文本或字符设置对应的字符样式，包括粗体■、斜体■、全部大写■、除首字符外全部小型大写■、把所选文字设置成为上标样式■、把所选文字设置成为下标样式■。

6.2.2　Paragraph（段落）面板设置

Paragraph（段落）面板主要用于对段落文本进行格式化的设置，使段落文本以需要的形式编排。在选择水平的文本段落和垂直文本段落时，段落面板中的选项按钮也会不同，但设置功能是相同的，如图 6-16 所示。

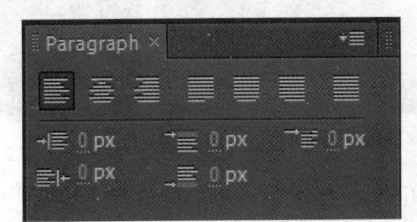

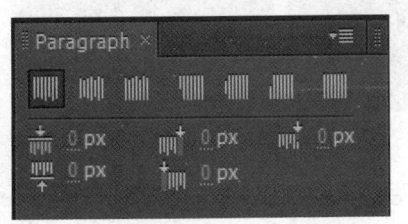

图 6-16　水平文本段落和垂直文本段落面板

- ▇▇：使段落文本水平左对齐，或垂直顶部对齐。
- ▇▇：使段落文本水平左右居中，或垂直上下居中。
- ▇▇：使段落文本水平右对齐，或垂直底部对齐。
- ▇▇：使段落文本除最后一行外的所有文字行都分散对齐，水平文字最后一行左对齐，或垂直文字最后一行顶部对齐。
- ▇▇：使段落文本除最后一行外的所有文字行都分散对齐，水平文字最后一行左右居中，或垂直文字最后一行上下居中。
- ▇▇：使段落文本除最后一行外的所有文字都分散对齐，水平文字最后一行右对齐，或垂直文字最后一行底部对齐。
- ▇▇：使段落文本所有文字都分散对齐，最后一行将强制使用分散对齐。
- ▇▇：使段落文本水平左缩进，或垂直顶部缩进。
- ▇▇：使段落文本水平右缩进，或垂直底部缩进。
- ▇▇：使段落文本首行缩进，水平文字相对于左侧进行首行缩进，或垂直文字相对于顶部进行首行缩进。要实现首行悬挂缩进，可以输入一个负的参数值。
- ▇▇：设置水平文本或垂直文本的段前距离。
- ▇▇：设置水平文本或垂直文本的段后距离。

6.3　应用预设的文字特效

在 Effects & Presets（特效与预设）面板中展开 Animation Presets（预设动画）→Text（文字）文件夹，可以选择为文本对象预设的动画特效，为所选的文本快速创建变化丰富的特技效果，如图 6-17 所示。

在 Timeline（时间线）窗口或 Composition（合成）窗口中选择需要应用预设特效的文本对象后，在 Effects & Presets（特效与预设）面板中双击文字特效，或者直接将文字特效拖到目标文本对象上，拖到时间指针即可查看添加完成的文字特效，如图 6-18 所示。

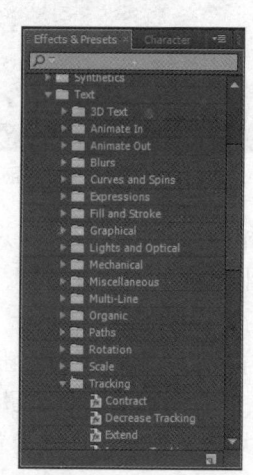

图 6-17　特效与预设面板中的文本类特效

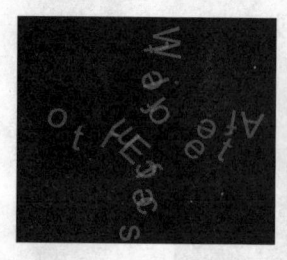

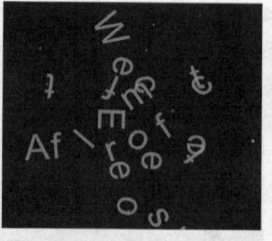

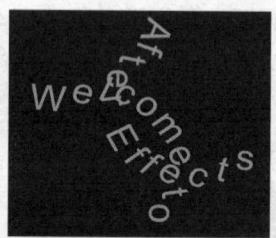

图 6-18　为文本应用 Center Spiral（中心漩涡）特效

为文本图层应用预设特效后，可以在 Timeline（时间线）窗口中展开该特效的参数选项，查看或修改各项影响动画效果的参数，调整预设的动画效果，如图 6-19 所示。

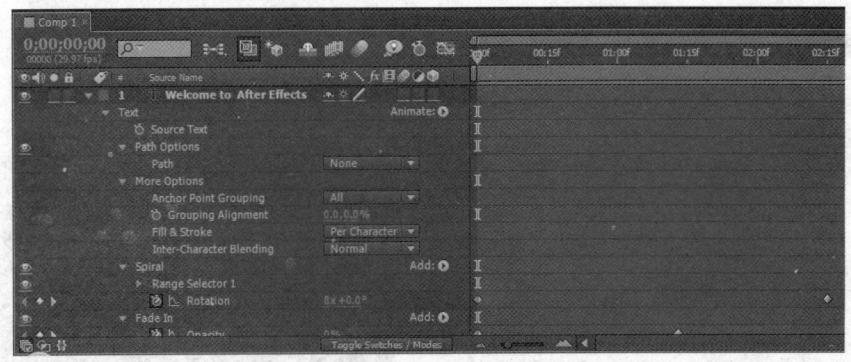

图 6-19 预设文字特效的参数选项

6.4 课堂实训——语文古诗视频课件

本实例将应用预设的文本动画特效，为文本图层添加动画效果，制作一个小学语文古诗《小池》的朗读教学课件。打开本书配套实例光盘中的 "\Chapter 6\语文古诗视频课件\Export\视频课件.mp4" 文件，欣赏本实例的完成效果，在观看过程中分析所运用的编辑功能与制作方法，如图 6-20 所示。

图 6-20 观看影片完成效果

操作步骤

1 按 "Ctrl+I" 快捷键，打开 Import File（导入文件）对话框后，导入本书实例光盘中的 "\Chapter 6\语文古诗视频课件\Media\" 目录下准备的所有素材文件，如图 6-21 所示。

2 按 "Ctrl+S" 快捷键，在打开的 Save As（保存为）对话框中为项目文件命名并保存到电脑中指定的目录。

3 按 "Ctrl+N" 快捷键，新建一个 Composition（合成）项目，选择 Preset 预设模式为 NTSC DV，Duration（持续时间）为 30 秒，如图 6-22 所示。

4 将导入的素材 bg.jpg 和 music.mp3 加入到 Timeline（时间线）窗口中，然后将 read.mp3 加入到 Timeline（时间线）窗口中，并将其入点对齐到第 5 秒的开始位置，如图 6-23 所示。

5 在工具栏中选择垂直文本工具 ，分别建立 5 个文字图层，依次输入古诗《小池》的标题和 4 行诗句，并通过 Character（字符）面板，设置好所有文字的显示属性，如图 6-24 所示。

图 6-21　导入素材

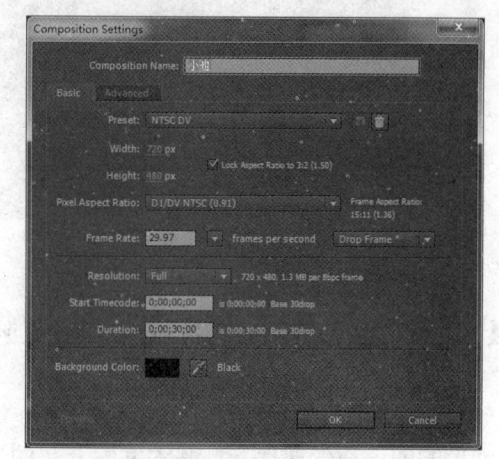

图 6-22　新建合成

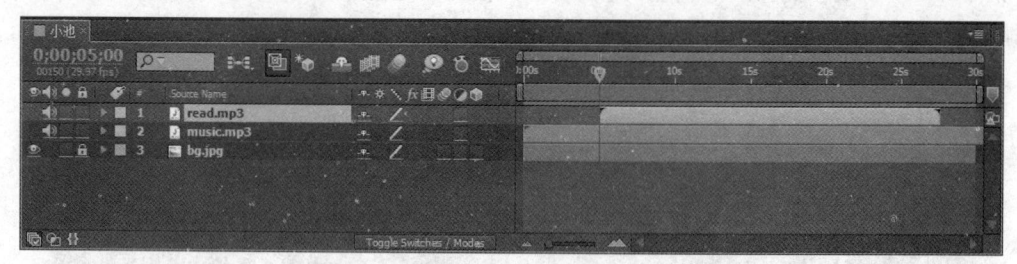

图 6-23　加入素材

图 6-24　输入诗句文字

> **TIPS**　对于 4 个文字图层，可以通过使用 Align（对齐）面板来将它们设置为水平对齐和居中等距离分布：选中需要对齐的图层后，执行"Window（窗口）→Align（对齐）"命令，打开 Align（对齐）面板，依次单击其中的"vertical top alignment"（垂直顶部对齐）和"horizontal center distribution"（水平居中分布）按钮即可，如图 6-25 所示。

6　在 Timeline（时间线）窗口中选择文字图层"小池,"将时间指针移动到第 4 秒的位置，单击键盘上的"["键，将其入点设置为从第 6 秒开始。然后用同样的方法，依次将 4 个诗句文字图层的入点设置为从第 8、13、18、23 秒的位置开始，如图 6-26 所示。

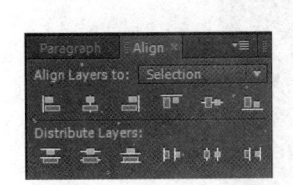

图 6-25　Align（对齐）面板　　　　　　　　图 6-26　设置图层入点

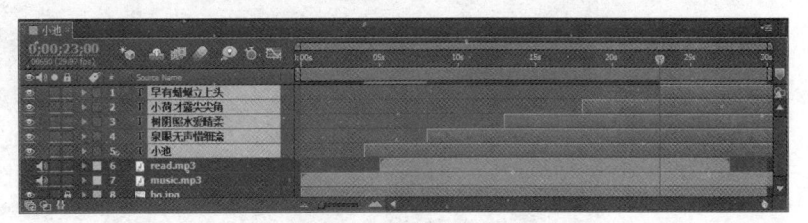

> 此处是根据朗读语音中各诗句的出现时间位置来设置文字图层的入点的，可以通过单击 Preview（预览）面板中的"RAM Preview"（内存预览）按钮，执行可以听见音频层内容的预览，确定各个文字图层出现的时间位置。

7　在 Timeline（时间线）窗口中选择所有的文字图层，在其上单击鼠标右键并执行"Layer Style（图层样式）→Drop Shadow（投影）"命令，为所有的文字图层应用投影效果，如图 6-27 所示。

8　在 Timeline（时间线）窗口中选择文字图层"小池，"在 Effects & Presets（特效与预设）面板中依次展开 Text（文字）→Animate In（动画进入）文件夹，双击 Fade Up Characters（字符渐入）特效执行应用。

图 6-27　应用投影图层样式

9　拖动时间指针进行预览，可以看见标题文字并不是从图层的开始位置出现的，这是因为各个特效会有自动默认的时间设置，需要通过手动调整关键帧来解决。展开该文字图层的属性选项，在 Animator 1（第 1 动画）→Range Selector（排序选择器）选项中，将 Start（开始）选项的两个关键帧整体移动到从 5 秒开始，对齐图层的入点位置，如图 6-28 所示。

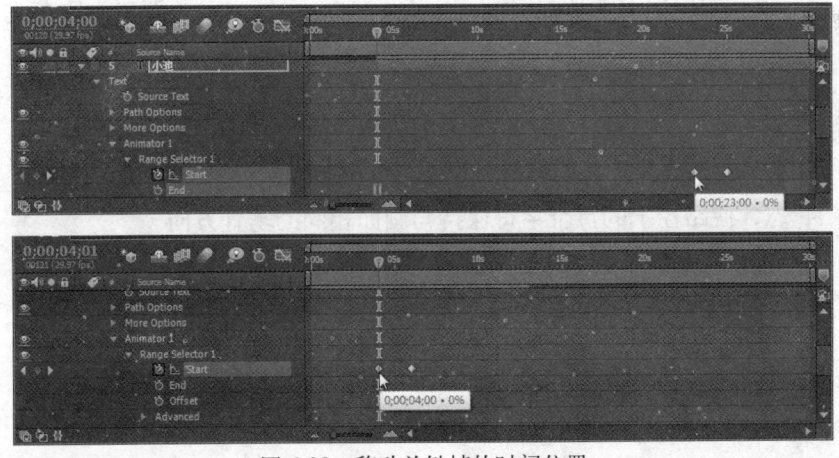

图 6-28　移动关键帧的时间位置

10　使用同样的方法，为其他诗句文字图层应用 Fade Up Characters（字符渐入）特效，并将每个图层的关键帧动画整体移动到从图层的入点位置开始。

11　按"Ctrl+S"快捷键保存项目。按"Ctrl+M" 快捷键打开 Render Queue（渲染队列）面板，设置合适的渲染输出参数，将编辑好的合成项目输出成影片文件，欣赏完成效果，如图 6-29 所示。

图 6-29 影片完成效果

> 在这个实例中，用户还可以自行尝试其他的预设文字特效，选择自己喜欢的动画效果。应用特效后可以通过预览查看动画的时间位置是否合适，同样可以通过调整特效的关键帧动画位置得到需要的时间效果。

6.5 习题

一、填空题

1. 默认情况下，使用文本工具直接输入的文本都是_____；要建立段落文本，可以通过使用文本工具拖曳出_____，再输入需要的段落文本内容。

2. 通过为文本图层的_____选项在不同的时间位置建立关键帧，可以为不同的关键帧输入不同的文本内容，方便编辑影片的字幕内容。

3. 在为文本应用了沿路径排列后，可以其 Path Options（路径选项）中，通过将_____选项设置为关闭状态，使路径上的每个字符保持与画面相同的垂直方向。

4. 在字符面板中单击 ▣ 按钮，可以使选择的文本_____。

第 7 章　色彩校正特效的应用

学习要点

- 了解影视后期中色彩校正编辑的用途
- 了解各个 Color Correction 色彩校正命令的功能
- 掌握常用色彩校正命令的添加与设置方法

7.1　Color Correction（色彩校正）特效

After Effects CS6 提供了 30 个色彩校正特效命令，可以在影视后期编辑工作中，对视频影像进行色彩问题的调整校正，或者根据创意为影片画面添加独特的变色效果。对 Photoshop 比较熟悉的读者可以发现，在"Effects（特效）→Color Correction（色彩校正）"菜单中的色彩校正命令，大部分和 Photoshop 中的图像色彩调整命令相同，而且它们的原理、功能也是基本一致的。只是在 After Effects 中可以将它们运用在动态的视频素材上，还可以利用添加关键帧来创建丰富的色彩变化动画。下面介绍 After Effects CS6 中各个 Color Correction（色彩校正）特效命令的功能，如图 7-1 所示。

7.1.1　Auto Color（自动色彩）

该特效主要是通过分析图像的高光、中间色和阴影部分的颜色，来调整原图像的对比度和色彩，如图 7-2 所示。

图 7-1　Color Correction（色彩校正）命令

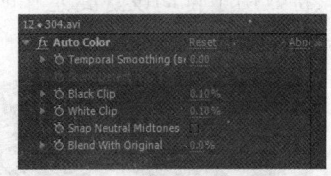

图 7-2　Auto Color 特效设置

- Temporal Smoothing(Seconds)（实时平滑）：该特效需要处理当前帧与前后帧之间的色彩与亮度的融合，在此设置进行融合处理的持续时间。数值越大，则画面过渡得越平滑。数值为 0 时，则对每个帧进行独立分析与调整，不与前后帧进行色彩与亮度的融合。
- Scene Detect（场景侦测）：视频素材在播放过程中，画面场景会有变化。在开启了实时平滑后勾选此项，可以自动侦测场景变化，如果场景发生改变，则重新开始计算实时平滑。
- Black Clip/White Clip（黑色/白色修正）：设置黑色或白色像素的削弱程度，可以加深暗部，加亮亮部。

- Snap Neutral Midtowns（订立平均值）：确定平均值，然后分析亮度数值使整体色彩适中。
- Blend With Original（混合原图）：设置特效效果与原图的融合程度，如图 7-3 所示。

图 7-3　应用 Auto Color 特效

7.1.2　Auto Contrast（自动对比度）

该特效将自动分析层中所有的对比度和混合的颜色，然后将最亮和最暗的像素点映射到图像中的白色和黑色中，使高光部分更亮，阴影部分更暗，如图 7-4 所示。

图 7-4　应用 Auto Contrast 特效

> **TIPS** Auto Contrast（自动对比度）特效的选项功能与 Auto Color（自动色彩）基本相同，对于已经介绍过的参数选项在其他色彩校正命令特效中重复的，不再重复赘述，可以查看该位置之前命令的介绍说明。

7.1.3　Auto Levels（自动色阶）

该特效用于自动设置高光和阴影。在每个存储白色和黑色的色彩通道中定义最亮和最暗像素，再按比例分布中间像素值，如图 7-5 所示。

图 7-5　应用 Auto Levels 特效

7.1.4 Black & White（黑与白）

该特效可以将图像的色彩全部转换为灰阶图像，并通过调整各个颜色通道的数值，改变图像的亮度，如图 7-6 所示。

勾选 Tint（着色）选项后，可以在 Tint Color（着色色彩）中设置一种应用到图像上的色彩，得到单色效果。如图 7-7 所示。

图 7-6　Black & White 特效设置

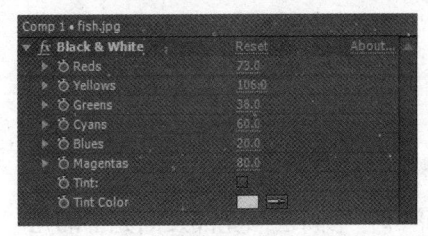

图 7-7　应用 Black & White 特效

7.1.5 Brightness & Contrast（亮度与对比度）

该特效主要用于调节层的亮度和色彩对比度，如图 7-8 所示。

- Brightness（亮度）：设置图像的亮度，如图 7-9 所示。
- Contrast（对比度）：设置图像的色彩对比度，如图 7-10 所示。

图 7-8　Brightness & Contrast 特效设置

图 7-9　修改图像的亮度

图 7-10　修改图像的对比度

7.1.6 Broadcast Colors（广播色）

该特效主要用于改变图像像素的颜色值，使像素色彩能在电视中精确显示，如图 7-11 所示。

- Broadcast Locale（广播制式）：选择所需要的广播标准制式。
- How To Make Color Safe（如何获得安全色）：选择减小信号幅度的方式。
  - Reduce Luminance：使素材减少亮度。
  - Reduce Saturation：使素材减少色彩饱和度。
  - Key Out Unsafe：使不安全的像素透明，如图 7-12 所示。

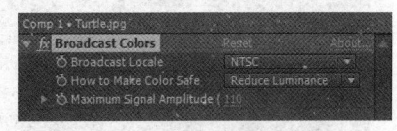

图 7-11　Broadcast Colors 特效

图 7-12　3 种信号幅度减小方式

- Maximum Signal Amplitude（IRE）（最大信号振幅）：设置信号幅度的最大值，默认是110，数值为 90~120。

7.1.7　CC Color Neutralizer（CC 色彩中和）

该特效可以通过重新制定新的色彩，为图像重新定义暗部、中间色、亮部及高光部的色彩，并使新的图像效果实现色彩的中和平衡，如图 7-13 所示。

图 7-13　应用 CC Color Neutralizer 特效

7.1.8　CC Color Offset（CC 色彩偏移）

该特效可以单独为图像的每个色彩通道以色环为基准进行色彩偏移，以增加像素中该色彩的浓度，改变图像的整体色彩效果，如图 7-14 所示。

图 7-14　应用 CC Color Offset 特效

7.1.9　CC Kernel（CC 核心）

该特效可以对图像的亮度和对比度进行多层次的调整，进而改变图像色彩的亮度和对比度，如图 7-15 所示。

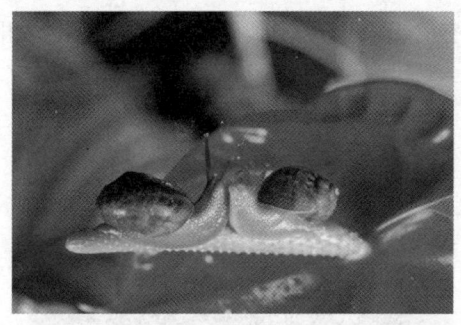

图 7-15 应用 CC Kernel 特效

7.1.10 CC Toner（增色）

该特效可以分别为图像的高亮部、暗部、中间色、阴影、暗部等像素进行单独着色处理，编辑出需要的单色或多色效果，也可以调整与源图像的融合度得到渐进的着色效果，如图 7-16 所示。

图 7-16 应用 CC Toner 特效

7.1.11 Change Color（改变颜色）

该特效主要用于改变图像中的颜色区域的色调、饱和度和亮度。可以通过设定一个基色和相似值来确定该区域，相似值包括了 RGB 色彩、色调和色彩浓度相似度，如图 7-17 所示。

- View（视图）：选择在合成窗口中显示的效果。其中 Corrected Layer（校正的图层）用于显示调整后的效果；Color Correction Mask（色彩校正遮罩）用于将图像上被

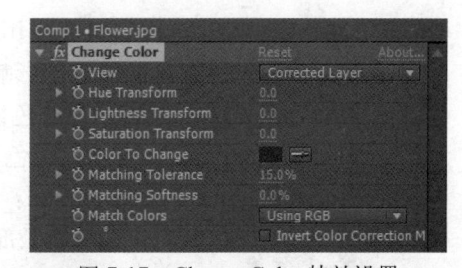

图 7-17 Change Color 特效设置

改变的颜色显示为遮罩，以方便显示出下层图像，实现需要的合成效果。
- Hue Transform（色相变换）：设置色相，以度为单位。数值区间为 –1800~+1800。
- Lightness Transform（亮度变换）：设置色彩区域的亮度变化。
- Saturation Transform（饱和度变换）：设置色彩区域饱和度变化。
- Color To Change（改变色彩为）：选择图像中被修正的色彩区域的颜色。
- Matching Tolerance（匹配容差度）：设置颜色匹配的相似程度。
- Matching Softness（匹配柔和度）：设置修整色的柔和度。
- Match Colors（匹配颜色）：选择匹配的颜色空间，可以选择 RGB、Hue（色相）、Chroma（浓度）3 种类型。

- Invert Color Correction Mask（反转色彩校正遮罩）：反转颜色校正遮罩效果。如图 7-18 所示。

图 7-18　应用 Change Color 特效

7.1.12　Change to Color（改变为颜色）

该特效可以用另外的颜色来替换原来的颜色，并能调节图像色彩，如图 7-19 所示。
- From（从）：选择需要改变的颜色。
- To（到）：选择替换的新颜色，应用效果如图 7-20 所示。

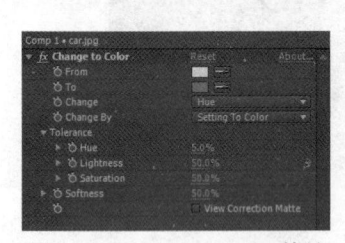

图 7-19　Change to Color 特效　　　　　图 7-20　将黄色替换为蓝色

- Change（改变）：选择特效要应用的 HLS 通道。
  - Hue：表示只有色调通道受影响。
  - Hue & Lightness：表示只有色调和亮度通道受影响。
  - Hue & Saturation：表示只有色调和饱和度通道受影响。
  - Hue & Lightness & Saturation：表示所有通道都受影响。
- Change By（改变自）：选择特效颜色改变的方式。
  - Setting to Color：表示将原图颜色的像素直接转换为目标色。
  - Transforming to Color：表示调用 HLS 的插值信息来将原图颜色转换为新的颜色。
- Tolerance（容差度）：设置特效影响图像的范围。
- Softness（柔和）：设置颜色改变区域边缘的柔和程度。
- View Correction Matte（视图蒙版修正）：设置是否使用改变颜色后的灰度蒙版来观察色彩的变化程度和范围。

7.1.13　Channel Mixer（通道混合器）

该特效可以通过提取各个通道内的数据，再重新融合后产生新的效果，如图 7-21 所示。
- X-X：左边和右边的 X 代表 RGB 通道，通过的不同组合来调整图片色彩，如图 7-22 所示。

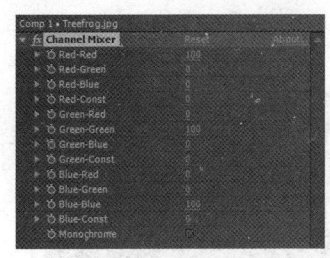

图 7-21 Channel Mixer 特效设置　　　　　　图 7-22 调整图片色彩

- Monochrome（单浓度）：勾选该选项，可以将图像中的色彩去掉，变为灰阶图像。

7.1.14　Color Balance（色彩平衡）

该特效通过调整图像暗部、中间色、高光部的各色彩通道的平衡度来改变图像的颜色，如图 7-23 所示。

- Shadow Red/Blue/Green Balance（暗部的 RGB 平衡）：设置 RGB 通道阴影范围。
- Midtone Red/Blue/Green Balance（中间色的 RGB 平衡）：设置 RGB 通道的一般亮度范围平衡。
- Highlight Red/Blue/Green Balance（高光部的 RGB 平衡）：设置 RGB 通道的高光范围平衡。
- Preserve Luminosity（保持亮度）：勾选该选项，可以保持图像的整体平均亮度，如图 7-24 所示。

图 7-23　Color Balance 特效

图 7-24　应用 Color Balance 特效

7.1.15　Color Balance (HLS)（HLS 色彩平衡）

该特效主要通过调整 Hue（色相）、Lightness（亮度）、Saturation（饱和度）平衡图像的色调，如图 7-25、图 7-26 所示。

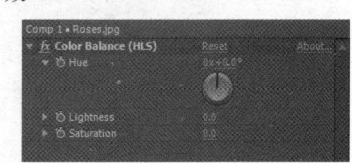

图 7-25　Color Balance（HLS）特效设置

图 7-26　应用 Color Balance（HLS）特效

7.1.16 Color Link（色彩连接）

该特效可以通过计算 Source Layer（来源层）图像像素的颜色平均值，然后应用到效果层上得到需要的着色效果，如图 7-27 所示。

- Source Layer（来源层）：选择用来计算平均值的源图层。
- Sample（样本）：可以在该下拉菜单中选择对提取出的信息进行过滤的方式。
  - Average（平均）：计算图层中所有不透明像素的 RGB 平均值。
  - Median（中间值）：选择所有包含 RGB 中间值的像素值。
  - Brightest（最亮）：选择原图像包含最亮的 RGB 值的像素值。
  - Darkest（最黑）：选择原图像包含最暗的 RGB 值的像素值。
  - Max RGB（最大 RGB）：选择 RGB 通道中数值最高的通道。
  - Min RGB（最小 RGB）：选择 RGB 通道中数值最低的通道。
  - Average Alpha（平均 Alpha）：选择 Alpha 通道中信息的平均值。
  - Median Alpha（中间 Alpha）：选择 Alpha 通道中信息的中间值。
  - Min Alpha（最小 Alpha）：选择 Alpha 通道中信息的最小值，如图 7-28 所示。

图 7-27 Color Link 特效设置

图 7-28 选择 Darkest 选项的应用效果

- Clip（片段）：设置最大或最小的取样范围。只有在 Sample（样本）选项为 Brightest（最亮）、Darkest（最黑）、Max RGB、Min RGB、Max Alpha 和 Min Alpha 时才被激活。
- Stencil Original Alpha（原本 Alpha 通道模板）：该属性被激活后，将在新数值上添加一个效果层的原 Alpha 通道的模板。反之，将用原图像的平均值来填充整个效果层。
- Opacity（不透明度）：设置效果层的不透明度。
- Blending Mode（混合模式）：可以在该下拉菜单中设置效果层与原图像的混合方式，与 Photoshop 中的图层混合模式基本相同。

7.1.17 Color Stabilizer（色彩稳定器）

该特效可以根据周围的环境改变素材的颜色，以达到整体平稳。可以自行设定所需颜色，

从整体上调整画面颜色，如图 7-29 所示，
- Set Frame（设置帧）：设置"轴心"帧的位置。选择要设置的帧的时间点，再单击该按钮即可。
- Stabilize（稳定）：设置稳定类型。

图 7-29　Color Stabilizer 特效设置

  - Brightness（最亮）：调整素材中所有帧的亮度平衡。
  - Levels （色阶）：指定色阶，使素材整体色彩平衡。
  - Curves （曲线）：使用曲线形式调整素材中所有帧的平衡。
  - Black Point（暗点）：设置最暗的点。
- Mid Point（中间色点）：设置两个颜色或亮度值之间的中间色的点。此选项只有在 Stabilize（稳定）选择 Curves（曲线）才被激活。
- White Point（白点）：设置一个要维持的最亮点。此选项只有在 Stabilize（稳定）选择 Levels（色阶）和 Curves（曲线）才被激活。
- Sample Size（样本大小）：指定取样区域的半径大小，单位是一像素。如图 7-30 所示。

图 7-30　应用 Color Stabilizer 特效

7.1.18　Colorama（物色光）

该特效可以对选定的像素进行色彩转换，模拟彩光、霓虹灯等效果，如图 7-31 所示。
- Input Phase（输入相位）：选择输入色彩的相位。
- Get Phase From（获取相位自）：选择以图像通道的数值来产生彩色部分，如图 7-32 所示。

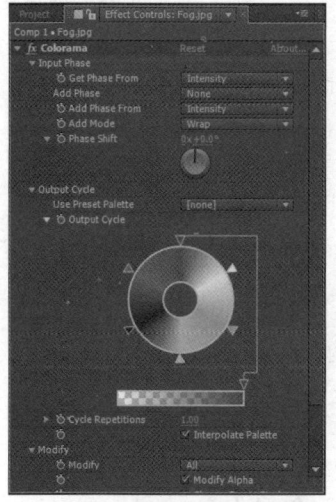

图 7-31　Colorama 特效设置　　　　图 7-32　选择不同的通道

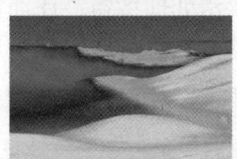

- Add Phase（增加相位）：选择素材层与原图合成。
- Add Phase From（增加相位自）：选择需要添加色彩的通道类型。
- Add Mode（添加模式）：选择色彩的添加模式。
- Out Cycle（输出色环）：设置色彩输出的风格化类型。通过色彩调节盘可以对色彩区域进行更精细的调整，底部的渐变矩形可以调节亮度。
- Modify（修改）：选择彩光影响当前图层颜色效果的方式，如图 7-33 所示。

图 7-33　选择不同通道来调整色彩

- Pixel Selection（选择像素）：设置合成彩色部分中的某个色彩对原图像的影响程度。设置彩光在当前图层上产生色彩影响的像素范围。
- Masking（遮罩）：选择一个遮罩层。

7.1.19　Curves（曲线）

该特效通过调整曲线来改变图像的色调，调节图像的暗部和亮部的平衡，比 Level（色阶）特效功能更强大、更精细，如图 7-34 所示。

- Channel（通道）：选择色彩通道，包括了 RGB、Red、Green、Blue、Alpha。
- ：指向的曲线是贝塞尔曲线图标。拖动曲线上的点，图像色彩也随之改变。
- ：铅笔工具。使用铅笔工具在绘图区域中可以绘制任意形状的曲线。
- ：文件夹选项。单击后将打开文件夹，导入之前设置好的曲线。
- ：保存按钮。单击后保存设置好的曲线数据。
- ：平滑处理按钮，让曲线形状更规则。
- ：恢复默认按钮。单击后恢复为初始状态，如图 7-35 所示。

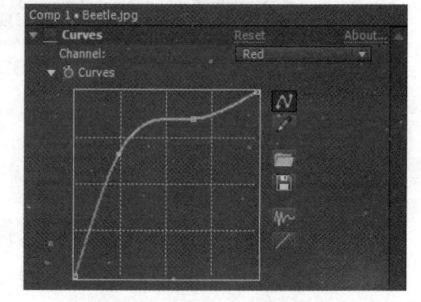

图 7-34　Curves 特效设置

图 7-35　应用 Curves 特效

7.1.20 Equalize（均衡）

该特效主要用于均衡颜色，使图像中的亮度和色彩变化平均化，如图 7-36 所示。

- Equalize（均衡）：设置均衡方式。
  - RGB：基于 RGB 色彩分布模式。
  - Brightness（亮度）：基于每个像素的亮度值。
  - Photoshop Style（Photoshop 风格）：使用 Photoshop 的风格来平均图像中像素的亮度。
- Amount to Equalize（均衡的总量）：设置亮度均衡的百分比，如图 7-37 所示。

图 7-36　Equalize 特效设置

RGB 方式　　　　　　　　Brightness 方式　　　　　　　Photoshop Style 方式

图 7-37　不同方式的分布亮度

7.1.21 Exposure（曝光）

该特效通过模拟照相机抓拍图像的曝光率设置原理，对图像色彩进行校准。

- Channels（通道）：选择通道类型。
  - Masker（主控）：调整整体通道。
  - Individual Channels（单个通道）：单独调整 RGB 通道中的各个通道。如图 7-38 所示。

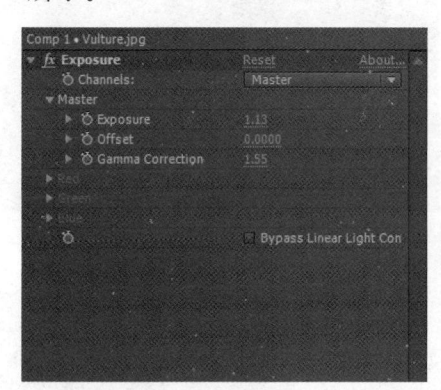

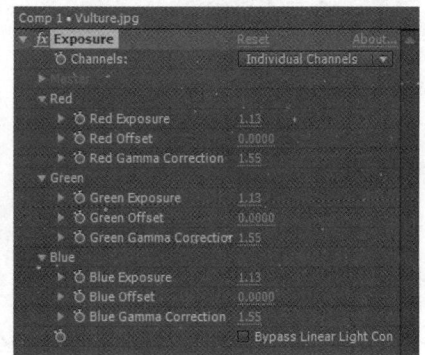

图 7-38　选择不同通道处理类型时的选项

- Masker（主控）：Exposure（曝光）可以设置图像整体的曝光率；Offset（偏移）可以设置整体图像色彩的偏移度；Gamma（灰度）可以设置整体的灰度值。
- Red/Green/Blue：设置每一个 RGB 色彩通道的 Exposure、Offset 和 Gamma 数值，如图 7-39 所示。
- Bypass Linear Light Conversion（转换为线性光）：设置线性光转化。

图 7-39　应用 Exposure 特效

7.1.22　Gamma/Pedestal/Gain（GPG 曲线控制）

该特效可以对图像的 RGB 独立通道进行输出曲线调整，平衡图像色彩，如图 7-40 所示。

- Black Stretch（伸缩黑色）：重新设置黑色强度。
- Red/Green/Blue Gamma（RGB 灰度）：分别设置红色/绿色/蓝色通道的 Gamma 曲线值，最大不超过 32 000。
- Red/Green/Blue Pedestal（RGB 基准）：分别设置红色/绿色/蓝色通道的最低输出值，最大不超过 32 000。
- Red/Green/Blue Gain（RGB 增益）：分别设置红色/绿色/蓝色通道的最大输出值，最大不超过 32 000，如图 7-41 所示。

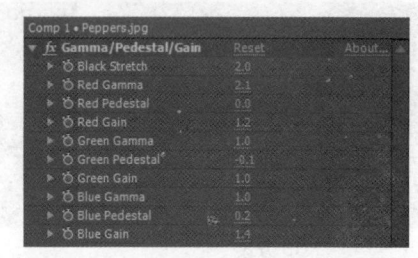

图 7-40　Gamma/Pedestal/Gain 特效设置

图 7-41　应用 Gamma/Pedestal/Gain 特效

7.1.23　Hue/Saturation（色相/饱和度）

该特效主要用于精细调整图像的色彩，以及变换颜色，如图 7-42 所示。

- Channel Control（通道控制）：用于选择不同的图像通道。
- Channel Range（通道范围）：设置色彩范围。
- Masker Hue（主控色相）：设置色调的数值。
- Master Saturation（主控饱和度）：设置饱和度，如图 7-43 所示。

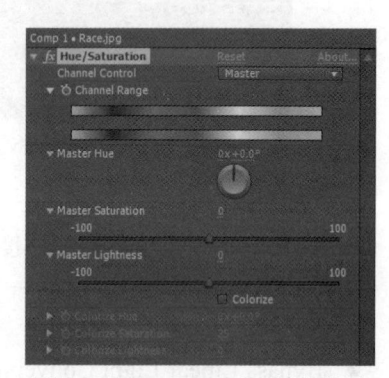

图 7-42　Hue/Saturation 特效设置

图 7-43　主控色彩调整效果

- Master Lightness（主控亮度）：设置亮度数值。
- Colorize（色彩化）：勾选该选项，可以将图像转换为单色图，并通过下面的选项设置需要的色彩效果。
- Colorize Hue（色彩化色相）：设置单色着色的色相。
- Colorize Saturation（色彩化饱和度）：设置单色着色的饱和度。
- Colorize Lightness（色彩化亮度）：设置单色着色的亮度。如图 7-44 所示。

图 7-44　单色着色效果

7.1.24　Leave Color（去色）

该特效可以删除或保留图像中的特定颜色，如图 7-45 所示。

- Amount to Decolor（去色量）：设置颜色消除的程度。
- Color To Leave（保留色）：选择保留的颜色。
- Tolerance（容差）：设置颜色相似的程度。
- Edge Softness（边缘柔化）：设置边缘柔化程度。
- Match colors（匹配颜色）：选择颜色匹配的方式。如图 7-46 所示。

图 7-45　Leave Color 特效

图 7-46　应用 Leave Color 特效

7.1.25 Levels（色阶）

该特效用于精细调节图像的灰阶亮度，如图 7-47 所示。

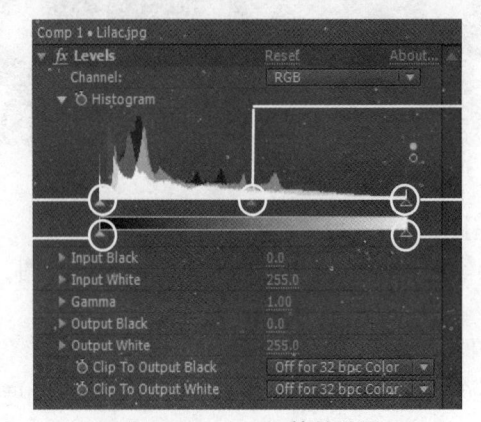

图 7-47　Levels 特效设置

- Channel（通道）：选择需要修改的通道。
- Histogram（柱状图）：图像中像素的分布图。水平方向表示亮度值，垂直方向表示该亮度值的像素数量。黑色输出值（Output Black）是图像像素最暗的值，白色输出值（Output White）是图像像素最亮的值。
- Input Black（输入黑色，图中标注 1）：设置输入图像黑色值的极限值。
- Output Black（输出黑色，图中标注 4）：设置输出图像黑色值的极限值。
- Gamma（图中标注 2）：设置输入与输出灰阶对比度。
- Output White（输出白色，图中标注 5）：设置输出图像白色值的极限值。
- Input White（输入白色，图中标注 3）：设置输入图像白色值的极限值。
- Clip to Output Black（修剪黑色输出）：减轻黑色输出效果。
- Clip to Output White（修剪白色输出）：减轻白色输出效果。如图 7-48 所示。

图 7-48　应用 Levels 特效

7.1.26 Levels（Individual Controls）（单独色阶控制）

该特效与 Levels（色阶）特效的功能基本相同，其设置方式更强调针对每个色彩通道的 Input Black（输入黑色）、Input White（输入白色）、Output Black（输出黑色）、Output White Output White（输出白色）和 Gamma（灰度）做更细致的调节，如图 7-49、图 7-50 所示。

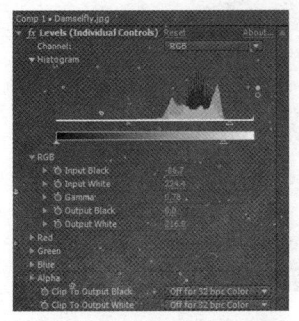

图 7-49　Levels（Individual Controls）特效

图 7-50　应用 Levels（Individual Controls）特效

7.1.27　Photo Filter（相片滤镜）

该特效可以为图像模拟出在照相机上添加彩色滤镜片后的效果，主要用于纠正色彩的偏差，如图 7-51 所示。

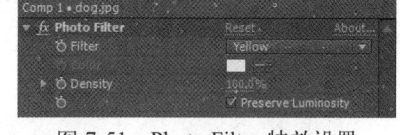

图 7-51　Photo Filter 特效设置

- Filter（滤镜）：可以在该下拉菜单中选择需要的颜色滤镜，包含 18 种滤镜。
- Color（色彩）：根据要求重新取色。Filter（滤镜）为 Custom（自定义）时才被激活。
- Density（强度）：设置重新着色的强度。
- Preserve Luminosity（保持亮度）：勾选该选项，可以保持图像亮度。如图 7-52 所示。

图 7-52　应用 Photo Filter 特效

7.1.28　PS Arbitrary Map（PS 图像映射）

该特效主要用来调整图像色调的亮度级别。可以通过调用 Photoshop 的图像文件来调节层的亮度值或重新映射一个专门的亮度区域来调节明暗及色调，如图 7-53 所示。

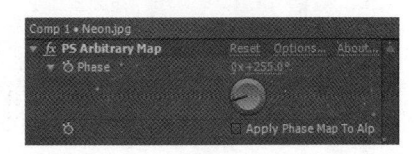

图 7-53　PS Arbitrary Map 特效设置

- Phase（相位）：设置图像颜色相位。
- Apply Phase Map To Alpha（应用相位图到 Alpha 通道）：应用外部的相位图到该层 Alpha 通道。如图 7-54 所示。

图 7-54 应用 PS Arbitrary Map 特效

7.1.29 Selective Color（精选色彩）

该特效可以将图像的 RGB 色彩转换为 CMYK 的色彩模式并进行色调浓度的调节，以得到符合 CMYK 色彩模式编辑的需要，如图 7-55、图 7-56 所示。

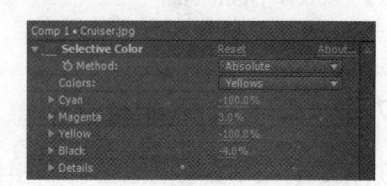

图 7-55 Selective Color 特效设置

图 7-56 应用 Selective Color 特效

7.1.30 Shadow/Highlight（阴影/高光）

该特效主要通过自动曝光补偿方式来修正图像，适用于影像中由于背光太强而造成的图像产生的轮廓或照相机闪光造成部分局部不清楚等情况，如图 7-57 所示。

图 7-57 Shadow/Highlight 特效设置

- Auto Amounts（自动数量）：勾选该选项，则应用自动的设置效果。
- Shadow Amount（阴影数量）：设置阴影部分数值。
- Highlight Amount（高光数量）：设置高光部分的数值。
- More Options（更多选项）：单击三角图标展开更多关于 Shadow/Highlight（阴影/高光）的设置。
- Shadow/Highlight Radius（阴影/高光半径）：设置特效对高光和阴影部分的影响半径。
- Shadow/Highlight Tonal Width（阴影/高光扩散宽度）：设置阴影或高光的扩散范围。
- Color Correction（色彩校正）：该属性只作用于彩色图片，对调节区域做色彩修正。
- Midtone Contrast（中间色对比度）：设置中间色调的对比度。如图 7-58 所示。

图 7-58　应用 Shadow/Highlight 特效

7.1.31　Tint（色彩）

该特效用于调整图像的颜色信息，在最亮像素和最暗像素之间确定融合度，最终产生一种混合效果，如图 7-59 所示。

图 7-59　Tint 特效设置

- Map Black to（黑色映射到）：将黑色映射到某种颜色。
- Map White to（白色映射到）：将白色映射到某种颜色。
- Amount to Tint（色彩化强度）：设置颜色映射的应用强度，如图 7-60 所示。

图 7-60　应用 Tint 特效

7.1.32　Tritone（三色谱）

该特效可以 3 种自定义颜色来改变图像中高光、中间色调、阴影的色彩，从而改变原图色调，如图 7-61、图 7-62 所示。

图 7-61　Tritone 特效设置

图 7-62　应用 Tritone 特效

7.1.33 Vibrance（振动）

该特效通过对图像中像素的色彩信息进行振动运算，使像素与周围像素的色彩信息产生融合，如图 7-63 所示。

图 7-63　Vibrance 特效设置

- Vibrance（振动）：设置像素色彩的振动强度。
- Saturation（饱和度）：设置颜色融合的饱和度。如图 7-64 所示。

图 7-64　应用 Vibrance 特效

7.2 课堂实训——太阳花上的变色龙

在实际的影视后期编辑工作中，常用的色彩校正命令主要包括色彩的变换以及调整色彩的饱和度、对比度、明暗等，其他的特效命令通常只在有特殊效果需要时才使用。下面通过一个典型的实例应用，对利用色彩校正命令制作动画影片进行练习。打开本书配套实例光盘中的"\Chapter 7\太阳花上的变色龙\Export\变色龙.mp4"文件，欣赏本实例的完成效果，在观看过程中分析所运用的编辑功能与制作方法。如图 7-65 所示。

图 7-65　观看影片完成效果

操作步骤

1 在 Project（项目）窗口中双击鼠标左键，打开"Import File"（导入文件）对话框，选择本书实例光盘中的"\Chapter 7\太阳花上的变色龙\Media\太阳花上的变色龙.psd,"设置导入方式为 Composition（合成），然后单击"打开"按钮，在打开的导入设置对话框中保持默认的选项，单击"OK"按钮，如图 7-66 所示。

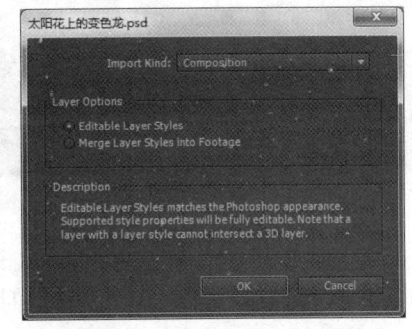

图 7-66　以合成方式导入素材

2　双击 Project 窗口中的 Comp "太阳花上的变色龙"，在 Timeline（时间线）窗口展开后，单击 "Ctrl+K" 键打开 Composition Settings（合成设置）对话框，修改合成项目的帧频为 24fps，持续时间为 0:01:00:00，如图 7-67 所示。

3　将 Timeline（时间线）窗口中两个素材图层的持续时间延长到与合成项目相同，然后按 "Ctrl+S" 快捷键，在打开的 "Save As"（保存为）对话框中，为项目文件命名并保存到计算机中指定的目录。

4　按 "Ctrl+I" 快捷键，打开 "Import File"（导入文件）对话框后，导入本书实例光盘中的 "\Chapter 7\太阳花上的变色龙\Media\" 目录下准备的音频文件，然后将其加入到 Timeline（时间线）窗口中的底层，作为影片的背景音乐，如图 7-68 所示。

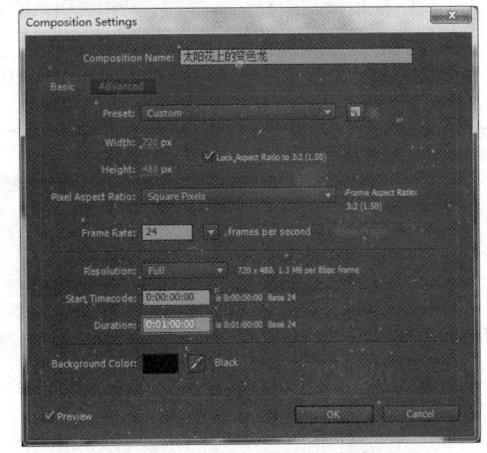

图 7-67　修改帧频与持续时间

图 7-68　加入音频素材

5　在 Timeline（时间线）窗口中选择图层 Chameleon，执行 "Effects（特效）→Color Correction（色彩校正）→Hue/Saturation（色相饱和度）" 命令，在打开的 Effects Control（特效控制）面板中，移动时间指针到 00:00:05:00 的位置，单击 Channel Range（通道范围）前面的按钮，为图层中的变色龙图像创建色彩变化的关键帧动画，如图 7-69 所示。

6　添加一个关键帧。下面将设置从该位置开始创建色彩变化动画。

	00:00:05:00	00:00:15:00	00:00:25:00	00:00:30:00	00:00:35:00
Master Hue	0x+0°	1x+0°	-1x+0°	0x+-180°	0x+0°
Master Saturation	0	60	0	-100	10

图 7-69　编辑色彩变化关键帧动画

7　为变色龙编辑单色着色变化效果。选择 Timeline（时间线）窗口中的图层 Chameleon，按"Ctrl+D"快捷键对其进行复制。移动时间指针到 00:00:35:00 的位置，单击键盘上的"["键，将其入点调整到从第 35 秒开始，按"T"键展开图层的 Opacity（不透明度）选项，为其创建不透明度关键帧动画，如图 7-70 所示。

	00:00:35:00	00:00:40:00	00:00:55:00	00:00:60:00
Opacity	0%	100%	100%	0%

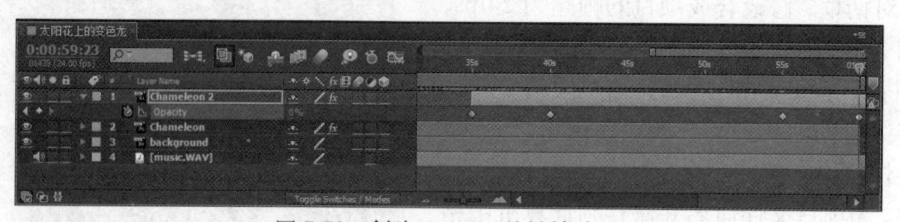

图 7-70　创建 Opacity 关键帧动画

8　在新复制的图层的 Effects Controls（特效控制）面板中，勾选 Colorize（色彩化）复选框，为下面的选项编辑关键帧动画，如图 7-71 所示。

	00:00:40:00	00:00:45:00	00:00:50:00	00:00:55:00	00:00:59:23
Colorize Hue	0x+0°	1x+0°	-1x+0°	0x+-180°	0x+0°
Colorize Saturation	25	100	0	50	0
Colorize Lightness	0	30	-30	25	0

图 7-71　编辑着色效果关键帧动画

9 按"Ctrl+S"快捷键保存项目。按"Ctrl+M"快捷键,打开 Render Queue(渲染队列)面板,设置合适的渲染输出参数,将编辑好的合成项目输出成影片文件,欣赏完成效果,如图 7-72 所示。

图 7-72 观看影片完成效果

7.3 习题

一、填空题

1. 使用_____特效命令,可以改变图像像素的颜色值,使像素色彩能在电视中精确显示。

2. 使用_____特效命令,可以用另外的颜色来替换图像中指定的颜色,并能调节图像色彩。

3. 使用_____特效命令,可以通过调整图像暗部、中间色、高光部的各色彩通道的平衡度来改变图像的颜色。

4. 使用_____特效命令,可以删除或保留图像中的特定颜色。

二、选择题

1. 下列色彩校正命令中,(　　)不能用于调整图像画面的明暗灰度。
 A. Equalize　　　　B. Curves　　　　C. Auto Levels　　　　D. Levels
2. 下列色彩校正命令中,(　　)用于为图像模拟在照相机上添加彩色滤镜片后的效果。
 A. Color Balance　　　　　　　　B. Photo Filter
 C. PS Arbitrary Map　　　　　　　D. Tint
3. 下列色彩校正命令中,(　　)可以用 3 种自定义颜色来改变图像中高光、中间色调、阴影的色彩,从而改变原图色调。
 A. Change Color　　B. Color Link　　C. Tritone　　　　D. Vibrance

第 8 章 创建三维合成

学习要点

- 理解三维合成的概念并掌握创建 3D 层的操作方法
- 掌握对 3D 层的各种查看、移动、旋转等基本操作方法
- 熟悉 3D 层的材质选项属性
- 熟悉并掌握摄像机层的创建与设置方法
- 熟悉并掌握灯光层的创建与设置方法

8.1 认识三维合成

三维合成是指可以编辑立体空间效果的合成项目，是 After Effects 领先于其他影视后期编辑软件的优势之一。通过将二维图层转换为三维图层，即可为其开启空间深度属性，并可以通过创建摄像机以及灯光对象，展现更加逼真的三维立体空间画面，如图 8-1 所示。同时，还可以通过导入 3D 模型素材文件，为立体模型创建动画或应用特效，制作更精彩的三维特效影片。

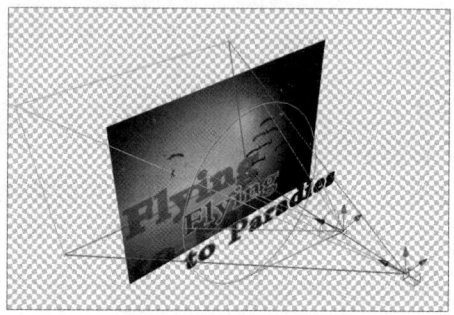

图 8-1 二维合成与三维合成

8.2 3D 层的创建与设置

在三维空间中，通常用 X、Y、Z 坐标数值来确定物体在三维空间中的位置。3D 层就是在二维图层的长、宽属性上，增加了纵向画面的深度属性。在标示位置属性时，在 X、Y 的基础上增加 Z 坐标，用以表现对象在三维空间中与画面平面的远近关系。

8.2.1 通过转换图层创建 3D 层

只需要为 Timeline（时间线）窗口中的图层（调节图层、音频层除外）打开 3D 开关，即可将其转换为 3D 层。在 Timeline（时间线）窗口中，可以查看新增的 3D 层相关属性选项，如图 8-2 所示。

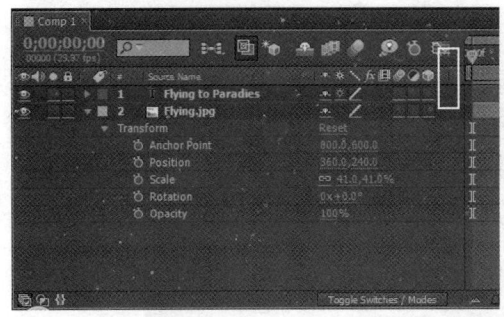

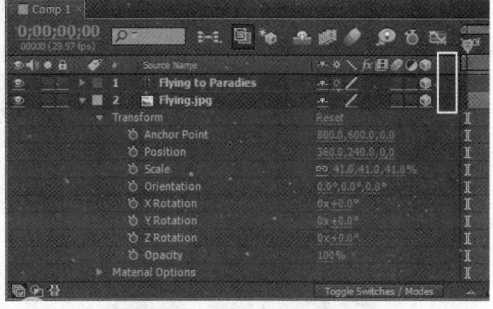

图 8-2　将图层转换为 3D 层

8.2.2　查看三维合成的视图

在二维合成模式下，在 Composition（合成）窗口中显示的画面，按照各图层在 Timeline（时间线）窗口中的上下层位置依次显示。将图层转换为 3D 图层后，图层在画面中的显示将完全取决于它在 3D 空间中的位置。单击 Composition（合成）窗口中的 3D View Popup（三维视图切换）按钮 Active Camera，在弹出的下拉菜单中可以选择需要的视图角度，默认选择的视图为 Active Camera（活动摄像机），其中还有 6 种不同角度的视图和 3 个自定义视图。如果在当前合成中创建了摄像机对象，则还会显示该摄像机的视图选项，如图 8-3 所示。

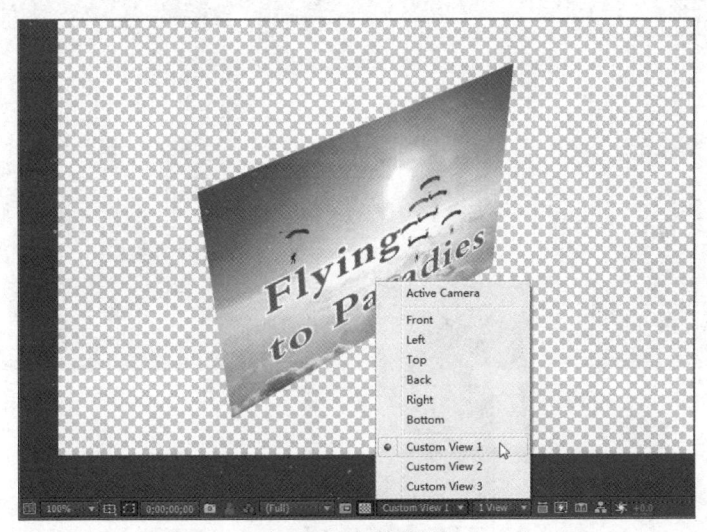

图 8-3　切换视图

单击 Select View layout（选择视图布局）1 View，可以在该下拉菜单中选择需要的选项，将 Composition（合成）窗口设置为显示多个角度的视图及排列方式。还可以配合 Active Camera 按钮，单独为选择的视图设置查看角度，方便在三维编辑时准确定位素材对象，如图 8-4 所示。

> **TIPS**　在切换当前所选预览窗口的视图角度时，也可以通过执行"View（视图）→Switch 3D View（三维视图开关）"命令来切换视图。按"Esc"键，可以在上一次选择的视图角度与当前视图角度之前切换。

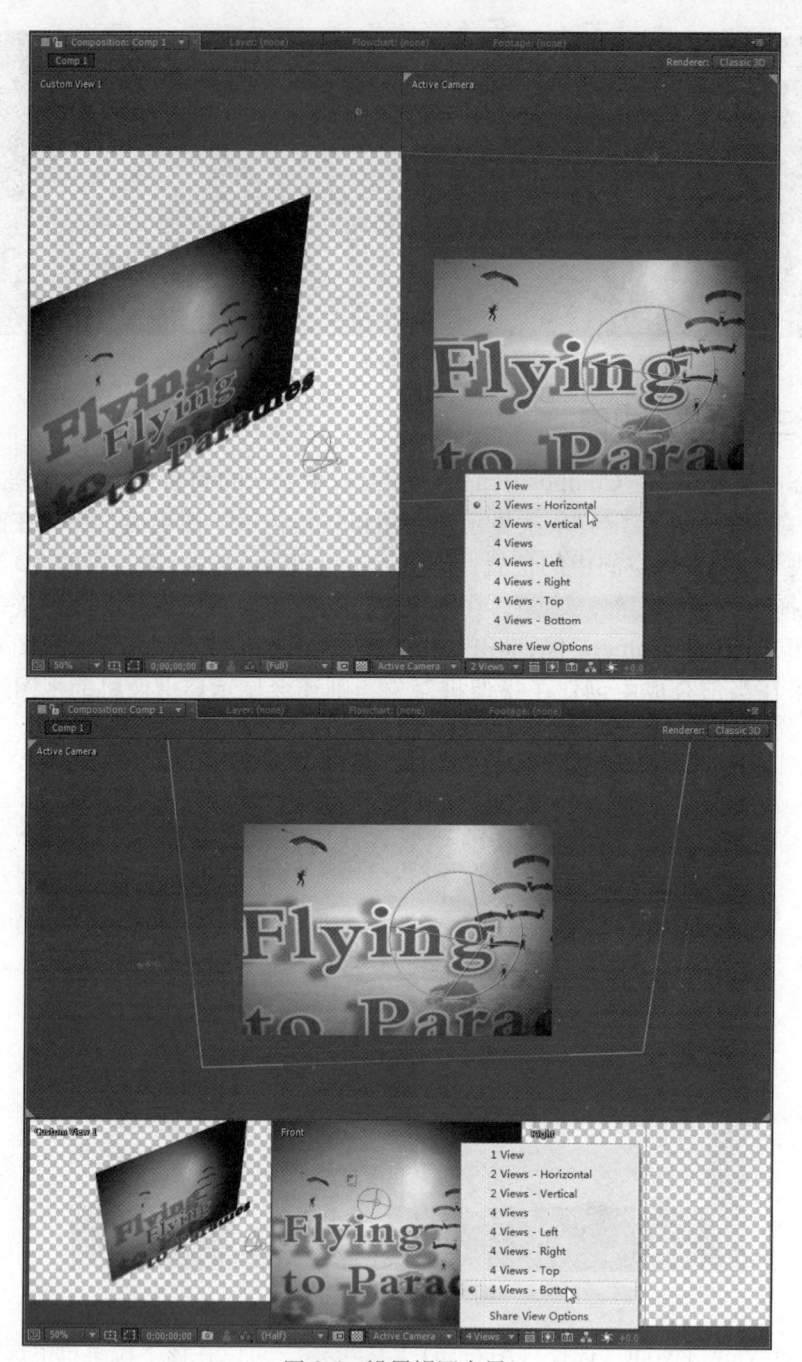

图 8-4 设置视图布局

8.2.3 移动 3D 层

可以通过在 Timeline（时间线）窗口中修改坐标数值，或者在 Composition（合成）窗口中拖动对象来移动 3D 图层。

在 Timeline（时间线）窗口中展开图层的 Transform（变换）选项，在 Position（位置）选项后面的 3 个数值分别代表图层对象在三维空间中的 X、Y、Z 坐标，通过拖动或输入新的数值，即可在对应的方向上移动图层，如图 8-5 所示。

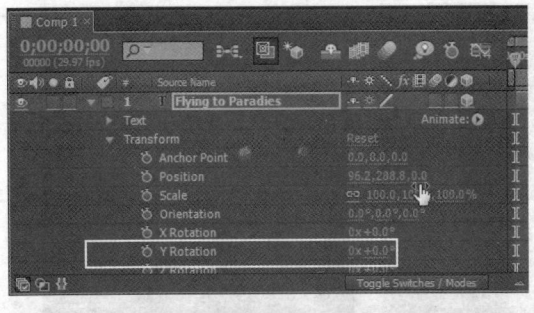

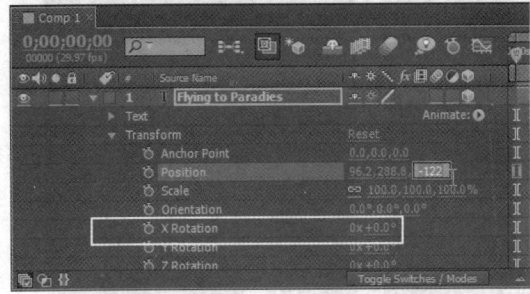

图 8-5　在时间线窗口中移动图层

在 Composition（合成）窗口中选择 3D 图层后，在图层的轴心点位置将显示出其 X（红色）、Y（绿色）Z（蓝色）方向箭头，将鼠标移动到对应的方向箭头上，鼠标指针的右下角将显示鼠标停靠位置对应的方向轴，此时单击鼠标并拖动，即可在该方向上移动图层对象，如图 8-6 所示。

图 8-6　在 Composition（合成）窗口中移动 3D 图层

> **TIPS**　执行"Layer（图层）→Transform（变换）→Center In View（在视图中居中）"命令，或按"Ctrl+Home"快捷键，可以快速将所选 3D 图层的中心点对齐到当前视图的中心。

8.2.4　旋转 3D 层

和移动 3D 图层一样，旋转 3D 图层同样也可以在 Timeline（时间线）窗口和 Composition（合成）窗口中完成。在 Timeline（时间线）窗口中，可以通过调整 Orientation（方向）或 Rotation（旋转）选项的数值来旋转对象，它们都会使图层对象沿指定的方向轴旋转，如图 8-7 所示。

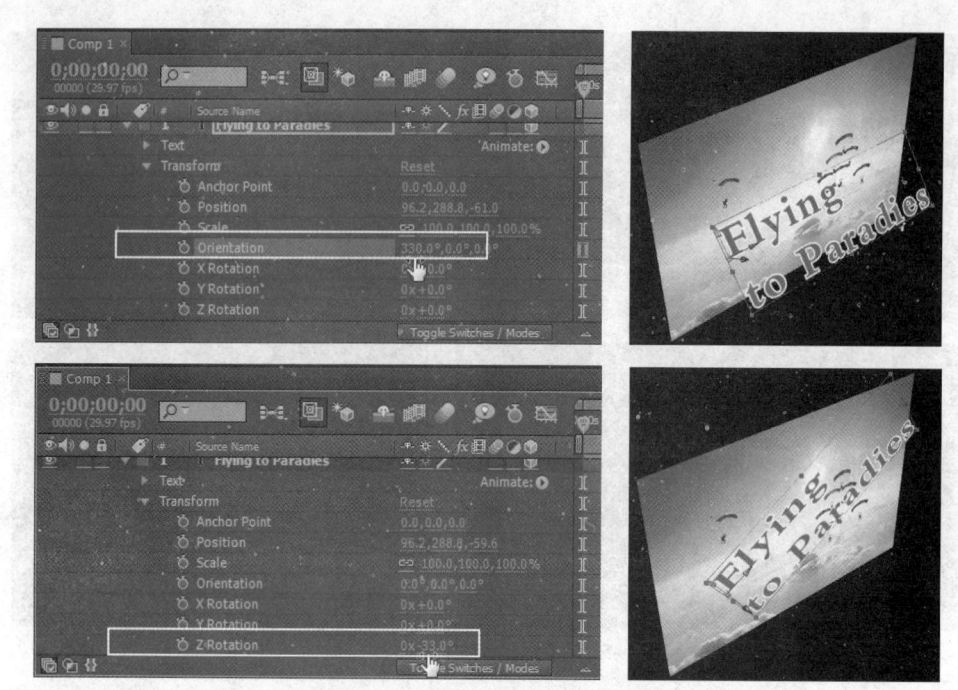

图 8-7 在时间线窗口中旋转图层

Orientation（方向）或 Rotation（旋转）的区别在于创建动画时的不同。Orientation（方向）只有一组三维参数值，每个数值在 0°～360°之间循环，在创建关键帧动画时，只能从一个角度一次性移动到目标角度。而 Rotation（旋转）3 个不同的属性都可以旋转若干圈，可以为对象创建旋转很多圈的动画。

如果要在 Composition（合成）窗口中旋转 3D 图层，需要先在工具栏中选择 Rotation Tool（旋转工具），在工具栏后面的 Set Orientation ▼ for 3D layers 下拉列表中选择旋转方式是 Orientation（方向）或是 Rotation（旋转），然后可以在 Composition（合成）窗口中按住并任意旋转 3D 图层，如图 8-8 所示。或者将鼠标移动到图层的坐标轴上，在显示出当前的旋转作用方向轴时按住并拖动，将图层在对应的方向上旋转，如图 8-9 所示。

图 8-8 任意旋转图层　　　　　　　图 8-9 在指定方向上旋转

8.2.5 设置坐标模式

坐标模式是指图层上的坐标相对于当前合成、当前视图角度的位置模式，可以在工具栏中选择需要的坐标系来查看和操作三维对象。

- Local Axis Mode（当前坐标系）: 坐标和 3D 图层表面对齐，在图层被旋转时，坐标方向轴也同步旋转。
- Word Axis Mode（世界坐标系）: 坐标与合成的绝对坐标对齐，始终显示三维空间的坐标，不会随图层旋转。在不同角度的视图中，可以看见从该视角对应的坐标方向轴。
- View Axis Mode（视图坐标系）: 坐标和所选的视图对齐，在各个视图中可以看见同样的坐标方向轴。

8.2.6 3D 层的材质选项属性

在 Timeline（时间线）窗口中展开 3D 图层的属性选项，可以看见一组 Material Options（材质选项）属性，其选项主要用于控制 3D 图层中的光线和阴影的关系，如图 8-10 所示。

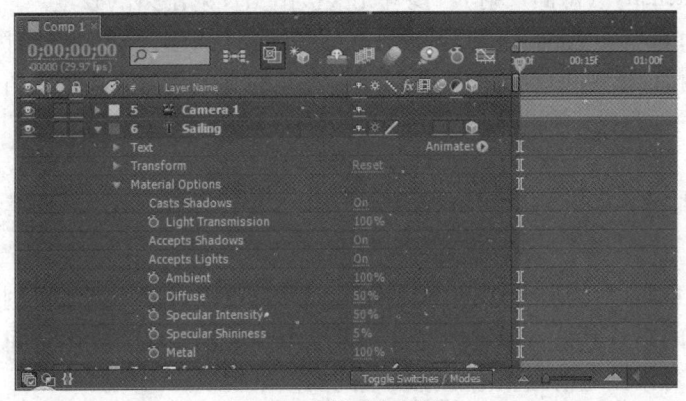

图 8-10　材质选项属性

- Casts Shadows（演员投影）: 设置是否形成投影，单击可以切换为 On（状态）。所产生阴影的效果由灯光层决定。如果要产生阴影，必须先创建一个灯光层，并打开灯光层的 Casts Shadows（演员投影）属性。默认为 Off（关闭）状态即不产生投影，On（打开）表示打开投影，Only（唯一）表示只显示投影不显示图层，如图 8-11 所示。

图 8-11　设置阴影投影方式

- Light Transmission（灯光穿透率）: 控制光线穿过层的比率。在调大这个参数值时，光线将穿透层，而 3D 图层的图像颜色也将附加给投影。
- Accepts Shadows（接受投影）: 设置当前层是否接受其他层投射的阴影，On（打开）表示接受投影，默认为 Off（关闭）状态，即不接受投影。
- Accepts Light（接受灯光）: 设置当前层是否接受灯光的影响，On（打开）表示接受，Off（关闭）表示不接受。如图 8-12 所示。

图 8-12 设置图层是否接受灯光影响

- Ambient（环境）：设置环境色反射到周围物体的强度。
- Diffuse（漫反射）：设置图层表面的漫反射强度。
- Specular Intensity（镜面反射）：设置光线被图层反射出去的强度。
- Specular Shininess（镜面亮光）：设置光线被图层反射出去的高光范围大小。
- Metal（反射高光）：设置层的颜色对反射高光的影响程度。为最大值时，高光色与层的颜色相同；反之，则与灯光颜色相同。

8.3 摄像机与灯光

通过创建摄像机可以得到自定义的视图角度，并且可以通过为摄像机创建关键帧动画，得到游览三维空间的影片效果。通过创建灯光可以得到更加逼真的立体空间光影效果，同样也可以通过为灯光对象创建动画来增强三维空间的效果表现。

8.3.1 创建并设置摄像机层

每个合成项目中都带有一个系统自带的摄像机 Active Camera（活动摄像机）。如果想得到自定义的视图画面，就需要用户自行创建摄像机来完成。执行"Layer（图层）→New（新建）→Camera（摄像机）"命令，在打开的"Camera Settings"（摄像机设置）对话框中可以对将要新建的摄像机进行参数设置，如图 8-13 所示。

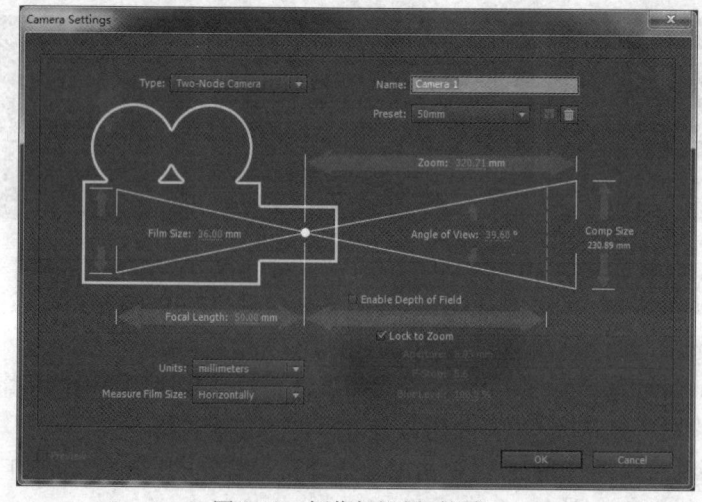

图 8-13 摄像机设置对话框

- Type（类型）：设置创建的摄像机类型是 One-Node Camera（单节点摄像机）或是 Two-Node Camera（双节点摄像机）。默认为双节点摄像机，即除了摄像机本身一个点外，还有一个可移动的 Point of Interest（兴趣点）与摄像机形成一条直线来确定拍摄角度，如图 8-14 所示。单节点摄像机没有兴趣点，只能依靠旋转或移动摄像机来改变拍摄角度，如图 8-15 所示。

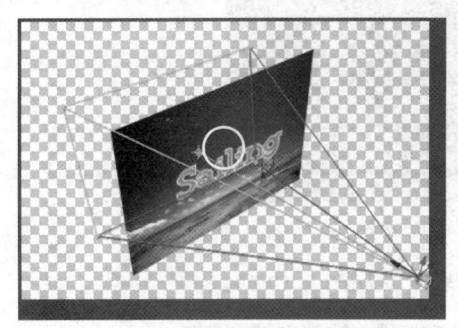

图 8-14　双节点摄像机　　　　　　　图 8-15　单节点摄像机

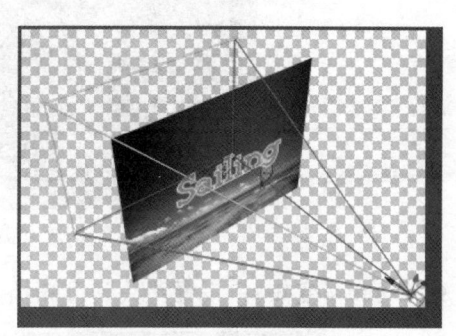

- Name（名称）：为创建的摄像机命名。
- Preset（预设）：在该下拉列表中选择要创建的摄像机的焦距。每个数值选项都是根据使用 35 mm 标准电影胶片的摄像机的一定焦距的定焦镜头来设置的。选择不同的镜头焦距，下面的其他几项相关参数（变焦、视角、焦长）的数值也会不同。
- Zoom（变焦）：镜头到目标拍摄平面的距离。
- Angle of View（视角）：镜头在场景中可以拍摄到的宽度。
- Film Size（胶片尺寸）：有效的胶片尺寸，默认匹配合成项目的画面尺寸。
- Focal length（焦长）：从胶片到摄像机镜头的距离。
- Enable Depth of Field（开启景深）：勾选该选项，可以为焦距、光圈和模糊级别应用自定义变量，得到更精确的对焦效果。在焦点位置上的图像会清晰；在焦点以外的图像，相距越远或越近都越模糊，和相机的原理一致。
- Focus Distance（焦距）：从摄像机到拍摄对象上能拍摄清楚的理想距离，即镜头到焦点的距离。
- Lock to Zoom（锁定变焦）：使焦距匹配变焦的数值。
- Aperture（光圈）：镜头的孔径，该数值会影响拍摄的景深效果。光圈越大，景深越明显。
- F-Stop（F 制式）：现在的相机通常都是用 F 制式的光圈度量单位，该数值可以方便用户了解当前的镜头设置相对于实际中的相机光圈大小。
- Blur level（模糊级别）：景深的模糊程度。默认为 100%，相当于与真实的摄像机拍摄时相同的模糊程度。
- Units（单位）：设置摄像机各项长度数值所是用的单位。
- Measure Film Size（测量影片尺寸）：以水平距离（Horizontally）、垂直距离（Vertically）还是对角线距离（Diagonally）来设置影片尺寸测量方式。

设置完成需要的参数后，单击"OK"按钮，即可在当前合成中创建一个摄像机层。在 Timeline（时间线）窗口中展开摄像机层的属性选项，可以对摄像机属性参数中的基本选项进行修改设置，如图 8-16 所示。

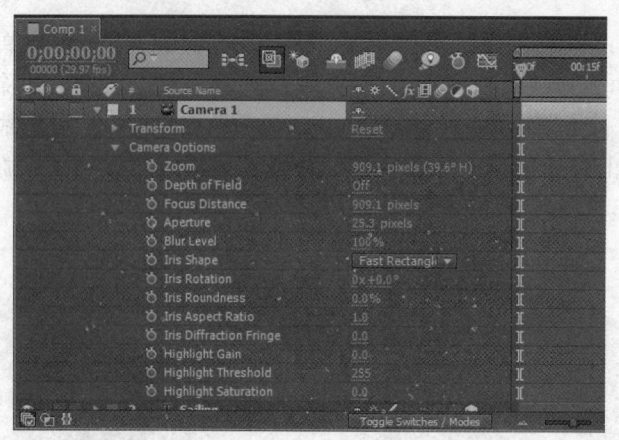

图 8-16　摄像机层的属性选项

- Zoom（变焦）：设置镜头到目标拍摄平面的距离，如图 8-17 所示。

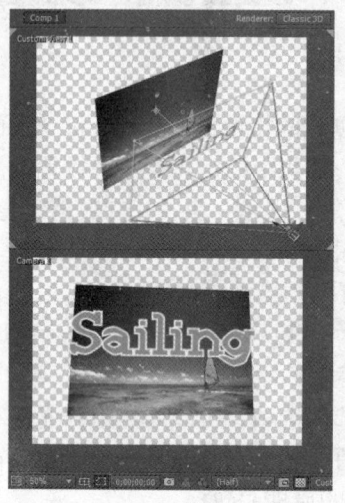

图 8-17　设置不同数值的变焦距离

- Depth Of Field（景深）：设置是否开启景深效果。在 On（开启）状态下，会显示当前焦距数值的平面框，如图 8-18 所示。

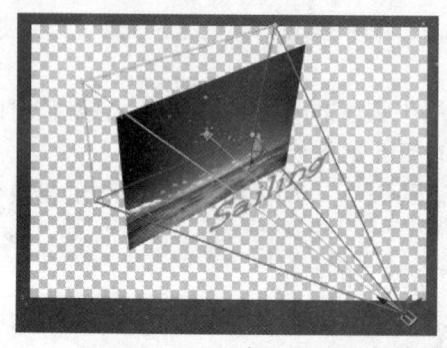

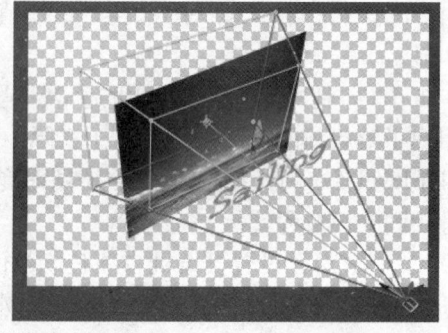

图 8-18　景深的关闭与打开状态

- Focus Distance（焦距）：设置镜头到焦点的位置，使位于焦点的对象显得清晰，前后的物体逐渐变得模糊，如图 8-19 所示。

图 8-19　设置不同数值的焦距

- Aperture（光圈）：在焦距确定的情况下，光圈越大，景深越明显；数值为 0 时，没有景深效果，不管离摄像机远还是近，都是清晰的画面，没有模糊效果，如图 8-20 所示。

图 8-20　设置不同数值的光圈

- Blur level（模糊级别）：设置景深的模糊程度，数值越大，景深效果产生的模糊越强烈；数值为 0 时没有模糊效果，如图 8-21 所示。

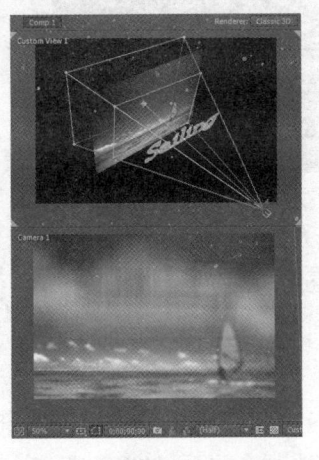

图 8-21　设置不同数值的模糊级别

在工具栏中单击"Unified Camera Tool"（摄像机调整工具）按钮，可以在弹出的子面板中选择需要的摄像机调整工具，将视图中基于摄像机的查看角度调整为需要的状态，并不会影响摄像机拍摄的画面效果，如图 8-22 所示。

图 8-22 摄像机调整工具

- Unified Camera Tool（摄像机统一调整工具）：用于自由旋转当前所选的活动摄像机视角，如图 8-23 所示。
- Orbit Camera Tool（盘旋摄像机工具）：可以使摄像机视图在任意方向和角度进行旋转，与使用 Unified Camera Tool 工具相似。

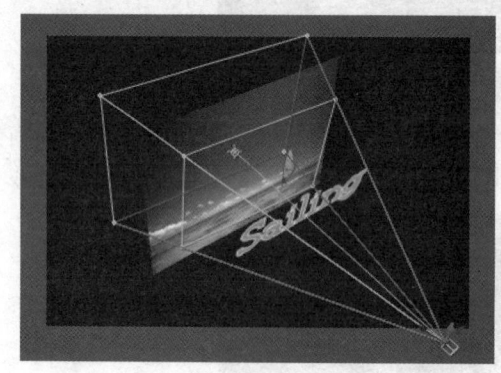

图 8-23 旋转摄像机视图

- Track XY Camera Tool（平移拖放摄像机工具）：在水平或垂直方向上移动摄像机视图，如图 8-24 所示。
- Track Z Camera Tool（轴向移动摄像机工具）：用于调整摄像机视图的深度，如图 8-25 所示。

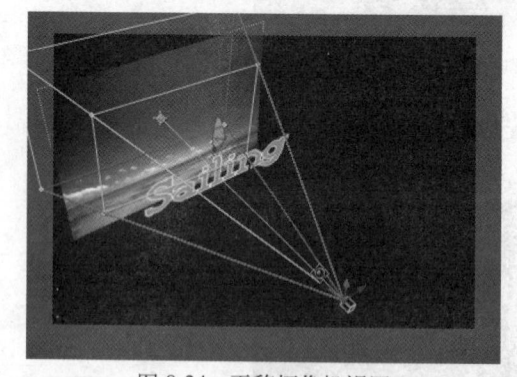

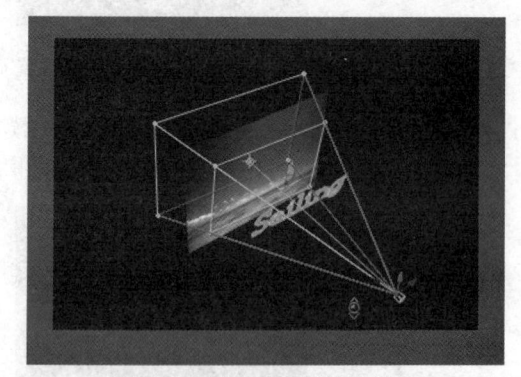

图 8-24 平移摄像机视图　　图 8-25 轴向移动摄像机视图

8.3.2 创建并设置灯光层

在 After Effects 中，可以创建 4 种不同类型的灯光模拟各种灯光效果，使制作的三维空间画面更加逼真。执行"Layer（图层）→New（新建）→Light（灯光）"命令创建一个灯光层，在"Light Settings"（灯光设置）对话框中可以对要创建的灯光层进行参数设置。在 Name（名称）栏中为创建的灯光层命名后，在 Light Type（灯光类型）下拉列表中设置要创建的灯光类型，模拟需要的灯光效果，如图 8-26 所示。

- Parallel（平行光）：光线从光源照向目标位置，光线平行照射，光照范围无限远，可以照亮场景中位于目标位置的每个对象，如图 8-27 所示。

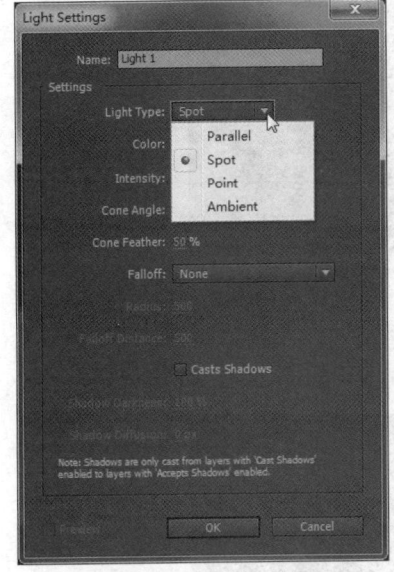

图 8-26　灯光设置对话框　　　　　　　图 8-27　设置平行光源

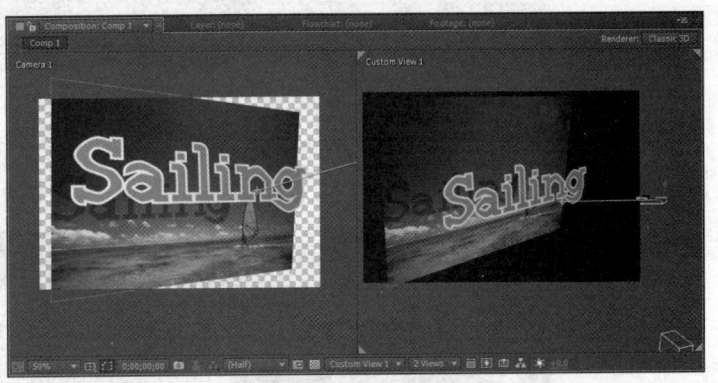

> **TIPS** 图纸是从图形文件中选定的布局。可以从任意图形将布局作为编号图纸输入到图纸集中。图纸集是一个有序命名集合，其中的图纸来自几个图形文件。可以将图纸集作为一个单元进行管理、传递、发布和归档。

- Spot（聚光灯）：光线从一个点发射，以圆锥形呈现放射状照向目标位置。被照射对象形成一个圆形的光照范围，通过调整 Cone Angle（锥体角度）可以控制照射范围的面积，如图 8-28 所示。

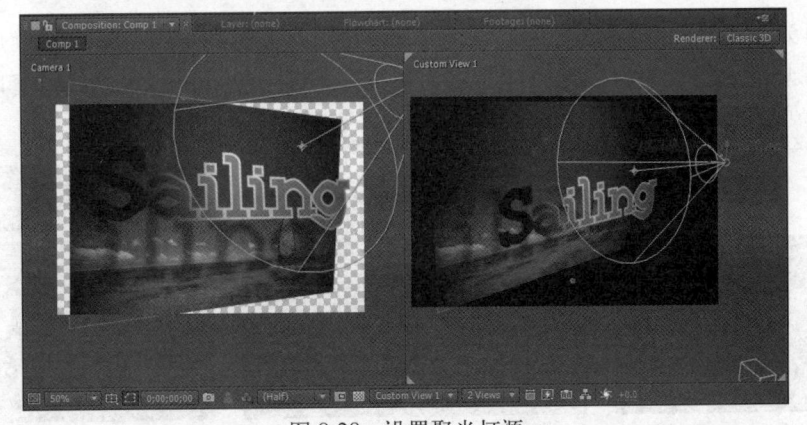

图 8-28　设置聚光灯源

- Point（点光）：光线从一个点发射向四周扩散。物体距离光源点越远，受光照强度越弱，类似于房间里面的灯泡效果，如图 8-29 所示。

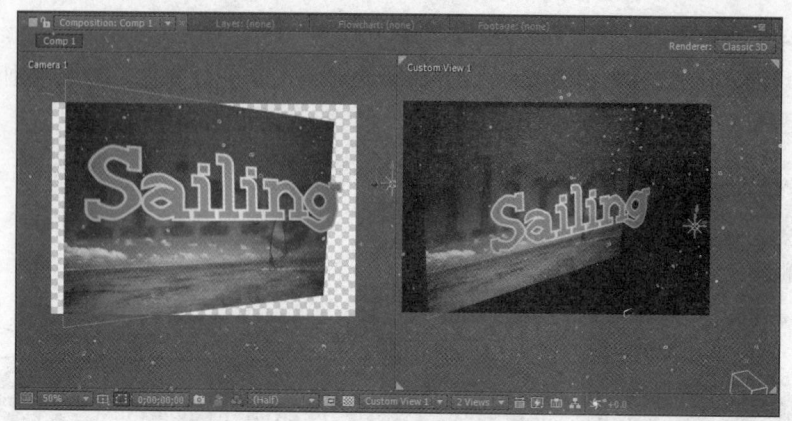

图 8-29 设置点光源

- Ambient（环境光）：没有发射光源，所以不能被选择或移动。可以照亮场景中的所有物体，但无法产生投影。常用于通过设置灯光颜色，为整个画面渲染环境色调，如图 8-30 所示。

图 8-30 设置光色的环境光源

8.3.3 灯光的属性选项

不同的灯光类型具有不同的属性选项。可以在创建灯光时的 Light Settings（灯光设置）对话框中设置灯光属性，也可以在创建了灯光层以后，在 Timeline（时间线）窗口中展开灯光层的属性选项再设置，如图 8-31 所示。

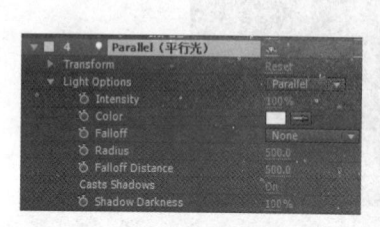

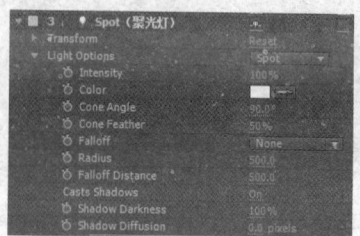

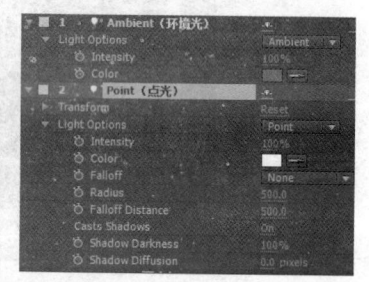

图 8-31 不同灯光类型的属性选项

- Intensity（强度）：设置灯光强度。强度越高，灯光越亮，场景受到的照射就越强。当把 Intensity（强度）的值设置为 0 时，场景就会变黑。设置为负值时，可以去除场景中的某些颜色，也可以吸收其他灯光的强度，如图 8-32 所示。

图 8-32 设置灯光强度

- Color（颜色）：设置灯光的颜色。
- Cone Angle（锥体角度）：设置锥体灯罩的角度。只有 Spot（聚光灯）灯光有此属性，主要用来调整灯光照射范围的大小，角度越大，光照范围越广，如图 8-33 所示。

图 8-33 设置光照角度

- Cone Feather（锥体羽化）：设置锥体灯罩范围的羽化值。只有 Spot（聚光灯）灯光有此属性，可以使聚光灯的照射范围产生边缘羽化效果，如图 8-34 所示。

图 8-34 设置光照羽化

- Casts Shadows（演员投影）：默认为 Off（关闭）状态，单击该选项可以切换为 On（打开）状态，可以使被照射对象在场景中产生投影。
- Shadow Darkness（阴影暗度）：设置阴影的颜色深度，如图 8-35 所示。

图 8-35 设置阴影的深度

- Shadow Diffusion（阴影扩散）：设置阴影的扩散程度，主要用于控制层与层之间的距离产生的漫反射效果，如图 8-36 所示。

图 8-36 设置阴影的扩散程度

8.4 课堂实训——动感立体相册

配合利用 3D 图层和摄像机、灯光的特性，可以创建突破平面限制的动感影片效果。下面打开本书配套实例光盘中的"\Chapter 8\动感立体相册\Export\动感立体相册.mp4"文件，欣赏本实例的完成效果，在观看过程中分析所运用的编辑功能与制作方法。如图 8-37 所示。

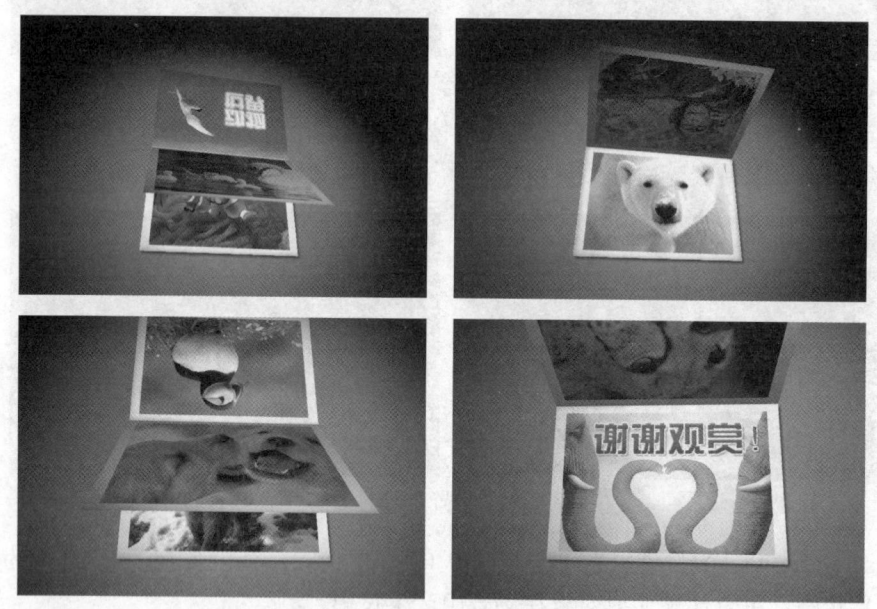

图 8-37 观看影片完成效果

操作步骤

1 在 Project（项目）窗口中双击鼠标左键，打开"Import File"（导入文件）对话框，选择本书实例光盘中的"\Chapter 8\动感立体相册\Media\动感立体相册.psd"，设置导入方式为 Composition（合成），然后单击"打开"按钮，在打开的导入设置对话框中保持默认的选项，单击"OK"按钮，如图 8-38 所示。

2 双击 Project 窗口中的 Comp "太阳花上的变色龙"，在 Timeline（时间线）窗口展开后，按"Ctrl+K"快捷键打开 Composition Settings（合成设置）对话框，修改合成项目的帧频为 24fps，持续时间为 50 秒，如图 8-39 所示。

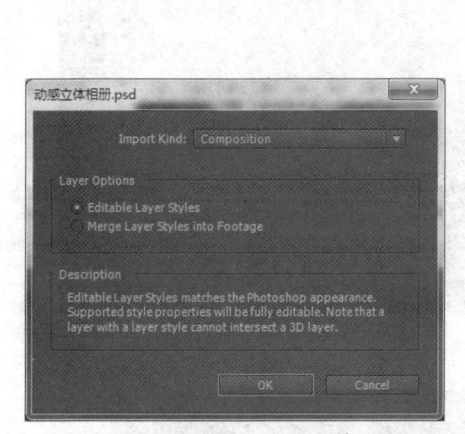

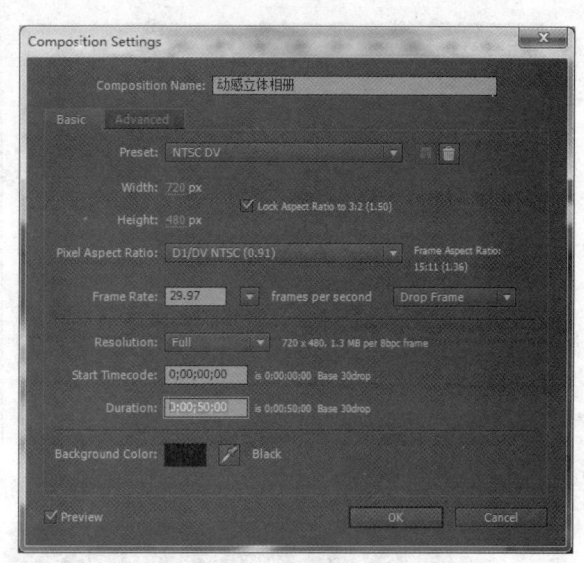

图 8-38　导入 PSD 文件　　　　　　　　图 8-39　修改合成持续时间

3 将 Timeline（时间线）窗口中所有素材图层的持续时间修改为 4 秒，如图 8-40 所示。然后按 "Ctrl+S" 快捷键打开 Save As（保存为）对话框中，为项目文件命名并保存到计算机中指定的目录。

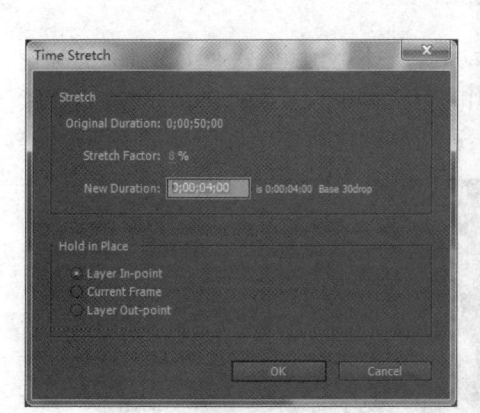

图 8-40　修改素材图层持续时间

4 按 "Ctrl+I" 快捷键，打开 "Import File"（导入文件）对话框后，导入本书实例光盘中的 "\Chapter 8\动感立体相册\Media\" 目录下准备的音频文件，然后将其加入到 Timeline（时间线）窗口中的底层，作为影片的背景音乐。

5 选择所有图像素材图层，为它们打开 3D 开关。展开图层的属性选项，将所有图层的 Anchor Point（轴心点）的 Y 参数修改为 0，如图 8-41 所示。

6 从上到下选择图层 start 到图层 photo20，为它们创建从开始位置到第 2 秒的，X Rotation 选项从 0x，+0°旋转到 0x，-180°的关键字动画，如图 8-42 所示。

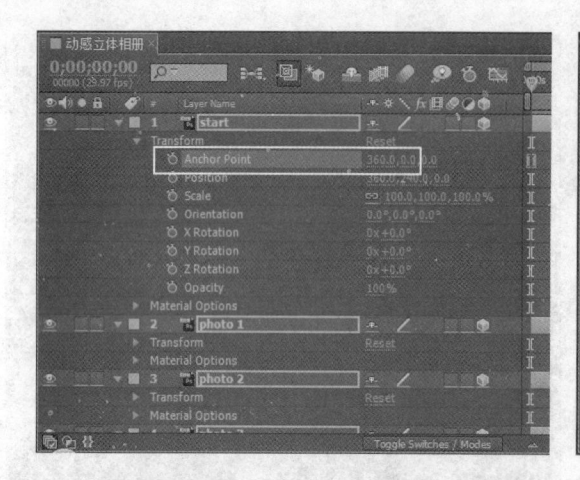

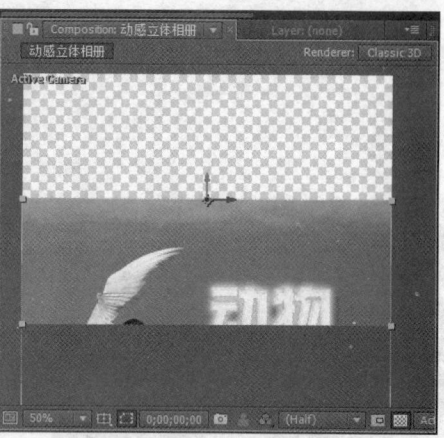

图 8-41 修改图层轴心点位置

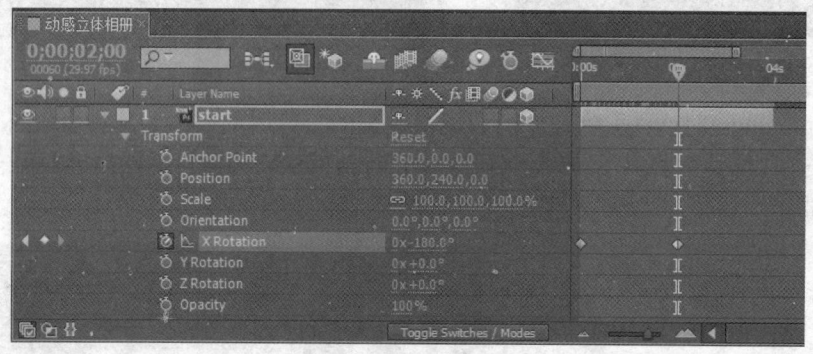

图 8-42 创建旋转动画

7　重新选择所有素材图层，执行"Animation（动画）→Keyframe Assistant（关键帧辅助）→Sequence Layers（序列化图层）"命令，在弹出的对话框中设置 Overlap（重叠）持续时间为 2 秒，然后单击"OK"按钮，对所有图像图层进行序列化排序，如图 8-43 所示。

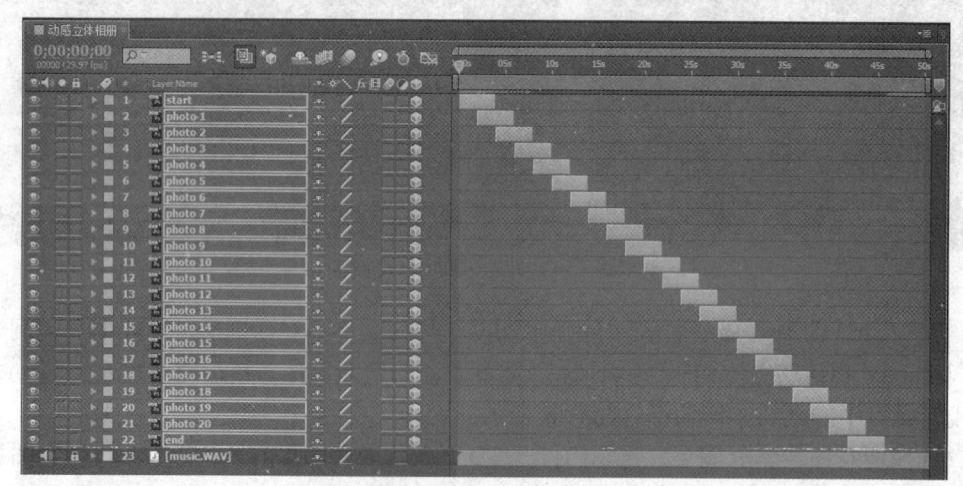

图 8-43 序列化图层

8　将鼠标移动到图层：end 的入点位置，在鼠标指针改变形状后按住并向前拖动到合成的开始位置，使所有图层都可以从一开始显示，如图 8-44 所示。

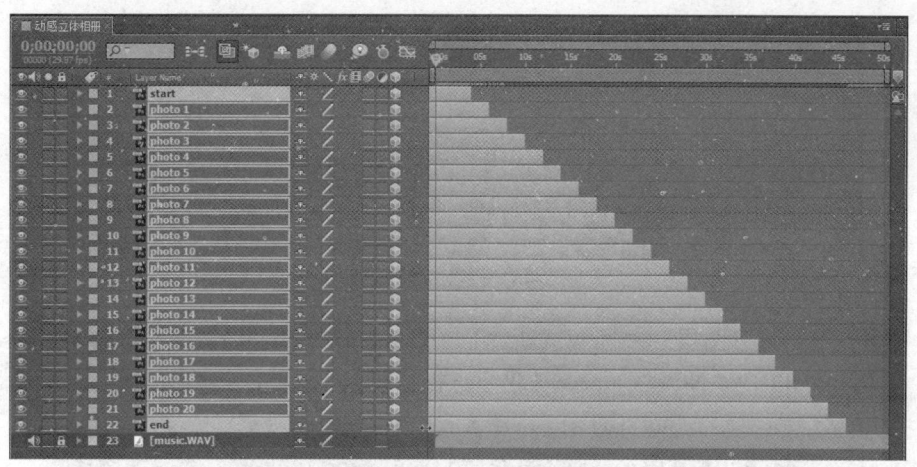

图 8-44　修改持续时间

9　将所有图层向后移动两秒的位置，然后将图层：photo 20 和图层：end 的入点和出点位置都调整为与合成的持续时间对齐，如图 8-45 所示。

图 8-45　调整持续时间

10　新建一个 Solid（固态）图层，设置其填充色为深绿色，然后在 Timeline（时间线）窗口中将其移动到最底层并为其打开 3D 开关。按"S"键打开 Scale（缩放）属性选项，将它放大到 1000%，并修改其 Position（位置）属性中的 Z 参数值为 20，如图 8-46 所示。

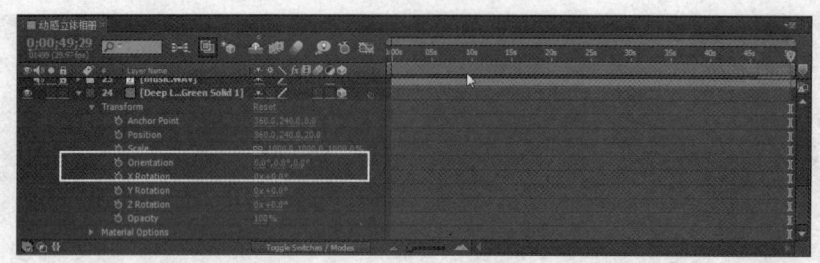

图 8-46　修改图层属性

11　执行"Layer（图层）→New（新建）→Camera（摄像机）"命令，新建一个 Preset（预设）为 28 mm 的 Two-Node Camera（双节点摄像机），如图 8-47 所示。

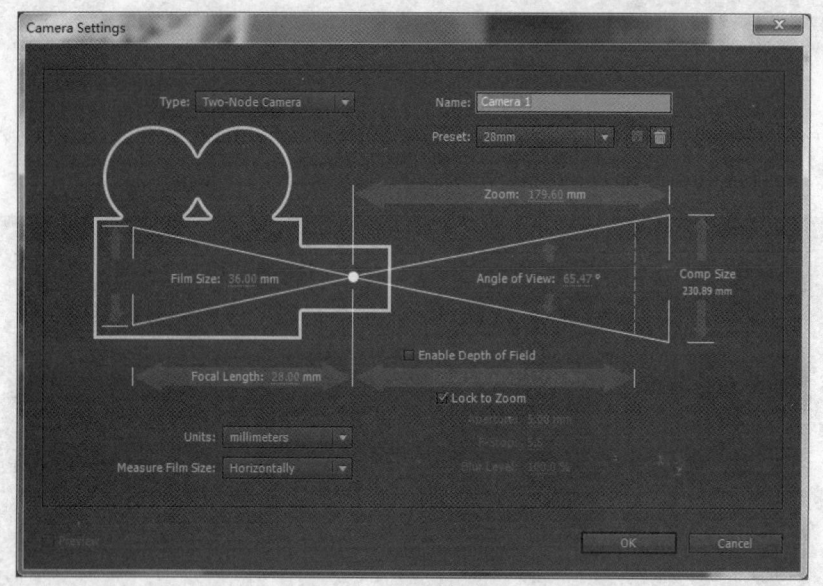

图 8-47　新建摄像机

12　将 Composition（合成）窗口中的视图切换为水平双视图，并将其中一个视图的角度切换为新建的摄像机，另一个视图暂时切换为 Custom View 1（自定义视图 1），如图 8-48 所示。

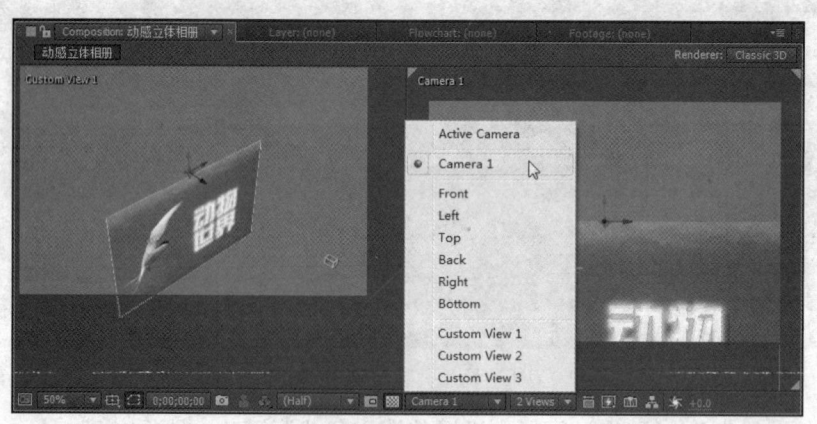

图 8-48　切换视图

13　查看摄像机视图中的画面变化，在 Custom View 1（自定义视图 1）中移动摄像机的空间位置，直到可以显示到如图 8-49 所示的位置。

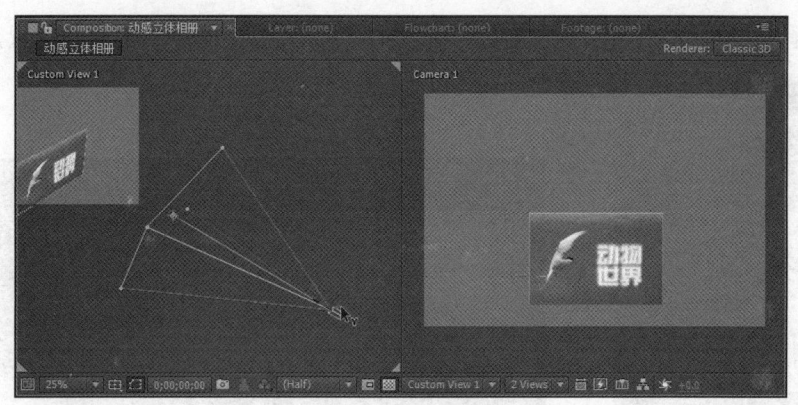

图 8-49　移动摄像机

14 切换 Custom View 1（自定义视图 1）为 Left（左）视图，查看摄像机视图中的画面变化，将摄像机移动到如图 8-50 所示的位置，并将其兴趣点移动到图像素材图层的位置（360，235，5）。

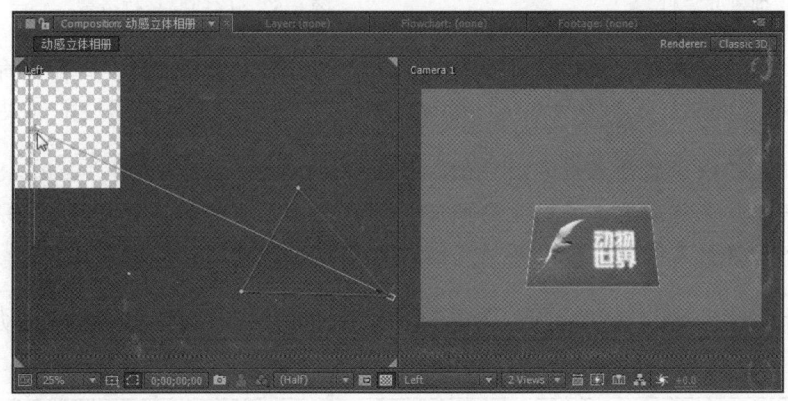

图 8-50　移动摄像机

15 切换 Custom View 1（自定义视图 1）为 Top（顶）视图，查看摄像机视图中的画面变化，将摄像机移动到如图 8-51 所示的位置（0，925，-1355），并将其兴趣点调整到之前的位置（360，235，5）。

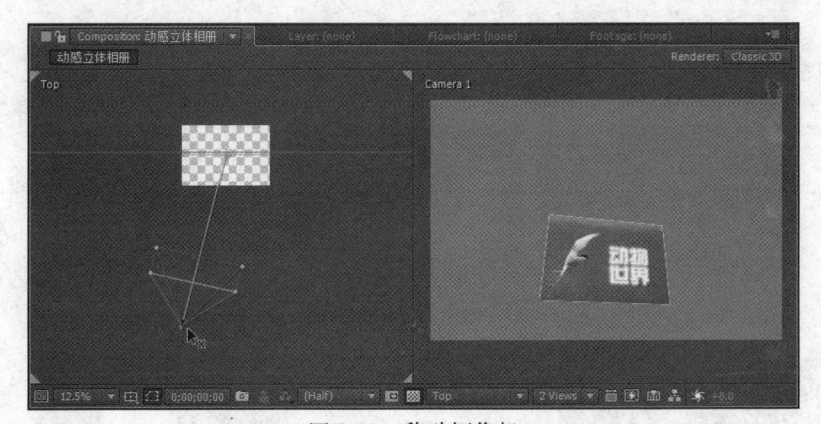

图 8-51　移动摄像机

16 执行"Layer（图层）→New（新建）→Light（灯光）"命令打开 Light Settings（灯光设置）对话框，并设置 Intensity（强度）参数值为 120%，如图 8-52 所示。

17 查看摄像机视图中的画面变化，将聚光灯移动到如图 8-53 所示的位置。

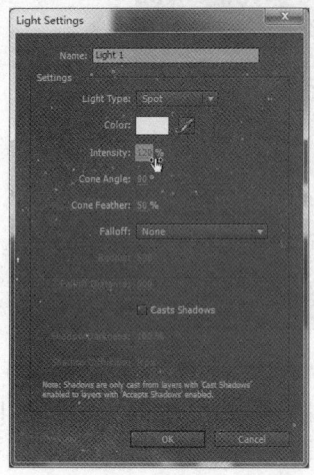

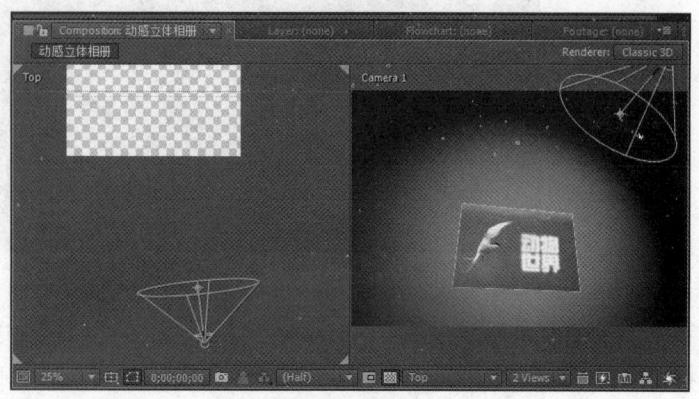

图 8-52　创建聚光灯　　　　　　　　图 8-53　移动聚光灯位置

18 在 Timeline（时间线）窗口中用鼠标右键单击图层 end，并在弹出的命令选单中选择"Layer Style（图层样式）→Drop Shadow（投影）"命令，为其应用投影效果。

> **TIPS** 在此也可以通过开启灯光层、图层的 Cast Shadow（演员投影）、Accept Shadow（接受投影）来得到更逼真的光影效果，只是会占用更多的系统资源。如果用户所使用的计算机系统硬件性能足够充裕，也可以尝试空间投影效果。

19 展开摄像机层的属性选项，为其创建逐渐向相册图像移动的空间运动动画，如图 8-54 所示。

		00:00:00:00	00:00:46:00
⏱	Point of Interest	360，235，5	340，430，5
⏱	Position	0，925，-1355	435，550，-880

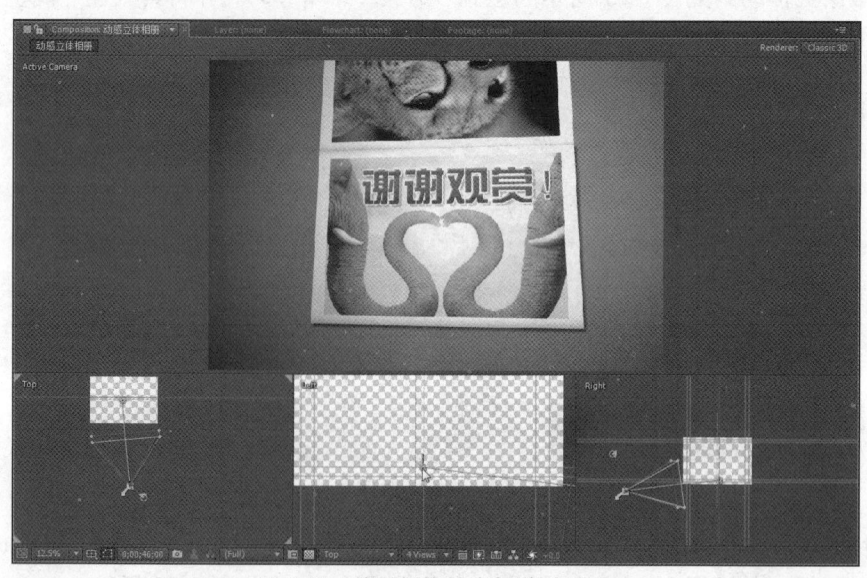

图 8-54　编辑摄像机空间移动动画

20 按"Ctrl+S"快捷键保存项目。按"Ctrl+M" 快捷键,打开 Render Queue(渲染队列)面板,设置合适的渲染输出参数,将编辑好的合成项目输出成影片文件,欣赏完成效果,如图 8-55 所示。

图 8-55 观看影片完成效果

8.5 习题

一、填空题

1. Orientation(方向)或 Rotation(旋转)的区别在于创建动画时,Orientation(方向)选项的参数值_____之间,在创建关键帧动画时,只能_____;而 Rotation(旋转)属性都可以旋转若干圈。

2. 在_____坐标系中,坐标与合成的绝对坐标对齐,始终显示三维空间的坐标,不会随图层旋转。

3. 在打开灯光层的 Casts Shadows(演员投影)属性状态下,将 3D 素材图层的 Casts Shadows(演员投影)属性设置为_____,可以只显示投影而不显示图层。

4. 在 Timeline(时间线)窗口展开摄像机层的属性选项,将_____设置为打开状态,可以使拍摄到的画面,在焦点位置上的图像清晰,在焦点以外的图像,相距越远越模糊。

二、选择题

1. 要在一个 3D 的 Solid(固态)图层上看见其他图层在上面的投影,需要将其(   )选项设置为 On。

  A. Casts Shadows   B. Accepts Shadows
  C. Accepts Light   D. Shadow Darkness

2. 在焦距确定的情况下,摄像机层的(   )的参数值会直接影响拍摄的景深效果。该数值为 0 时,没有景深效果。

  A. Zoom   B. Focus Distance
  C. Aperture   D. Angle of View

3. 要使场景中在目标位置的每个对象的都被照亮,需要创建(   )类型的灯光层。

  A. Parallel   B. Spot   C. Point   D. Ambient

第 9 章 Effects 特效的应用

学习要点

> 了解 Blur & Sharpen（模糊与锐化）、Distort（扭曲）、Generate（产生）等特效的功能与参数设置
> 通过实例练习，熟悉并掌握特效命令的应用方法

After Effects CS6 具有强大的后期特效处理能力，提供了 20 个大类、200 多个特效命令，可以分别应用于各种类型的视觉特效制作。

9.1 Blur & Sharpen（模糊与锐化）特效

Blur & Sharpen（模糊与锐化）类特效命令主要用于调整图像的清晰程度，产生模糊或锐化的变化效果。

9.1.1 Box Blur（方形模糊）

此特效主要以邻近像素颜色的平均值为基准，使图像产生带有色散效果的方形像素模糊，模糊效果比较平均。其参数设置选项如图 9-1 所示。

- Blur Radius（模糊半径）：设置模糊半径。数值越高，模糊效果越明显，如图 9-2 所示。

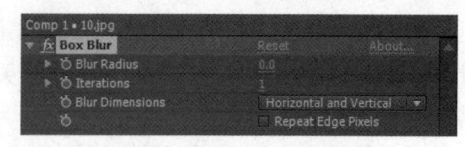

图 9-1 Box Blur 特效设置

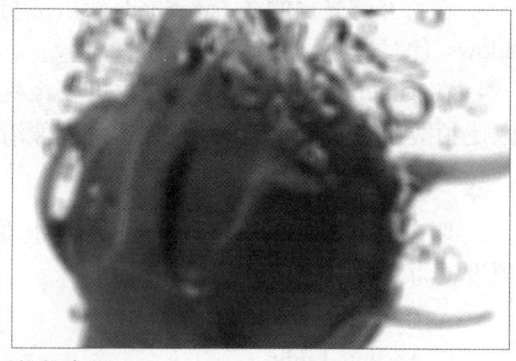

图 9-2 设置模糊半径

- Iterations（重复）：设置模糊效果的反复叠加。
- Blur Dimensions（模糊方向）：设置模糊的方向。
    > Horizontal and Vertical（水平和垂直）：同时在两个方向进行模糊处理。
    > Horizontal（水平）：只在水平方向模糊。
    > Vertical（垂直）：只在垂直方向模糊，如图 9-3 所示。

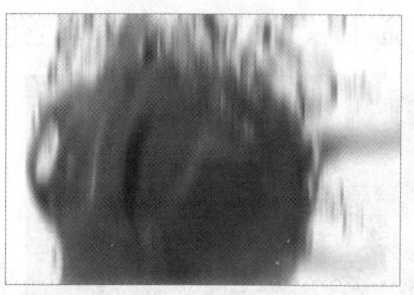

图 9-3 设置模糊的方向

- Repeat Edge Pixels（重做边缘像素）：对图像进行模糊处理后，图像边缘也会变模糊；勾选该选项，将保持图像边缘的清晰平滑，如图 9-4 所示。

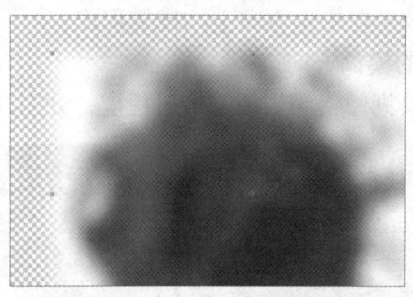

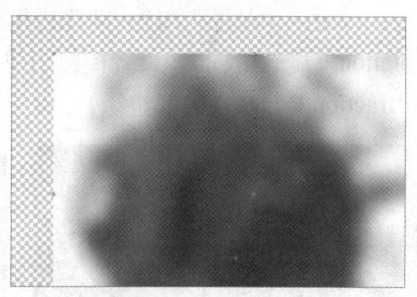

图 9-4 使画面的边缘清晰

9.1.2 Camera Lens Blur（镜头模糊）

此特效可以通过将周围区域模糊突出一个重点区域，类似于用照相机拍照时设置镜头焦距的拍摄效果制作移轴摄影特效。指定一个具体图层作为贴图图层，可以应用该图层中图像的颜色通道、Alpha 通道或亮度来精确定义需要模糊的区域，如图 9-5 所示。

- Iris Properties（虹膜属性）：设置产生模糊效果时，应用的模糊形状、大小等属性。
  - Iris Shape（虹膜形状）：设置虹膜形状，使模糊呈现对应的多边形效果，包括 Triangle（三角形）、Square（方形）、Pentagon（五边形）、Hexagon（六边形）、Heptagon（七边形）、Octagon（八边形）等类型，如图 9-6 所示。

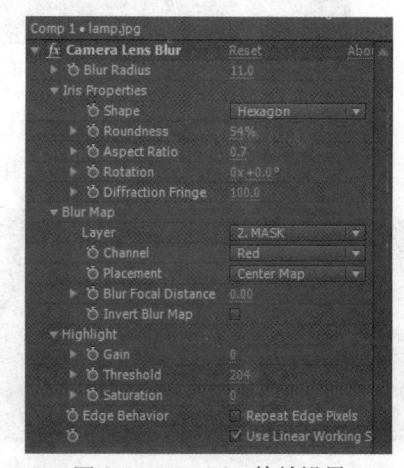

图 9-5 Lens Blur 特效设置

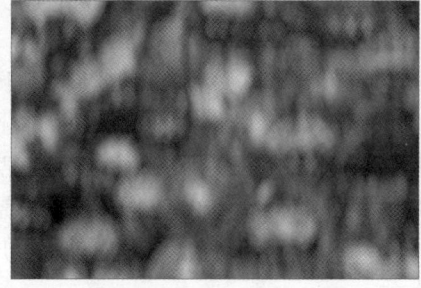

图 9-6 设置不同的 Iris 多边形类型

- ➢ Roundness（圆滑率）：设置多边形边缘的曲率，数值越大越圆滑，如图 9-7 所示。

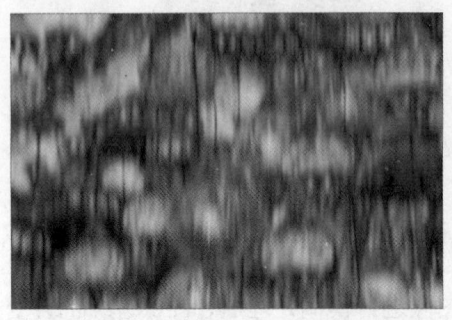

图 9-7 设置不同的圆滑率

- ➢ Aspect Ratio（方向比率）：设置模糊效果在指定方向上的模糊程度。
- ➢ Rotation（旋转方向）：设置模糊效果的模糊方向。
- ➢ Diffraction Fringe（衍射边缘）：设置模糊像素向周围的衍射程度，如图 9-8 所示。

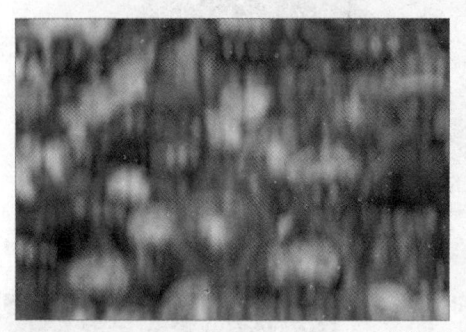

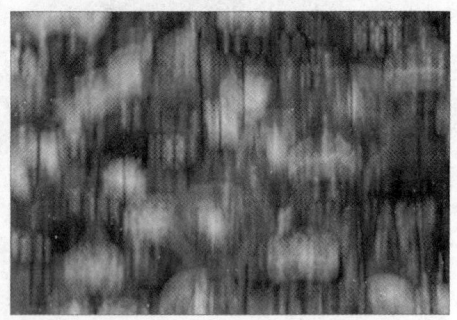

图 9-8 设置不同程度的衍射边缘

- Blur Map（模糊贴图）：指定贴图层并根据贴图层中的图像形状应用模糊效果。
  - ➢ Layer（层）：选择需要应用为贴图层的图层，如图 9-9 所示。

图 9-9 选择贴图层应用模糊

  - ➢ Channel（通道）：选择贴图罩的通道类型，包括 Red（红）、Green（绿）、Blue（蓝）、Luminance（全局）、Alpha 通道。
  - ➢ Placement（替换方式）：指定贴图层与被模糊图像尺寸不同时的处理方法。选择 Center（中心）则使贴图图像居中；选择"Stretch Map To Fit"（伸缩贴图以适应）选项，可以调节贴图层尺寸大小匹配被模糊图像的尺寸。
  - ➢ Blur Focal Distance（模糊焦距）：设置聚焦距离。数值越大，则远景越清楚。
  - ➢ Invert Depth Map（反转贴图深度）：反转贴图和模糊图层的关系，如图 9-10 所示。

图 9-10　反转贴图深度

9.1.3　Channel Blur（通道模糊）

此特效可以分别对图像的各个色彩通道进行模糊处理，其参数设置如图 9-11 所示。

- Red Blurriness（红色通道模糊量）：调节红色通道模糊程度，如图 9-12 所示。
- Green Blurriness（绿色通道模糊量）：调节绿色通道模糊程度。

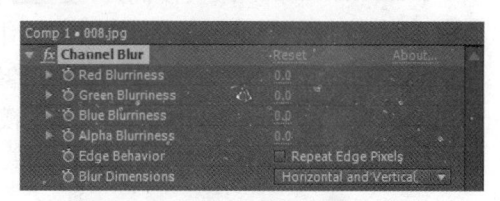

图 9-11　Channel Blur 特效设置

图 9-12　调节红色通道模糊程度

- Blue Blurriness（蓝色通道模糊量）：调节蓝色通道模糊程度。
- Alpha Blurriness（Alpha 通道模糊量）：调节 Alpha 通道模糊程度。
- Edge Behavior（边缘行为）：勾选 Repeat Edge Pixels（重做边缘像素）选项，可以保护图像边缘不被模糊。

> **TIPS** 同一类特效中的特效命令，它们的参数选项有不少相同的部分。对于已经介绍过的参数选项在其他特效命令中重复的，不再重复赘述，可以查看该位置之前命令的介绍说明。

9.1.4　Compound Blur（混合模糊）

此特效可以为当前图像指定另外的一个图层作为模糊层，根据模糊层图像中重叠位置的像素明度来影响模糊程度，亮度越高越模糊，如图 9-13 所示。

图 9-13　Compound Blur 特效设置

- Blur Layer（模糊层）：指定特效的模糊层图像，可以是在当前 Timeline（时间线）窗口中的任何图层，包括该图层本身。如图 9-14 所示，分别是由原图像本身和指定图像作为模糊层的效果。

图 9-14　指定 Compound Blur 特效的模糊层图像

- Maximum Blur（最大模糊）：设置可模糊部分的最大值。
- If Layer Size Different（如果图层尺寸不同）：指定图像与被模糊图像尺寸不同时的处理方法。勾选 Stretch Map To Fit（伸缩贴图以适应）选项，可以调节模糊层尺寸大小来匹配被模糊图像的尺寸，使整个模糊层的效果作用在被模糊图像上。
- Invert Blur（反转模糊）：反转模糊效果。

9.1.5　Directional Blur（定向模糊）

此特效与 Motion Blur（动态模糊）特效相似，但可以通过调节模糊强度，得到在指定方向上的不同程度的模糊效果，如图 9-15 所示。

- Direction（方向）：通过调整角度数值或滑轮指向设置需要的模糊方向，如图 9-16 所示。

图 9-15　Directional Blur 特效

图 9-16　设置模糊方向

- Blur Length（模糊长度）：调节模糊的强度。数值为 0～1000，如图 9-17 所示。

图 9-17　设置不同的模糊强度

9.1.6 Fast Blur（快速模糊）

此特效主要用于对大面积图像进行整体、水平或垂直方向的简单模糊，如图9-18所示。

- Blurriness（模糊量）：设置模糊的强度。默认设置为0～127，最大不超过32 767，如图9-19所示。

图9-18 Fast Blur 特效设置

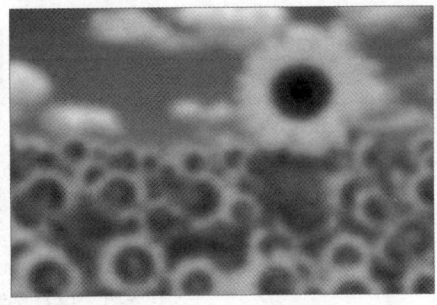

图9-19 设置模糊的强调

- Blur Dimensions（模糊方向）：设置模糊方向，包括全方向、水平方向、垂直方向。

9.1.7 Gaussian Blur（高斯模糊）

此特效即高斯模糊特效，用于模糊和柔化图像，去除图像中的杂点，如图9-20所示。

- Blurriness（模糊量）：设置模糊的强度，默认数值为0～50，最大不超过1000，如图9-21所示。

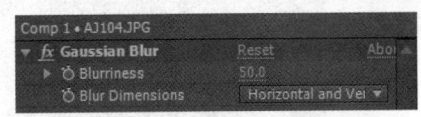

图9-20 Gaussian Blur 特效设置

图9-21 设置模糊的强度

9.1.8 Radial Blur（径向模糊）

此特效是以某个点为中心，产生特殊的放射或旋转效果，离中心越远模糊越强，如图9-22所示。

- Amount（数量）：设置模糊的强度数值，数值越大，模糊越强烈，如图9-23所示。
- Center（中心）：设置旋转或放射中心的位置，如图9-24所示。

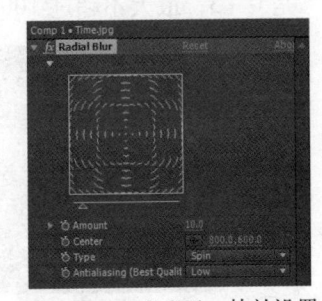

图9-22 Radial Blur 特效设置

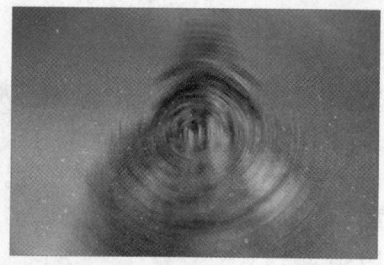

图 9-23　设置模糊的强度

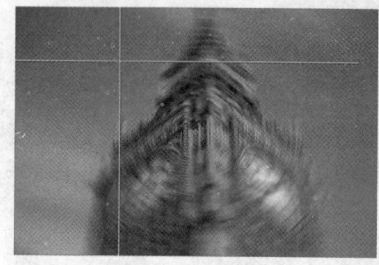

图 9-24　设置旋转或放射中心

- Type（类型）：选择模糊的类型。Spin（旋转）是旋转模糊，Zoom（缩放）是放射模糊，如图 9-25 所示。

图 9-25　旋转模糊与放射模糊

- Antialiasing（Best Quality）（高质量抗锯齿）：设置抗锯齿的应用程度，High（高）表示高质量，Low（低）表示低质量。

9.1.9　Reduce Interlace Flicker（消除交错闪烁）

此特效主要通过在小范围内进行像素模糊，消除视频图像中隔行扫描时的闪烁现象，如图 9-26 所示。

- Softness（柔化）：柔化图像的边界。默认数值是 0~3，最大不超过 1000，如图 9-27 所示。

图 9-26　Reduce Interlace Flicker 设置

图 9-27　消除交错闪烁

9.1.10 Sharpen（锐化）

此特效是对像素边缘的颜色进行突出，使画面更锐利，但锐化过高容易产生浮雕效果，如图9-28所示。

- Sharpen Amount（数量）：设置锐化程度。默认值是0～100，最大不超过4000，如图9-29所示。

图9-28 Sharpen特效设置

图9-29 设置锐化的程度

9.1.11 Smart Blur（整齐模糊）

此特效可以自动识别图像中不同物件间的边缘并单独渲染出边缘线，使素材图像看起来更加光滑，从而达到柔化图像的目的，如图9-30所示。

- Radius（半径）：设置图像中像素周围受影响程度，数值越大，则画面越平滑，细节越丰富。
- Threshold（阈值）：调整图像边界的公差范围，数值越大，则杂点越少，但画质质感将降低。
- Mode（模式）：选择处理模式。Normal是正常模式。Edge Only（只有边缘）只计算出图像中不同色彩接触边缘的像素，用白点表现出来，色彩部分用黑色填充。Overlay Edge（覆盖边缘）是Normal和Edge Only的混合效果，如图9-31所示。

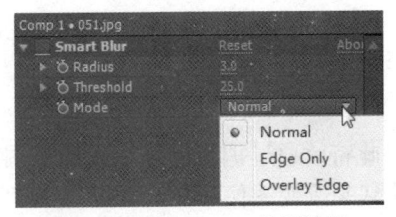

图9-30 Smart Blur特效设置

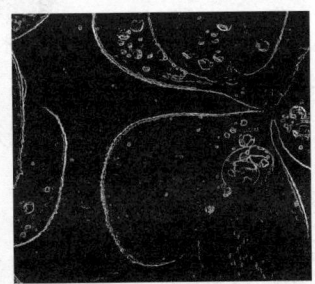

图9-31 3种处理模式

9.1.12 Unsharp Mask（钝化遮罩）

此特效用于在图像中的颜色边缘增加对比度，使画面整体对比度增强，如图9-32所示。

- Amount（数量）：设置边缘锐化程度。默认范围是0～100，最大不超过500，如图9-33所示。

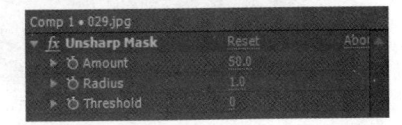

图9-32 Unsharp Blur特效设置

图 9-33 设置边缘锐化程度

- Radius（半径）：设置图像受影响的范围。数值越高，受影响范围越大，反之越小。默认数值是 0.1～100，最大不超过 500。
- Threshold（阈值）：设置图像边界容差范围，数值越大，则杂点越少，但画面质感将降低。

9.2 Distort（扭曲）特效

Distort（扭曲）类特效主要用于对图像进行扭曲处理，模拟出 3D 空间变换效果。

9.2.1 Bezier Warp（曲线扭曲）

此特效通过调节围绕在图像周围的闭合的贝塞尔曲线来改变图像形状，如图 9-34 所示。

- X Vertex（顶点）：设置各个顶点手柄的位置。X 代表各个顶点设置手柄名称，包括 Top Left（上左）、Top Right（上右）、Right Top（右上）、Right Bottom（右下）、Bottom Left（下左）、Bottom Right（下右）、Left Top（左上）、Left Bottom（左下）。
- X Tangent（切点）：设置各个切点设置手柄的位置。X 代表各个切点设置手柄的名称。
- Quality（质量）：设置图像边缘与贝塞尔曲线定于图形的接近程度。数值越高，图形的边缘越接近贝塞尔曲线，如图 9-35 所示。

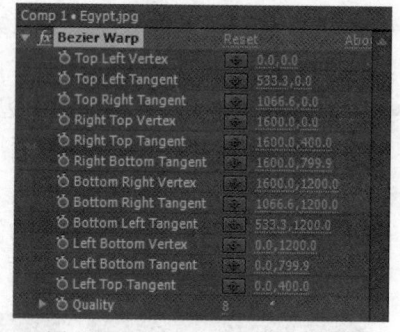

图 9-34 Bezier Warp 特效设置

图 9-35 应用 Bezier Warp 特效

9.2.2 Bulge（凹凸）

此特效可以在一个指定点周围进行扭曲，模拟凸凹透镜效果或放大镜效果，如图 9-36 所示。

- Horizontal Radius（水平半径）：设置变形的水平半径，最大数值为 8000。
- Vertical Radius（垂直半径）：设置变形的垂直半径，最大数值为 8000。
- Bulge Center（凸出中心）：设置凸出变形的定位点。
- Bulge Height（凸出量）：设置凸出变形的方向和程度。如果数值为正，表现的是凸出效果；如果数值为负，表现的是凹陷的效果，如图 9-37 所示。

图 9-36　Bulge 特效设置

图 9-37　设置变形的方向和程度

- Taper Radius（锥心半径）：设置凸出变形半径大小。
- Pin All Edges（固定所有边）：固定图像的边界，防止边界变形。

9.2.3 Corner Pin（边角定位）

此特效通过定位图像的 4 个边角拉伸图像，得到图像在空间上的透视效果，如图 9-38 所示。

- Upper Left（左上角）：用于设置左上角设置点位置。
- Upper Right（右上角）：用于设置右上角设置点位置。
- Lower Left（左下角）：用于设置左下角设置点位置。
- Lower Right（右下角）：用于设置右下角设置点位置，如图 9-39 所示。

图 9-38　Corner Pin 特效

图 9-39　应用 Corner Pin 特效

9.2.4 Displacement Map（置换）

此特效通过用一张作为映射层的图像的像素来置换原图像像素，从而达到变形的目的，如图 9-40 所示。

- Displacement Map Layer（映射层）：选择映射层的图像。
- Use For Horizontal/Vertical Displacement（使用水平或垂直映射）：调节水平或垂直方向上的色彩通道。
- Max Horizontal/Vertical Displacement（水平或垂直映射的最大值）：调节映射层的水平或垂直位置。
- Displacement Map Behavior（映射方式）：选择映射方式。Center Map 是映射居中，Stretch Map to Fit 是伸缩自适应，Tile Map 是平铺。
- Edge Behavior（边缘行为）：设置边缘行为，其中勾选 Warp Pixels Around（弯曲边缘像素）选项，可以锁定边缘像素，将效果控制在边缘内；勾选 Expand Output（伸展到外面），则使效果伸展到原图像边缘外，如图 9-41 所示。

图 9-40　Displacement Map 特效

图 9-41　应用 Displacement Map 特效

9.2.5 Liquify（液化）

此特效提供了一系列工具，可以通过选项设置，对图像的任意区域进行旋转、膨胀、收缩等变形，如图 9-42 所示。

- Warp（弯曲）：该工具可以模拟手指涂抹的效果，选择后直接在图像上按住鼠标并拖动即可，如图 9-43 所示。

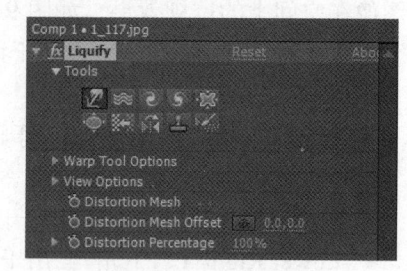

图 9-42　Liquify 特效

图 9-43　使用 Warp 工具涂抹

- Turbulence（紊乱）■：通过扰乱图像的像素来使图像变形，产生类似波纹的效果，但变形程度不大，如图 9-44 所示。

图 9-44　使用 Turbulence 工具变形图像

- Twirl Clockwise（顺时针旋转扭曲）■：选择这个工具后，在图像上按住鼠标，该区域像素将按顺时针方向旋转变形。按住鼠标时间越久，旋转变形越大，如图 9-45 所示。
- Twirl Counterclockwise（反时针旋转扭曲）■：选择这个工具后，在图像上按住鼠标，该区域像素将按逆时针方向旋转变形。按住鼠标时间越久，旋转变形越大，如图 9-46 所示。

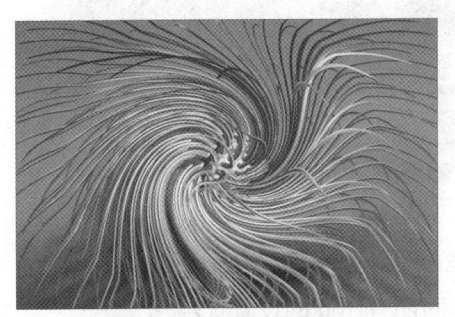

图 9-45　顺时针旋转变形图像 　　　　图 9-46　逆时针旋转变形图像

- Pucker（褶皱）■：按住鼠标不动或来回在图像上拖动，笔刷区域的像素点集中向笔刷中心聚集，如图 9-47 所示。
- Bloat（膨胀）■：与 Pucker（褶皱）工具相反，将像素点以笔刷为中心，向四周扩散，如图 9-48 所示。

图 9-47　像素聚集效果 　　　　图 9-48　像素膨胀效果

- Shift Pixels（推动）■：以与笔刷移动方向相垂直的方位来进行变形，如图 9-49 所示。

- Reflection（镜像）：向笔刷区域复制周围像素来变形图像，如图 9-50 所示。

图 9-49　垂直变形　　　　　图 9-50　复制周围的图像

- Clone（克隆）：在按住"Alt"键的同时，在已经应用了扭曲效果的区域单击鼠标左键，定位复制区域，然后移动到其他地方单击鼠标，即可将该位置的扭曲效果复制给新的位置，如图 9-51 所示。

图 9-51　复制周围的图像

- Reconstruction（重建）：恢复被变形笔刷修改过的区域的像素。
- Tool Options（工具选项）：随所选工具的不同而有不同的设置选项。
- Brush（笔刷）：设置笔刷的大小。
- Brush Pressure（笔刷压力）：设置笔刷的压力值，压力越小则变化越慢。
- Freeze Area Mask（冻结区域遮罩）：选择 None 选项时特效的整个区域都产生变化。如果选择了一个遮罩层，则遮罩外的区域受笔刷影响，遮罩内的区域会根据遮罩层自身的不透明度和羽化程度来计算变形程度。
- Turbulent Jitter（紊乱干扰）：设置 Turbulent（紊乱）工具扰乱像素的疏密程度。
- Clone Offset（克隆偏移）：设置克隆工具的偏移方向。
- Reconstruction Mode（重建模式）：选择合适的模式来恢复被变形的区域。
  - Revert（恢复）：使非冻结区域恢复到未变形的状态。
  - Displace（替换）：使按原样恢复非冻结区域来匹配重建工具最初的位置，该选项可以使图像恢复到原始状态部分恢复。
  - Amplitwist（增补）：使表示恢复非冻结状态，以匹配重建工具起点的位置、旋转和缩放。
  - Affine（联姻）：使表示选项恢复非冻结区域以匹配重建工具最初位置的所有局部变形，包括位置、旋转、水平和垂直缩放、歪斜。
- View Options（视图选项）：设置显示辅助选项。

➢ View Mesh（视图网格）：勾选 View Mesh（视图网格），可以显示辅助网格，帮助参考变形的范围。
➢ Mesh Size（网格大小）：用于设置网格大小。
➢ Mesh Color（网格颜色）：用于设置网格的颜色。

9.2.6 Magnify（放大）

此特效的主要功能是放大所选的图像区域并对图像进行优化，保持其画质，如图 9-52 所示。

- Shape（形状）：选择放大区域的形状，Circle 为圆形，Square 为方形，如图 9-53 所示。
- Center（中心）：设置放大区域的中心。

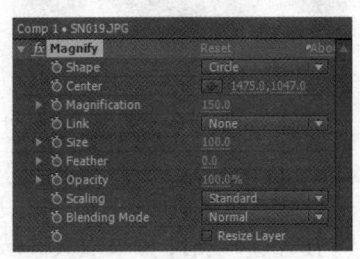

图 9-52　Magnify 特效设置

图 9-53　选择放大区域的形状

- Magnification（放大倍数）：设置放大倍数，最大放大到 2000%，如图 9-54 所示。

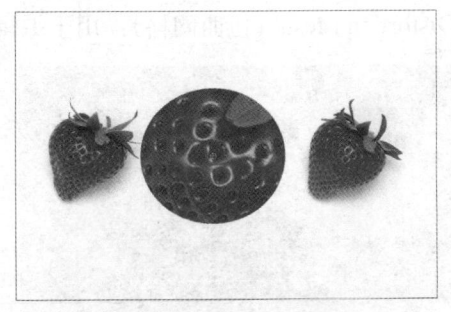

图 9-54　设置放大倍数

- Link（链接）：设置放大的 3 项系数〔Size（放大区域的尺寸）、Magnification（放大区域的放大倍数）和 Feather（羽化程度）〕的关联方式，None 为无，Size to Magnification 为尺寸匹配放大倍数，Size & Feather to Magnification 为尺寸和羽化程度匹配放大倍数。
- Size（大小）：设置放大区域的尺寸。
- Feather（羽化）：设置放大区域边缘的羽化程度，如图 9-56 所示。
- Opacity（不透明度）：设置放大区域的不透明度。
- Scaling（缩放）：选择放大区域内图像的缩放类型以优化放大的图形。
- Blending Mode（混合模式）：设置放大区域和原图像的混合方式，与图层的混合模式相似，如图 9-57 所示。

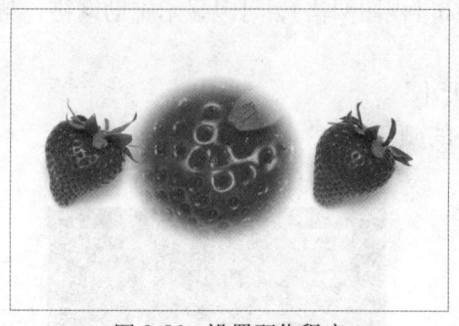

图 9-56　设置羽化程度　　　　　　　图 9-57　设置混合方式

- Resize Layer（重置图层大小）：当 Link（链接）属性为 None 时，该选项被激活。当勾选该选项后，如果放大区域超出原图像的尺寸边界，特效将继续按放大区域边缘来显示放大区域。如果没有选该选项，放大区域超出原图像的尺寸边界时，将按原图像的尺寸边界来限制放大区域的边界范围。

9.2.7　Mesh Warp（网格扭曲）

此特效主要功能是应用网格化的贝塞尔曲线设置图像的变形，如图 9-58 所示。

- Rows（行）：设置网格的行数。数值最大不超过 31。
- Columns（列）：设置网格的列数。数值最大不超过 31，如图 9-59 所示。
- Quality（质量）：对拉伸区域图形进行优化，使画面更平滑自然。
- Distortion Mesh（扭曲网格）：用于编辑扭曲变形动画时创建关键帧。

图 9-58　Mesh Warp 特效设置

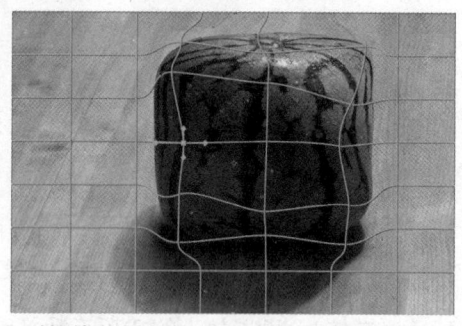

图 9-59　设置行数和列数并变形图像

9.2.8　Mirror（镜像）

此特效可以在图像的任意位置和角度创建反射线并产生镜像效果，如图 9-60 所示。

- Reflection Center（反射中心）：设置反射线的位置，如图 9-61 所示。
- Reflection Angle（反射角度）：设置反射角度；反射中心移动后，角度反射效果也对应改变，如图 9-62 所示。

图 9-60　Mirror 特效设置

图 9-61　设置反射线的位置

图 9-62　设置反射角度

9.2.9　Offset（偏移）

此特效是在原图像范围内重新分割画面。在移动原图像的中心点后，随着中心点的移动原图像内容在原图像的范围内移动，移出画面的部分将自动填补到缺省的部分，如图 9-63 所示。

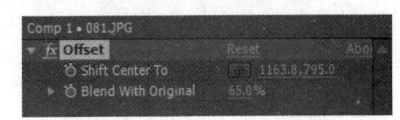

图 9-63　Offset 特效设置

- Shift Center To（移动中心到）：设置原图的偏移中心，如图 9-64 所示。

图 9-64　设置原图的偏移中心

- Blend With Original（和原图混合）：设置效果图与原图的混合程度。

9.2.10　Optics Compensation（镜头畸变）

此特效的主要功能是模拟相机镜头拍摄的畸变效果，如图 9-65 所示。

- Field Of View（FOV）（视图区域）：设置畸变中心的程度，数值越大，变形越大，如图 9-66 所示。

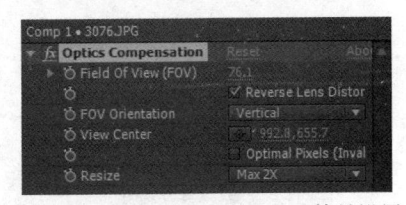

图 9-65　Optics Compensation 特效设置

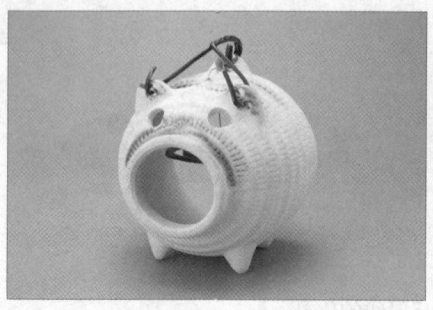

图 9-66 设置视觉区域

- Reverse Lens Distortion（反转镜头扭曲度）：设置反转镜头的扭曲度，如图 9-67 所示。
- FOV Orientation（视图方位）：设置视觉区域的方位，有 Horizontal（水平）、Vertical（垂直）和 Diagonal（倾斜）3 种模式。
- View Center（视图中心）：设置畸变效果的位置中心，如图 9-68 所示。

图 9-67 反转镜头扭曲   图 9-68 设置畸变中心

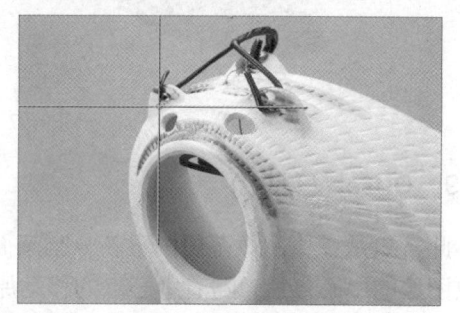

- Optimal Pixels（优化像素）：优化扭曲后的图像。
- Resize（重置大小）：调节视觉区域的范围，起放大的作用。其中包含了 Off（关闭）、Max 2X（最大 2 倍）、Max 4X（最大 4 倍）和 Unlimited（无限制）4 个选项。

9.2.11 Polar Coordinates（极坐标）

此特效主要用于在图像的直角坐标系与极坐标系间互相转换，得到不同的变形效果，如图 9-69 所示。

- Interpolation（插值）：设置扭曲的程度，如图 9-70 所示。

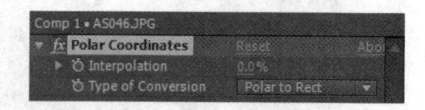

图 9-69 Polar Coordinates 特效

图 9-70 设置扭曲的程度

- Type of Conversion（转化类型）：该下拉列表中，Rect To Polar 可以将直角坐标系转为极坐标系。Polar To Rect 可以将极坐标系转为直角坐标系，如图 9-71 所示。

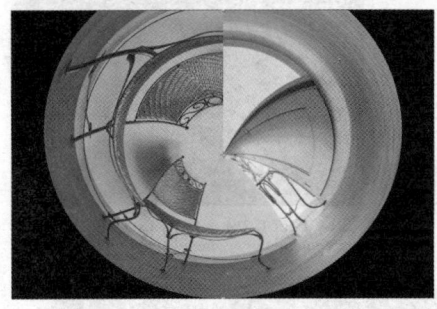

转为极坐标系　　　　　　　　　　　转为直角坐标系

图 9-71　坐标系互换

9.2.12　Reshape（重塑变形）

此特效的主要功能是通过同一层中的 3 个遮罩（源遮罩、目标遮罩和边界遮罩）产生变形效果，如图 9-72 所示果。

- Source Mask（源遮罩）：选择设置源遮罩。
- Destination Mask（目标遮罩）：选择设置目标遮罩。
- Boundary Mask（遮罩边界）：选择设置边界遮罩。

图 9-72　Reshape 特效

- Percent（百分比）：设置变形强度的百分比。
- Elasticity（匹配度）：设置原图像和遮罩边缘的匹配程度。
  - Stiff（坚固）：变形程度最小。
  - Normal（正常）：效果适中。
  - Supper Fluid（流动）：产生类似流体的变形效果。
- Correspondence Points（对应点）：指定源遮罩和目标遮罩对应点的数量。
- Interpolation Method（插值方式）：设置插值方式。
  - Discrete（分散）：离散处理方式，不创建关键帧，效果最好。
  - Linear（线性）：线性处理方式，创建关键帧，并在关键帧之间设置线性变化。
  - Smooth（平滑）：平滑处理方式，创建多个关键帧，以使变形过程更加平滑，如图 9-73 所示。

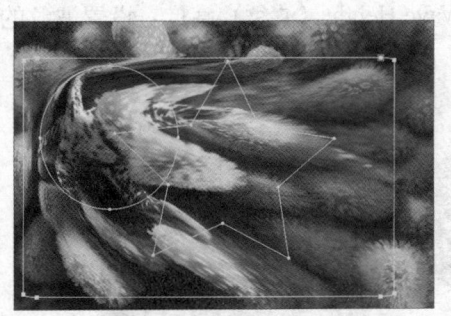

图 9-73　应用 Reshape 特效

9.2.13 Ripple（波纹）

此特效可以在图像上模拟波纹效果，如图 9-74 所示。

- Radius（半径）：设置波纹的半径。当波纹的范围超过边缘的时候，图形的边缘也发生改变，如图 9-75 所示。
- Center Of Ripple（波纹中心）：设置波纹的中心位置，如图 9-76 所示。

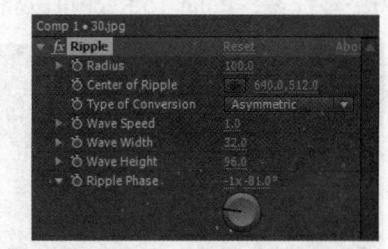

图 9-74　Ripple 特效

图 9-75　设置波纹的半径

图 9-76　设置波纹的中心位置

- Type Of Conversion（波纹形状）：选择波纹的形状。
  - Asymmetric（非对称）：为随机波纹形状，效果自然真实。
  - Symmetric（对称）：为对称规则波纹形状，褶皱比 Asymmetric 少。
- Wave Speed（波纹速度）：设置波纹运动方式。数值为负时，波纹向内运动；数值为正时，波纹向外运动。
- Wave Width（波纹宽度）：设置波纹的密度，如图 9-77 所示。
- Wave Height（波纹）高度：设置波纹的振荡幅度，如图 9-78 所示。

图 9-77　设置波纹的密度

图 9-78　设置波纹振荡幅度

- Ripple Phase（波纹相位）：设置波纹产生的初始形状角度。

9.2.14 Smear（涂抹）

此特效的主要功能是使用遮罩在图像中自定义一个区域，然后通过改变遮罩位置对原图像的区域进行"涂抹"变形，如图 9-79 所示。

- Source Mask（源遮罩）：选择源遮罩。在默认状态下，系统选择第二个遮罩作为源遮罩，如图 9-80 所示。
- Boundary Mask（遮罩边界）：选择边界遮罩。

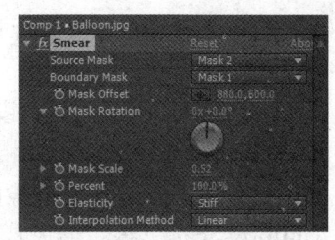

图 9-79 Smear 特效设置

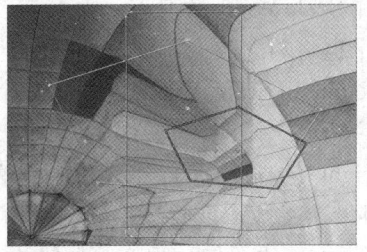

图 9-80 设置变形遮罩

- Mask Offset（遮罩偏移）：设置源遮罩的偏移量。
- Mask Rotation（遮罩旋转）：设置源遮罩的旋转角度。
- Mask Scale（遮罩缩放）：设置源遮罩的缩放。
- Percent（百分比）：设置特效最终效果呈现的百分比。
- Elasticity（匹配度）：设置原图像和遮罩边缘的匹配程度。
- Interpolation Method（插值方式）：设置关键帧之间的过渡优化方式。
  - Discrete（分散）：是离散算法，不需要插入关键帧。
  - Linear（线性）：需要两个以上的关键帧，执行的是线形算法。
  - Smooth（平滑）：需要 3 个以上的关键帧，但变形效果更好。

9.2.15 Spherize（球面化）

此特效可以使图像表面产生球面化效果，如图 9-81 所示。

- Radius（半径）：设置球面化半径大小，如图 9-82 所示。

图 9-81 Spherize 特效设置

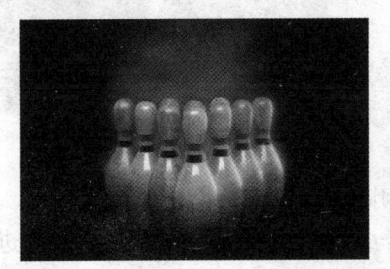

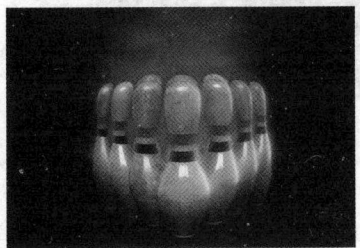

图 9-82 设置球面化半径

- Center of Sphere（球面中心）：设置球面中心位置。位置可以在图像范围内，也可在范围外。

9.2.16 Transform（变换）

此特效主要针对二维图像进行基本的扭曲变形，如图 9-83 所示。

- Anchor Point（轴心点）：设置变形区域的中点，默认是与图像中心点相同的位置。
- Position（位置）：设置图像的位置。
- Uniform Scale（统一缩放）：设置高度和宽度是否关联。勾选该复选项后，调整 Scale Height 和 Scale Width 中任意一个数值，那么另外一个也将随之改变；取消勾选时，调整 Scale Height 和 Scale Width 中任意一个，不会影响另一个。
- Scale Height（缩放高度）：设置当前层的高度。
- Scale Width（缩放宽度）：设置当前层的宽度。
- Skew（偏移）：设置偏移程度。数值为正数，向右偏移；数值为负数，向左偏移，如图 9-84 所示。

图 9-83　Transform 特效设置

图 9-84　设置偏移程度

- Skew Axis（偏移角度）：设置偏移角度，如图 9-85 所示。
- Rotation（旋转）：设置 Z 轴旋转角度，如图 9-86 所示。

图 9-85　设置偏移角度　　　　图 9-86　设置旋转角度

- Opacity（不透明度）：设置图像的不透明度。
- Use Composition's Shutter Angle（使用合成快门角度）：激活该选项，当进行运动模糊的时候，将使用 Composition（合成）视图的快门角度。

- Shutter Angle（快门角度）：设置运动模糊的程度。

9.2.17 Turbulent Displace（噪波偏移）

此特效是利用分形噪波（Fractal Noise）对图像进行扭曲变形，模拟出物体表面的纹理图案、流水和波动的效果等，如图 9-87 所示。

- Displacement（映射置换）：可以在该下拉菜单中选择对图像进行偏移扭曲的类型，包括：Turbulent（抖动）、Bulge（膨胀）和 Twist（扭动）选项。
  - Turbulent（抖动）：对图像做倾斜角度的扭曲变形。

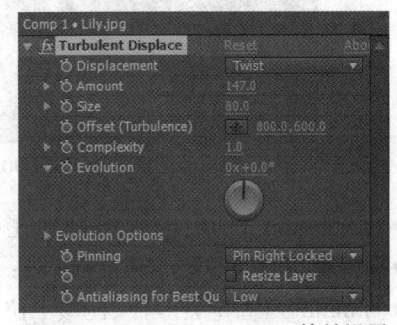

图 9-87 Turbulent Displace 特效设置

  - Bulge（膨胀）：效果更倾向于把图像向中间挤压，类似压扁的效果。
  - Twist（扭动）：将图像由两边向中间积压变形并略带螺旋状影响。
  - Turbulent Smoother、Bulge Smoother 和 Twist Smoother：是针对 Turbulent、Bulge 和 Twist 操作后的效果做平滑优化。
  - Vertical Displacement（垂直映射）：只在垂直方向对图像做扭曲操作。
  - Horizontal Displacement（水平映射）：只在水平方向对图像做扭曲操作。
  - Cross Displacement（十字映射）：在垂直方向和水平方向都做扭曲变形操作，如图 9-88 所示。

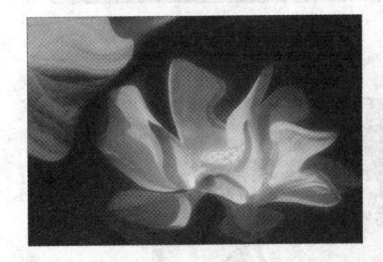

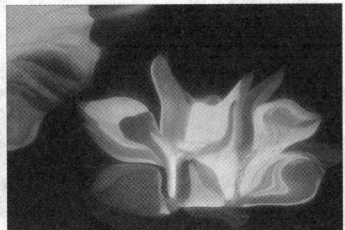

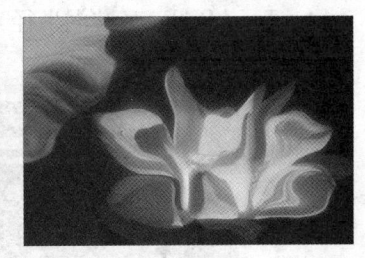

图 9-88 不同的扭曲类型

- Amount（数量）：设置特效的施加程度，数值越大，扭曲效果越明显。
- Size（尺寸）：设置扭曲的幅度大小，如图 9-89 所示。

图 9-89 设置影响范围

- Offset（Turbulence）（偏移抖动）：设置抖动的偏移量。
- Complexity（复杂度）：设置扭曲的细节程度。数值越大，图像被扭曲的越厉害，同时细节也越精确，如图 9-90 所示。

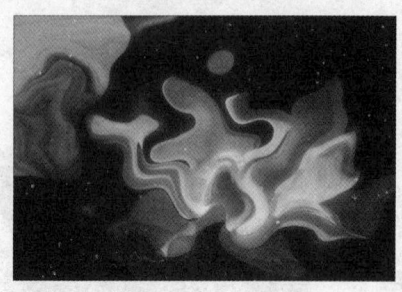

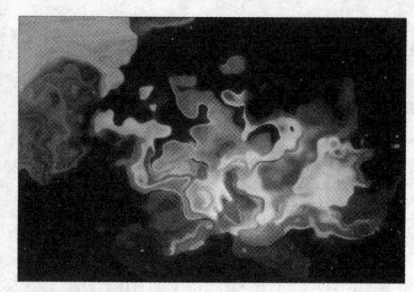

图 9-90　设置扭曲的细节程度

- Evolution（发生）：设置扭曲在一定时间范围内的累计效果。
- Evolution Options（发生选项）：选择渲染 Evolution 的方式。
- Pinning（固定）：可以在该下拉菜单中选择锁定图像边缘的方式。
- Resize Layer（重做图层大小）：可以使扭曲效果扩展到图像边缘外。在 Pin All（锁定全部）和 Pin All Locked（锁定全部锁点）选项可用时，该属性不可用。
- Antialiasing For Best Quality（为高质量抗锯齿）：设置扭曲后图像的抗锯齿效果。

9.2.18　Twirl（漩涡）

此特效的主要功能是通过旋转指定中心点周围的像素排列模拟漩涡效果，如图 9-91 所示。

- Angle（角度）：设置旋转的角度，也就是旋转的程度，如图 9-92 所示。
- Twirl Radius（漩涡半径）：设置旋转半径，如图 9-93 所示。

图 9-91　Twirl 特效设置

图 9-92　设置旋转的角度

- Twirl Center（漩涡中心）：设置漩涡特效的中心位置，如图 9-94 所示。

图 9-93　设置旋转半径

图 9-94　设置漩涡特效的中心位置

9.2.19 Warp（变形）

此特效主要是对图像进行不同的变形操作，可以转换为各种几何图形，如图 9-95 所示。

- Warp Style（变形样式）：可以在该下拉菜单中选择变形的几何形状，如图 9-96 所示。

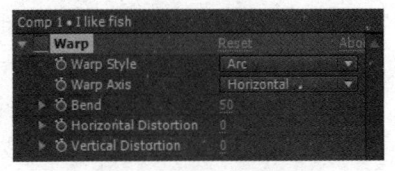

图 9-95　Warp 特效设置

图 9-96　选择几何变形

- Warp Axis（扭曲方向）：选择扭曲效果的坐标方向，包括水平和垂直两种方向，如图 9-97 所示。

图 9-97　选择扭曲效果的坐标方向

- Bend（扭曲程度）：设置扭曲效果的程度，如图 9-98 所示。

图 9-98　设置扭曲效果的程度

- Horizontal Distortion（水平方向）：设置水平方向的扭曲程度。
- Vertical Distortion（垂直方向）：设置垂直方向的扭曲程度。

9.2.20 Wave Warp（波浪变形）

此特效可以使图像生成波纹效果，而且可以自动生成匀速抖动动画，如图 9-99 所示。

- Wave Type（波纹类型）：可以在该下拉菜单中选择波纹效果，共有 9 种波纹效果，如图 9-100 所示。
- Wave Height（波纹高度）：设置波纹抖动的幅度。
- Wave Width（波纹宽度）：设置波纹的密度。数值越大，距离越宽，如图 9-101 所示。

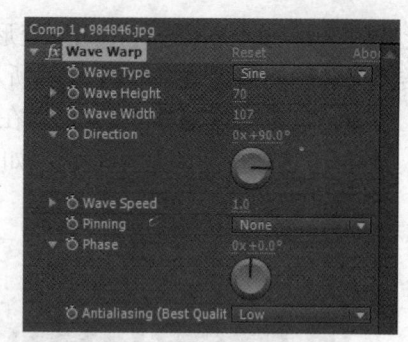

图 9-99 Wave Warp 特效设置

图 9-100 选择波纹效果

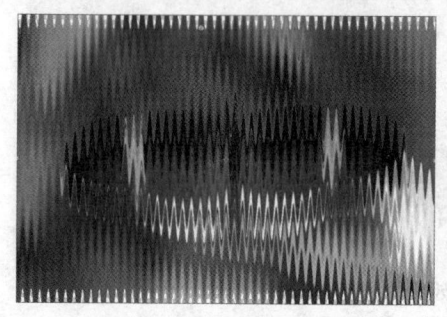

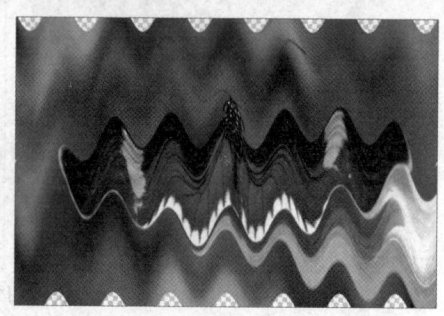

图 9-101 设置波纹的密度

- Direction（方向）：设置波纹抖动方向。
- Wave Speed（波纹速度）：设置波纹的运动参数。正数时候是从左到右，负数时候则相反。
- Pinning（固定）：可以在该下拉菜单中旋转需要固定图像像素的边缘，防止边缘变形。
- Phase（相位）：平行移动波纹，调整其位置。
- Antialiasing（抗锯齿）：选择边缘锯齿化程度。Low（低）效果最差；Medium（中）各项比较平均；High（高）效果最好。

9.3 Generate（产生）特效

Generate（产生）类特效的作用是在图像上产生创造性的效果，例如为图像填充特殊的效果或设置纹理等，同时也可以对音频添加一定的特效及渲染效果。

9.3.1 4-Color Gradient（4色渐变）

此特效可以创建4色渐变填充效果并可以与原图混合，如图9-102所示。

- Positions & Colors（位置和颜色）：设置4种颜色的分布范围以及它们的颜色。
- Blend（混合）：设置4种颜色之间的混合度。
- Jitter（干扰）：设置色彩的稳定程度，值越小，色彩互相渗透的程度就越小，反之则越大。
- Opacity（不透明度）：设置色彩的不透明度。
- Blending（混合方式）：与图层的混合模式类似，用于设置渐变色层与原素材图像的混合效果，如图9-103所示。

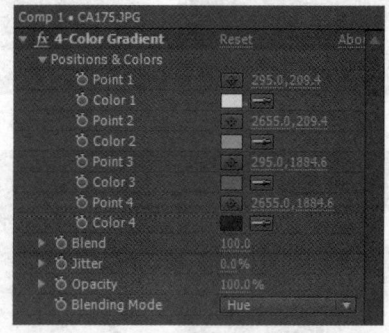

图9-102 Color Gradient 特效设置

图9-103 混合模式

9.3.2 Advanced Lightning（高级光电）

此特效可以快速在当前图层上模拟出逼真的闪电效果，如图9-104所示。

- Lightning Type（闪电类型）：可以选择8种不同形状构成的闪电类型，如图9-105所示。
- Origin（起始位置）：设置闪电起始位置。
- Outer Radius/Direction（半径/方向）：设置闪电的半径和方向。
- Conductivity State（传导路径）：设置闪电的路径。
- Core Setting（核心设置）：设置闪电中心部分的电流半径、不透明度及颜色。
- Glow Setting（发光设置）：设置闪电电流外围的发光半径、不透明度及颜色。
- Alpha Obstacle（Alpha通道遮挡）：设置素材的Alpha通道对闪电的遮挡程度。
- Turbulence（抖动）：设置闪电的扰动范围。
- Forking（分支）：设置闪电的分支数。
- Decay（衰减）：设置闪电的衰减度。
- Composite on Original（合并原图）：将闪电合并到原素材中。
- Expert Setting（专业设置）：即高级设置，包括复杂度、分枝密度、外观形状等。

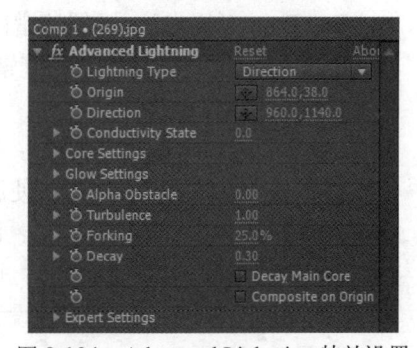

图9-104 Advanced Lightning 特效设置

Direction（方向）	Strike（撞击）	Omni（全部）	Breaking（打破）
Bouncy（弹性）	Anywhere（任何地方）	Two-way Strike（双路撞击）	Vertical（垂直的）

图 9-105　各个闪电类型的效果

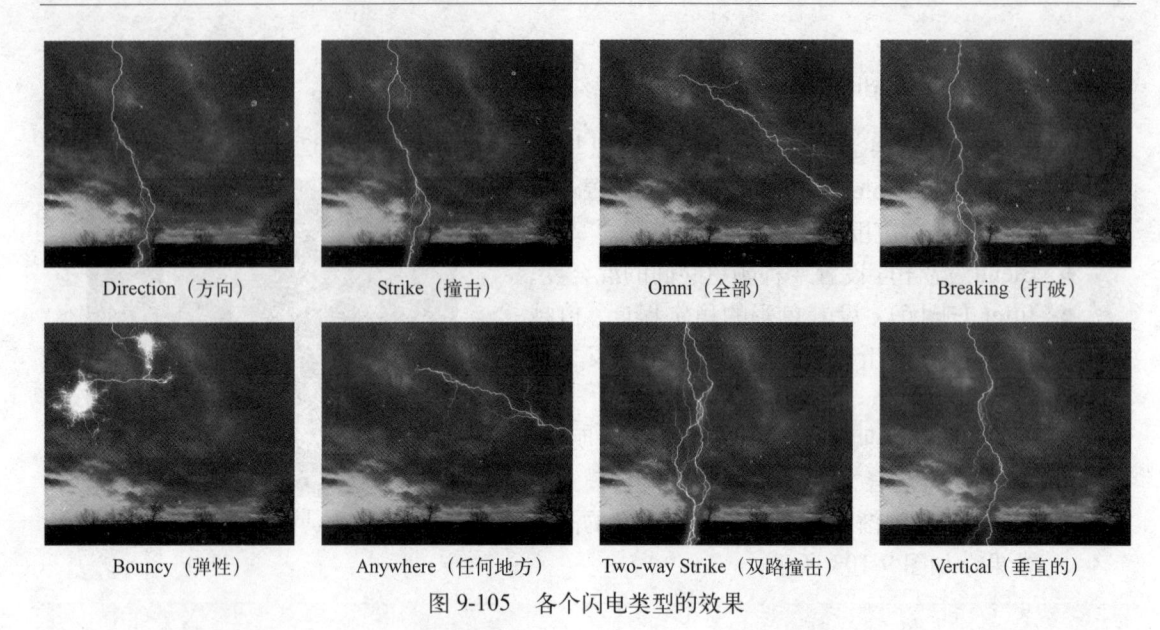

9.3.3　Audio Spectrum（音频波谱）

此特效可以将指定音频素材层中音频的波谱在当前素材图层上生成图形化效果，显示音频素材的波谱并进行效果设置（不能在音频层上应用该特效），如图 9-106 所示。

- Audio Layer（音频层）：选择音频层。
- Start Point（起点）：设置波谱图形的起点位置。
- End Point（终点）：设置波谱图形的终点位置。
- Path（路径）：如果绘制了遮罩路径，可以将其设为波谱的跟随路径。
- Use Polar Path（使用点路径）：勾选该选项，可以设置一个点作为路径中心，使波谱成辐射形状。
- Start Frequency（起始频率）：设置起始的频率。
- End Frequency（终止频率）：设置终止的频率。
- Frequency Bands（频率带）：设置波谱线的密度，如图 9-107 所示。

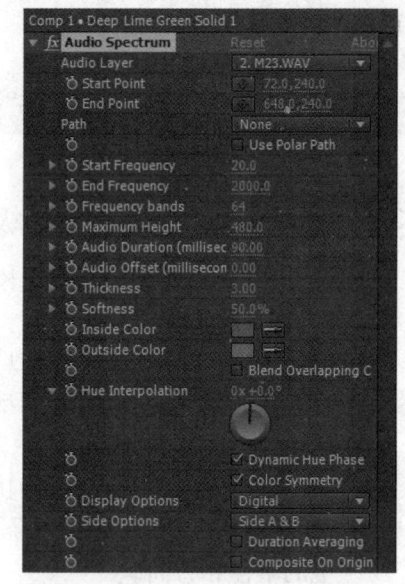

图 9-106　Audio Spectrum 特效设置

图 9-107　设置波谱线的密度

- Maximum Height（最大振幅）：设置波谱振幅的最大值，如图 9-108 所示。

图 9-108　设置不同的振幅

- Audio Duration（音频持续时间）：设置波谱的持续时间，单位为毫秒，最大不能超过 300 000，如图 9-109 所示。

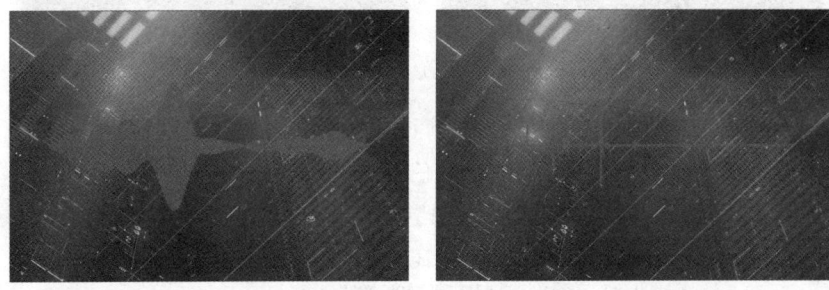

图 9-109　设置波谱的持续时间

- Audio Offset（音频偏移）：设置波谱偏移量，单位为毫秒，最大不能超过 300 000，如图 9-110 所示。

图 9-110　设置波谱位移

- Thickness（厚度）：设置波谱外部轮廓宽度，最大不能超过 400 000，如图 9-111 所示。

图 9-111　设置波谱外区域宽度

- Softness（柔和度）：设置外部轮廓边缘柔和度。
- Inside Color（颜色）：设置波谱内部颜色。
- Outside Color（颜色）：设置外轮廓颜色。
- Blend Overlapping Colors（混合重复颜色）：勾选该选项，使波谱颜色重合。
- Hue Interpolation（置颜色插值）：设置颜色插值，将色环应用到波谱图形上，产生彩色变化效果，如图 9-112 所示。

图 9-112　设置波谱颜色插值

- Dynamic Hue Phase（动态色彩相位）：设置颜色的相位变化。
- Color Symmetry（颜色对称）：设置颜色对称。
- Display Options（显示选项）：选择波谱显示方式。
  - Digital（数值）：表示显示数值波谱。
  - Analog Line（模拟线）：表示显示模拟谱线。
  - Analog Dots（模拟点）：表示显示模拟频点，如图 9-113 所示。

Digital（数值）　　　　　　Analog Line（模拟线）　　　　　　Analog Dots（模拟点）

图 9-113

- Side Options（边缘选项）：选择波谱显示的边缘。
  - Side A：在路径上显示。
  - Side B：在路径下显示
  - Side A & B：全显示。
- Duration Averaging（区间平均化）：使波谱平均化，如图 9-114 所示。
- Composite On Original（和原画面合成）：在波谱下显示出原图形。

图 9-114　平均化波谱

9.3.4　Audio Waveform（音频波形）

此特效与 Audio Spectrum（音频波谱）基本相同，不同的是它主要以波形来显示音频频率，且设置效果更简单，如图 9-115 所示。

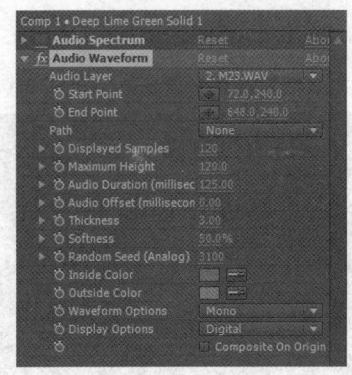

图 9-115　Audio Waveform 特效设置与应用效果

9.3.5　Beam（光束）

此特效可以快速创建类似于激光束或光柱的效果，也可以通过改变参数生成一种三维透视效果，如图 9-116 所示。

- Starting Point（开始点）：指定一个新创建光束的开始位置。
- Ending Point（结束点）：指定一个新创建光束的结束位置。

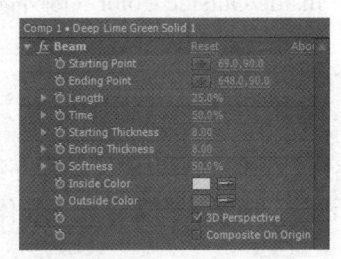

图 9-116　Beam 特效设置

- Length（长度）：设置激光束在两点之间距离的百分比长度，如图 9-117 所示。

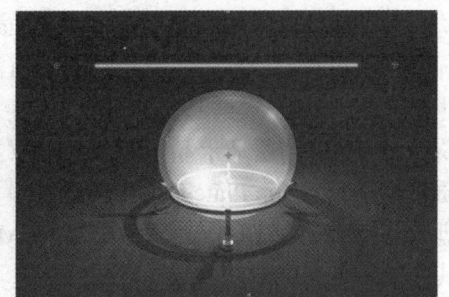

图 9-117　设置激光束的长度

- Time（时间）：指定光束从发出到消失的总时间，相对于在两点距离之间的位置。
- Starting Thickness（开始点厚度）：指定光束开始点的厚度。
- Ending Thickness（结束点厚度）：指定光束结束点的厚度，如图 9-118 所示。

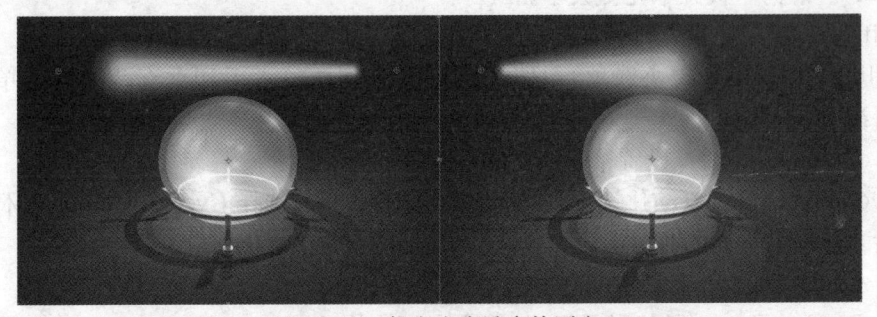

图 9-118　指定光束端点的厚度

- Softness（柔和度）：调节光束内核和外廓的柔和混合度。数值越高，光束越柔和，如图 9-119 所示。

图 9-119 调节柔和混合度

- Inside/Outside Color（内外颜色）：指定光束内核和外廓的颜色。
- 3D Perspective（3D 透视）：做动画时，开启此选项会形成 3D 透视效果。

9.3.6 Cell Pattern（细胞形状）

此特效的作用是生成一种程序纹理用来模仿细胞、泡沫、原子结构等单元状物体，如图 9-120 所示。

- Cell Pattern（细胞形状）：设置生成的程序纹理的形状，用于表现不同的物质结构。其参数包括 Bubble（泡）、Crystals（晶体）、Plates（盘子）、Static Plates（静止盘）、Crystallize（结晶）、Pillow（枕头）、Crystals HQ（高质量水晶）、Plates HQ（高质量盘子）、Static Plates HQ（高质量静止盘）、Crystallize HQ（高质量结晶）、Mixed Crystals（混合晶体）、Tubular（管道）。其中的 Crystallize 和 Crystallize HQ 是将素材像素化，而不是新创建一种图形，如图 9-121 所示。

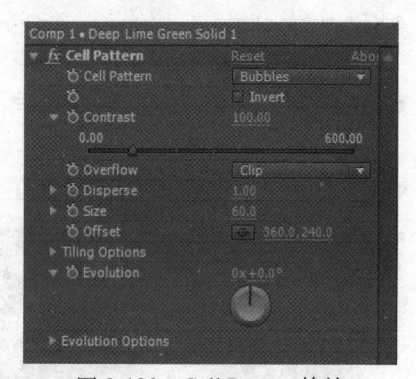

图 9-120 Cell Pattern 特效

- Contrast（对比度）：调节颜色对比度。
- Overflow（溢出）：设置溢出的类型，有 Clip、Soft Clamp、Warp Back 3 种类型。
- Disperse（分散）：设置每个单元格的间距。
- Size（尺寸）：设置单元格大小。
- Offset（偏移）：设置排列偏移量。
- Tiling Options（砖块选项）：选择后可以分别调整水平和垂直两方向的单元分布情况。
- Evolution（演化）：设置单元演化的程度。
- Evolution Options（演化选项）：单元演化选项，只有选择 Cycle Evolution（环形演化）后才能操纵下面的两个参数。
  - Cycle（环形）：设置演算的圈数。
  - Random Seed（随机种子）：随机产生新的单元。

Bubble（泡）	Crystals（晶体）	Plates（盘子）
Static Plates（静止盘）	Crystallize（结晶）	Pillow（枕头）
Crystals HQ（高质量水晶）	Plates HQ（高质量盘子）	Static Plates HQ（高质量静止盘）
Crystallize HQ（高质量结晶）	Mixed Crystals（混合结晶）	Tubular（管道）

图 9-121

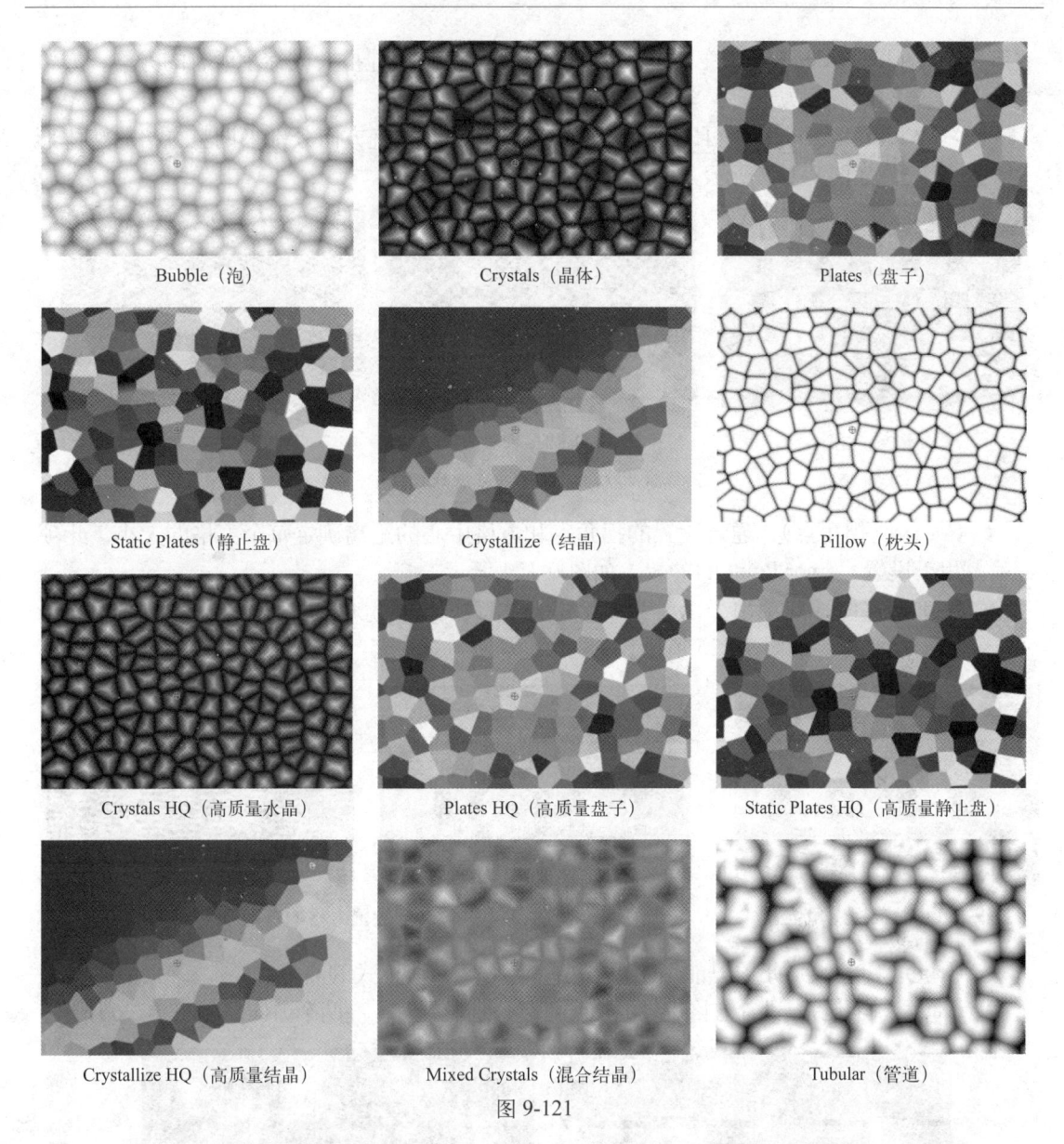

9.3.7 Checkerboard（方格图案）

此特效的作用是在素材图层上生成类似国际象棋棋盘的方格图案，如图 9-122 所示。

- Anchor（中心点）：指定方格纹理的中心点位置坐标。
- Size From（设置大小为）：设置用何种方式来决定方格的方格大小，有 3 种模式可供选择，包括 Corner Point（拐角点）、Width Slider（滑动宽度）、Width & Heigh Slider（滑动宽度和高度）。

图 9-122 Checkerboard 特效设置

  ➢ Corner Point：由拐角点和方格中心的距离来确定方格的形状。

- Width Slider：不改变每个方格的形状，只是整体地扩大或缩小所有的方格，方格依然保持正方形。
- Width & Height：可以通过两个参数即水平和垂直方向分别来调整方格的整体形状，如图 9-123 所示。

Corner Poin 模式　　　　　Width Slider 模式　　　　　Width & Heigh Slider 模式

图 9-123　设置尺寸模式

- Corner（拐角点）：通过设置的拐角点和方格中心的距离确定每个方格的大小，此项用于设置 Corner Point 的参数，如图 9-124 所示。
- Width（宽度）：此项用于设置 Width Slider 模式的方格宽度和高度以及 Width & Height 模式的宽度，如图 9-125 所示。

图 9-124　设置拐点角位置　　　　　图 9-125　设置方格的宽度

- Height（高度）：此项只能用于设置 Width & Height 模式的高度。
- Feather（羽化）：设置方格边缘羽化，可以分别设置宽、高两个方向，如图 9-126 所示。

图 9-126　设置方格边缘羽化

- Color（颜色）：设置方格不透明部分的颜色。
- Opacity（不透明度）：设置方格不透明部分的不透明度。

9.3.8　Circle（圆）

此特效的作用是在素材图层上建立圆形或环形的图案，如图 9-127 所示。

- Center（中心）：设置圆心的位置。
- Radius（半径）：设置圆形的半径，如图 9-128 所示。
- Edge（边缘）：设置圆形边缘类型。
  - None（无）：创建圆形，没有附加选项可供设置。
  - Edge Radius（边缘半径）：可以设置下面的 Edge Radius 数值来确定圆环中心的半径，同时 Feather（羽化）选项下也会添加 Feather Inner Edge（羽化内边缘）选项用来羽化内部圆环的边缘。

图 9-127　Circle 特效设置

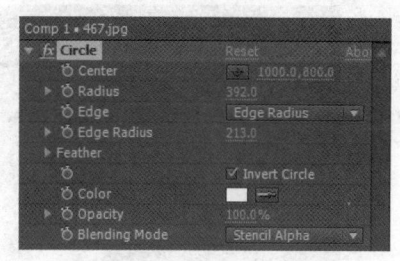

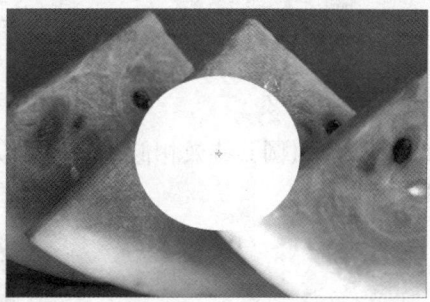

图 9-128　设置圆形的半径

  - Thickness（厚度）：Edge Radius 选项会变为 Thickness，这种模式通过设置圆的厚度来实现圆环效果。
  - Thickness*Radius（厚度×半径）：与 Thickness 类型类似，不过这种模式是由厚度和半径两个参数来设置厚度，半径增加也会使厚度增加。
  - Thickness*Radius*Feather（厚度×半径×羽化）：使用 Edge Radius（边缘半径）类型的同时设置厚度和羽化程度，如图 9-129 所示。

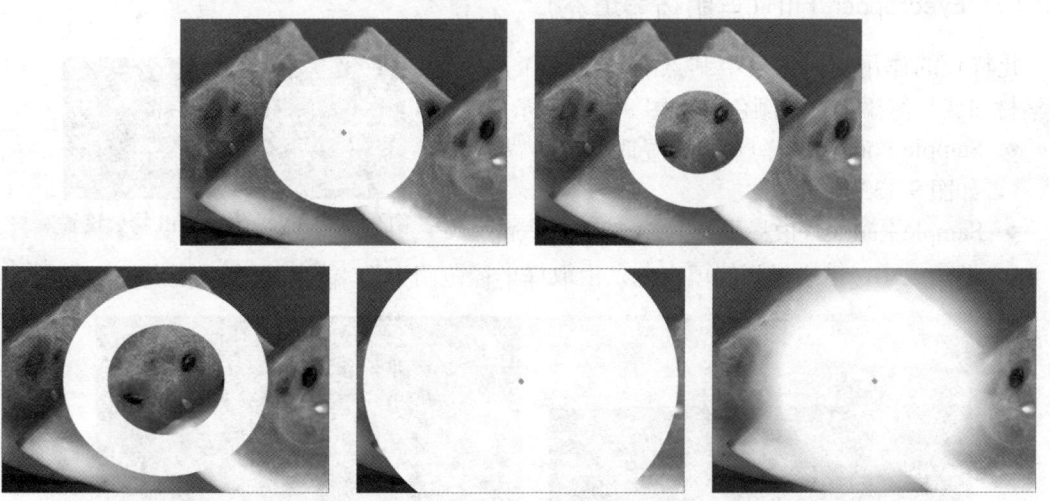

图 9-129　设置圆形边缘类型

- Feather（羽化）：设置边缘的羽化度，可以分别设置 Feather Outer Edge（外边缘羽化）和 Feather Iner Edge（内边缘羽化）；除了 None 模式外，都可以设置内边缘羽化，如图 9-130 所示。

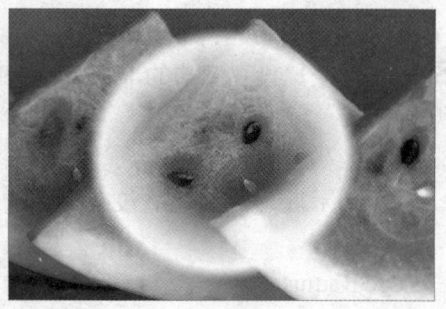

图 9-130　设置边缘的羽化度

- Invert Circle（反转环形）：反转圆形透明和不透明区域。
- Color（颜色）：指定圆形或环形的填充颜色。

9.3.9　Ellipse（椭圆）

此特效与 Circle（圆）特效相似，只是可以分别设置高度和宽度来创建椭圆环形的效果，如图 9-131 所示。

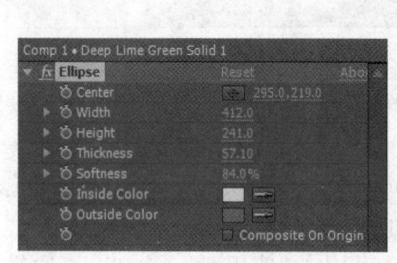

图 9-131　Ellipse 特效的设置选项与运用效果

9.3.10　Eyedropper Fill（点眼药器填充）

此特效的作用是对图像中某点的颜色采样并为素材图层整体添加这种颜色，如图 9-132 所示。

- Sample Point（取样点）：设置取样点位置，如图 9-133 所示。
- Sample Radius（取样半径）：设置取样点的半径大小，最终得到的填充色，由取样半径范围中像素的平均色彩决定。

图 9-132　Eyedropper Fill 特效设置

图 9-133　设置取样点的位置

- Average Pixel Colors（平均像素颜色）：选择需要的平均颜色取样方式。
  - Skip Empty（忽略空白）：在 Skip Empty（忽略空白）模式下不会取样透明的像素，而是将其他像素的取样值平均作为输出值。
  - All（全部）：表示将包括带有透明像素在内的所有像素的取样值平均作为输出值。
  - All Premultiplied（全部乘积）：表示取所有 RGB 像素的平均值之后乘以 Alpha 通道的值。
  - Including Alpha（包含 Alpha 通道）：表示取所有 RGB 值和 Alpha 通道的值。
- Maintain Original Alpha（保留 Alpha 通道）：激活该选项后，将保留素材的 Alpha 通道。

9.3.11 Fill（填充）

此特效是将素材图层的遮罩填充为特效设置中所选择的颜色，如图 9-134 所示。

- Fill Mask（填充遮罩）：在下拉菜单中选择一个在当前素材层上绘制的遮罩；如果选择了 All Mask，则应用于所有遮罩层，如图 9-135 所示。
- Color（颜色）：选择需要的填充色。

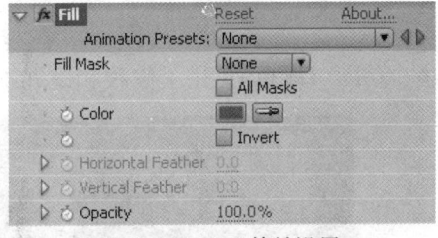

图 9-134 Fill 特效设置

图 9-135 选择要填充的遮罩

9.3.12 Fractal（不规则纹理）

此特效通过对规则纹理的不断细分衍生产生不规则的随机效果，如图 9-136 所示。

- Set Choice（设置选择）：设置分形的种类，都是基于 Mandelbrot 和 Julia 这两种基本的分型算法来得到的，如图 9-137 所示。
- Equation（方程式）：选择了一种分形种类后，在此选择可以应用于该算法的数学表达式，得到更丰富的随机变化效果。
- Mandelbrot/Julia（运算）：设置当前所选数学算法的参数，对不规则纹理的随机效果进行调整。
- Post-inversion offset（分型倒置）：调节该算法用的参数，XY 用来设置分型倒置后的偏移量。

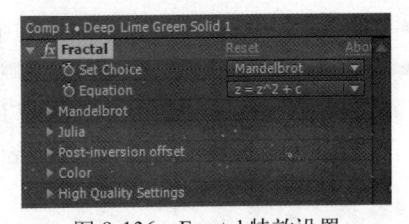

图 9-136 Fractal 特效设置

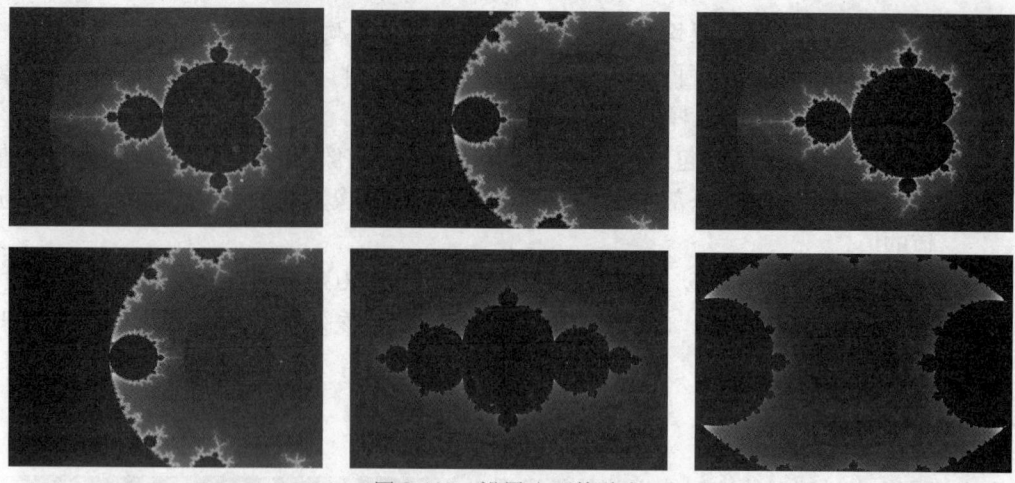

图 9-137 设置分形的种类

- Color（颜色）：用于修改和设置不规则纹理的颜色，如图 9-138 所示。

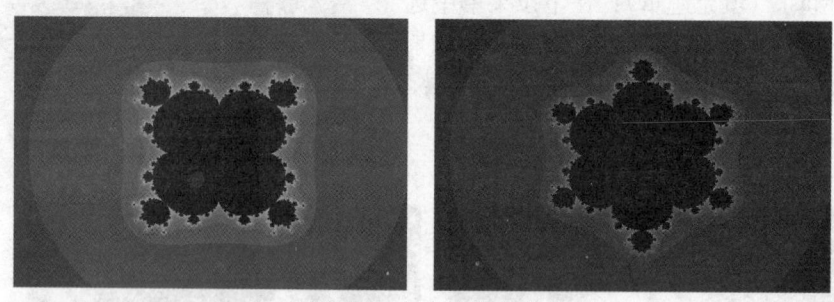

图 9-138 设置纹理颜色

- High Quality Settings（高品质设置）：设置分形纹理的显示质量。

9.3.13 Grid（网格）

此特效用于创建自定义的网格纹理，网格可以是单色填充或作为原始图层的蒙版，如图 9-139 所示。

- Anchor（中心点）：定位网格的中心点。
- Size From（表格尺寸）：选择以哪种方法来调节网格大小，设置选项与前面的 Checkerboard（方格）特效相同，如图 9-140 所示。

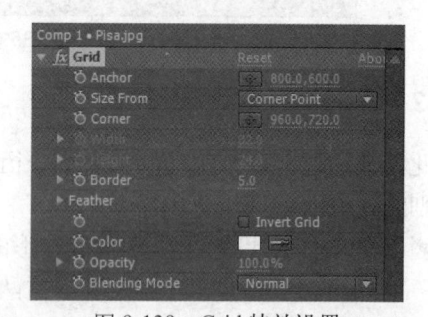

图 9-139 Grid 特效设置

图 9-140 调节网格大小的方式

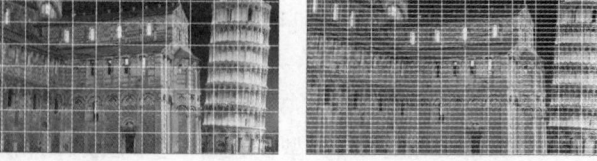

- Border(边界宽度):设置网格边界的宽度,如图 9-141 所示。
- Feather(羽化):设置网格线的羽化,如图 9-142 所示。

图 9-141 设置网格边界的宽度

图 9-142 设置网格的羽化度

9.3.14 Lens Flare(镜头光晕)

此特效可以模拟出相机镜头拍摄出的光晕效果,如图 9-143 所示。

- Flare Center(光晕中心):设置光晕的中心点。
- Flare Brightness(光晕亮度):设置光晕的亮度大小,如图 9-144 所示。

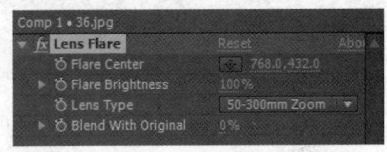

图 9-143 Lens Flare 特效设置

图 9-144 设置光晕的亮度大小

- Lens Type(镜头类型):设置镜头焦距的类型,有 50~300mm Zoom(50~300mm 变焦镜头)、35mm Prime(35mm 定焦)和 105mm Prime(105mm 定焦)3 种,如图 9-145 所示。

图 9-145 设置镜头类型

- Blend With Original(与原图混合):设置该效果与原始素材的混合度。

9.3.15 Paint Bucket（涂料桶）

此特效可以用于对素材图像中的某一像素颜色相近的区域填充颜色，功能类似 Photoshop 中的油漆桶工具，如图 9-146 所示。

- Fill Point（填充点）：指定要填充的相近像素区域，如图 9-147 所示。
- Fill Selector（填充选择）：指定将颜色涂到哪一个通道中，默认情况是 Color & Alpha（色彩和 Alpha 通道），即将颜色填充到图像的所有通道中。

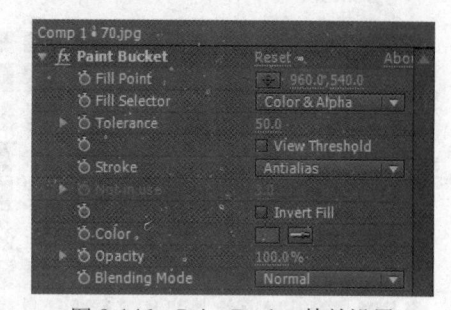

图 9-146　Paint Bucket 特效设置

图 9-147　指定填充区域

  ➢ Straight Color（连续色彩）：只填充 RGB 通道中色彩相近的区域。
  ➢ Transparency（透明度）：对附近的透明区域填充颜色。
  ➢ Opacity（不透明度）：与 Transparency（透明度）相反，对指定点附近的不透明区域填充颜色。
  ➢ Alpha Channel（Alpha 通道）：根据取样点 Alpha 通道的值来向整个图像对应的区域填充颜色。
- Tolerance（容差）：设置填充像素的色彩容差范围，数值越大，可以填充相似范围越大的区域，如图 9-148 所示。
- View Threshold（阈值）：在视图中以黑白显示特效能起作用的范围，用于检查 Tolerance（容差）的范围，如图 9-149 所示。

图 9-148　设置更大的容差范围　　　　　图 9-149　黑白显示

- Stroke（笔触）：设置填充区域边缘的处理方式。
  - Antialias（抗锯齿）：可以用来对填充区域边缘抗锯齿。
  - Feather（羽化）：可以用来对填充区域边缘进行羽化。
  - Spread（扩展）：可以扩展填充区域。
  - Choke（缩小）：可以缩小填充区域。
  - Stroke（轮廓）：表示只对边缘轮廓线进行填充。

9.3.16 Radio Waves（放射波纹）

此特效可以产生以圆心向外扩展的波纹效果，如图 9-150 所示。

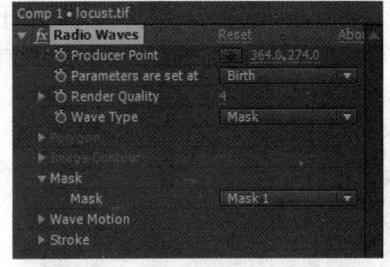

- Producer Point（生成点）：设置波纹开始的圆心点。
- Parameters are set at（开始自）：选择参数的作用位置，包括 Birth（在起始点起作用）和 Each Frame（在每一帧起作用）。

图 9-150 Radio Waves 特效设置

- Render Quality（渲染质量）：设置渲染质量数值。
- Wave Type（波纹类型）：设置波纹的类型；选择了波纹类型后，在下面对应显示的选项中设置波纹的形状效果。有 Polygon（多边形：自由设置需要的多边形边数来产生波纹）、Image Contours（图像轮廓：以素材图像的轮廓作为发射源来生成波纹）、Mask（遮罩：以素材层中的遮罩作为发射源来生成波纹）3 种，如图 9-151 所示。

绘制了遮罩的素材层　　　　　　多边形波纹

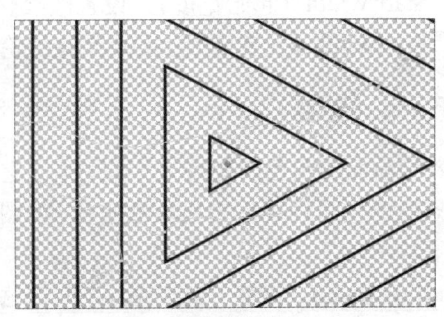

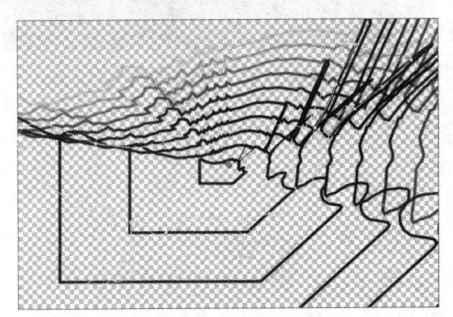

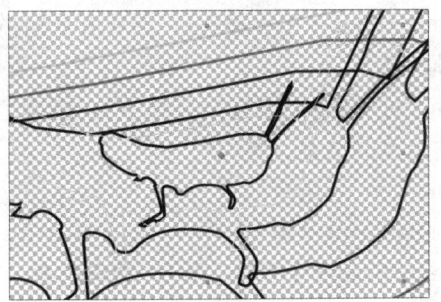

图像轮廓波纹　　　　　　罩着形状波纹

图 9-151 波纹类型效果

- Wave Motion（波纹运动）：设置波纹的运动方式，如图 9-152 所示。
  - Frequency（频率）：设置波纹的放射频率。
  - Expansion（扩展）：设置波纹的扩大范围。
  - Orientation（旋转）：设置波纹的旋转程度。
  - Direction（方向）：设置波纹的传播方向。
  - Velocity（速度）：设置波纹的传播速度。
  - Spin（自转）：设置波纹的自旋转。
  - Lifespan（有效期）：设置波纹的寿命。
  - Reflection（反射波）：开启此选项时，可以反射波纹。
- Stroke（笔触）：设置波纹的轮廓线，如图 9-153 所示。

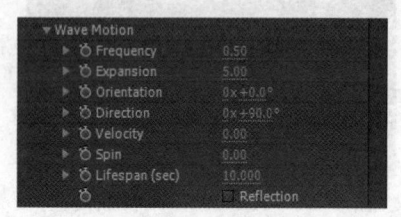

图 9-152　设置波纹的运动方式 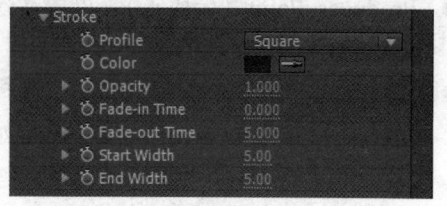　　　图 9-153　设置波纹的外轮廓线

  - Profile（外轮廓）：选择波纹的外轮廓类型。
  - Color（颜色）：设置波纹的外轮廓颜色。
  - Opacity（不透明度）：设置波纹外轮廓的不透明度。
  - Fade-in Time（淡入时间）：为波纹添加淡入时间。
  - Fade-out Time（淡出时间）：为波纹添加淡出时间。
  - Start Width（起始宽度）：设置波纹轮廓的起始宽度。
  - End Width（结束宽度）：设置波纹轮廓的结束宽度。

9.3.17　Ramp（渐变）

此特效和前面的四色渐变特效相似，不同之处在于它只能产生两种颜色的线性渐变色，如图 9-154 所示。

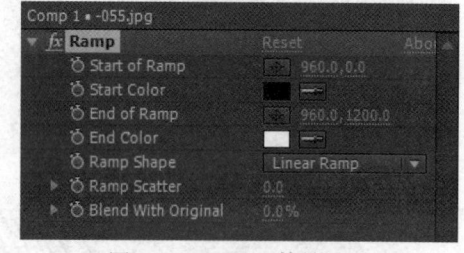

- Start of Ramp（渐变开始位置）：渐变色开始点的位置。
- Start Color（开始颜色）：渐变开始时的颜色。

图 9-154　Ramp 特效设置

- End of Ramp（渐变结束位置）：渐变色结束点的位置。
- End Color（结束颜色）：渐变结束时的颜色。
- Ramp Shape（渐变形状）：渐变的类型，有线性和径向两种。
- Ramp Scatter（渐变分散）：消除混合，主要用于防止渐变的过度柔滑。
- Blend With Original（与原图混合）：调节与原始图像的混合比例，如图 9-155 所示。

图 9-155　设置与原图像的混合

9.3.18　Scribble（涂抹）

此特效通过对图层的一个或多个遮罩层生成各种描边线条来产生类似涂鸦绘画的效果，如图 9-156 所示。

- Scribble（涂抹）：指定特效所使用的遮罩层，可以选择单一遮罩层或者全部。
  - Single Mask：选择单一遮罩层。
  - All Mask：对所有遮罩层使用效果。
  - All Masks using Mode：首先选择所有遮罩层，再进行统一应用；选择此项后，下面的 Fill Paths Sequentially 选项会变为灰色不能选择。

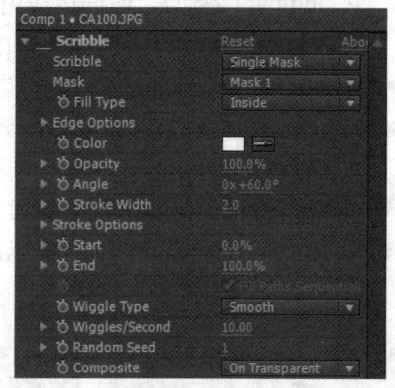

图 9-156　Scribble 特效设置

- Mask（遮着）：指定用来执行效果的遮罩层，只有前面的 Scribble 选择了 Single Mask 才能打开此选项。
- Fill type（填充类型）：指定特效对目标遮罩层边缘线的填充方式。
  - Inside（内部）：填充遮罩层边缘线内部。
  - Centered Edge（中心向边缘）：沿着中心向遮罩层边缘线外部填充。
  - Inside Edge（内边缘）：沿内部遮罩层边缘线填充。
  - Outside Edge（外边缘）：从外部沿遮罩层边缘线填充
  - Left Edge（左边缘）：填充在遮罩层边缘的左边。
  - Right Edge（右边缘）：填充在遮罩层边缘的右边，如图 9-157 所示。

图 9-157　内部填充和边缘填充效果

- Edge Options（边缘选项）：设置边缘线的描绘选项，例如边缘宽度、末端样式、涂抹颜色等。

- Angle（角度）：设置描边线条产生的角度。
- Stroke Width（笔触宽度）：设置描边线条的笔触宽度。
- Stroke Option（笔触选项）：设置描边线的笔触属性，例如末端曲率、笔触线条距离等。
- Start（开始）：设置描边线的开始位置。
- End（结束）：设置描边线的结束位置。
- Fill Paths Sequentially（有序填充路径）：选择该选项，描绘线会联合施加到所有遮罩轮廓线边缘，如果不选择该选项，则会按每层的遮罩轮廓线边缘单独施加。
- Wiggle Type（摆动类型）：指定描边线的动态类型。
  - Static（静止）：保持线的内容恒定。
  - Jumpy（激动）：使描边线由一种突然变化为另一种。
  - Smooth（平滑）：使描边线由一种平滑过度为另一种。
- Wiggle/Second（动态/秒）：设置在创建动画时，每秒随机产生的线条数量。
- Composite（合成）：设置该特效效果与原始素材层的混合方式。
  - On Original Image（在原图上）：表示和原始素材层的 RGBA 通道合成。
  - On Transparency（在透明层上）：只与原始素材的透明区域合成。
  - Reveal Original Image（显示原图）：只有在描绘线的区域显示原始素材图像，如图 9-158 所示。

图 9-158　设置混合方式

9.3.19　Stroke（笔触）

此特效与 Scribble 特效相似，它通过对图层的一个或多个遮罩层生成边框轮廓线来产生效果，如图 9-159 所示。

- Path（路径）：选择要生成边框线效果的遮罩。
- Color（颜色）：设置生成边框线的颜色。
- Brush Size（笔刷大小）：设置生成边框线的宽度，如图 9-160 所示。

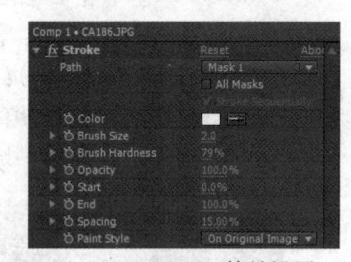

图 9-159　Stroke 特效设置

图 9-160　设置边框宽度

- Brush Hardness（笔刷硬度）：设置生成边框线的笔触硬度。
- Spacing（间距）：在生成线段间按间距划分线段，如图 9-161 所示。
- Paint Style（绘画样式）：设置笔触绘画效果的样式，各选项的含义与 Scribble 特效的 Composite（合成）参数相同。

图 9-161 设置间距

9.3.20 Vegas（维加斯）

此特效用于在对象周围产生运动光带或光点效果，类似五彩缤纷的霓虹灯效果，如图 9-162 所示。

- Image Contours（图像轮廓）是 Stroke（笔触）下拉列表中的选项之一，此方式是根据指定图像内容中的高亮像素作为基础来产生发光效果，其子属性如下。
  - Input Layer（层）：指定用于产生目标效果的素材所在的层。选择 None（无）则直接应用当前图层中的高亮像素来生成发光效果，如图 9-163 所示。

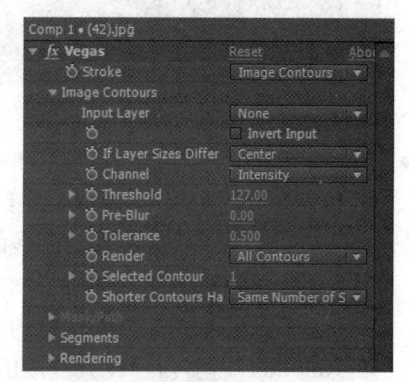

图 9-162 Vegas 特效设置

图 9-163 设置分段轮廓的数量

  - If Layer Size Different（如果图层大小不同）：当用于实现效果的图像与当前图像的大小有差异时，可以选择以下两种处理方式：Center 为将图像居中，Stretch to fit 为拉伸图像以使两个图像大小一致。
  - Channel（通道）：指定用来产生目标效果的通道。
  - Threshold（阈值）：设置描边的极限值。
  - Pre-blur（预模糊）：对效果进行预模糊。
  - Tolerance（容差）：设置效果容差范围。
  - Render（渲染）：设置如何渲染发光轮廓，All Contours 表示渲染所有轮廓，Selected Contours 表示只渲染选择的轮廓。
  - Selected Contour（选择轮廓）：选择自发光的轮廓。

- ➢ Shorter Contours Have（分段轮廓）：设置分段轮廓的数量。
- Mask/Path（遮罩/路径）：是 Stroke（笔触）下拉列表中的另一个选项，可以根据素材中的遮罩或路径产生指定形状的发光效果，如图 9-164 所示。

图 9-164　Mask/Path 子选项

- Segments（分段）：设置产生的发光线段的属性。
  - ➢ Segments（分段）：设置发光线段的数量，值越小轮廓线越长，值越大轮廓线越短。
  - ➢ Length（长度）：设置轮廓线的长度。
  - ➢ Segments Distribution（线段分布）：设置线段的分布情况，Bunched 表示以簇的形式分布，Even 表示进行平均分布。
  - ➢ Rotation（旋转）：设置线段的旋转角度。
  - ➢ Random Phase（随机相位）：产生随机相位来改变线段的分布状态，在下面的 Random Seed（随机种子）选项中输入产生随机相位的种子数量。
- Rendering（渲染）：设置对发光效果的渲染显示属性。
  - ➢ Blend Mode（混合模式）：设置该特效和素材图层的混合方式。
  - ➢ Color（颜色）：设置轮廓线的颜色。
  - ➢ Width（宽度）：设置轮廓的宽度。
  - ➢ Hardness（硬度）：设置轮廓的笔触方式，值越小笔触越柔和。
  - ➢ Start Opacity（开始不透明度）：设置线段开始时的不透明度。
  - ➢ Mid-point Opacity（中段不透明度）：设置线段中部的不透明度。
  - ➢ Mid-point Position（中点位置）：设置中间点的位置。
  - ➢ End Opacity（结束不透明度）：设置线段结束时的不透明度。

9.3.21　Write-on（写上）

此特效可以根据创建的笔触动画，在运动路径上产生类似手写的描线效果。可以对运动画笔进行笔触大小、硬度、不透明度等设置，如图 9-165 所示。

- Brush Position（笔刷位置）：设置当前时间位置的笔触位置。在时间线窗口中的当前时间位置创建关键帧，然后移动时间指针到下一位置，再移动笔刷的位置，即可在两个时间点之间创建笔触绘画效果，如图 9-166 所示。

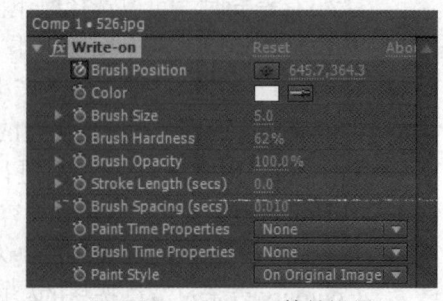

图 9-165　Write on 特效设置

图 9-166 创建手写笔触动画

- Color（颜色）：设置笔触的颜色。
- Brush Size（笔刷大小）：设置笔刷的大小。
- Brush Hardness（笔刷硬度）：设置笔触的硬度。
- Brush Opacity（不透明度）：设置笔触的不透明度。
- Stroke Length（笔触长度）：以秒为单位设置笔触的持续长度；如果设为 0，则笔触将无限长。
- Brush Spacing（笔刷间距）：以秒为单位设置绘制笔触的频率；数值越大，笔触绘制的频率越高。
- Paint Time Properties（绘画时间属性）：指定是否应用颜色和不透明度的属性到每个笔触段或整个笔触段。
- Brush Time Properties（笔刷时间属性）：指定是否应用硬度和尺寸大小的属性到每个笔触段或整个笔触段。

9.4 课堂实训——飘逸文字

除了一些表现效果比较好的特效命令外，大部分特效的应用效果都比较单一。配合使用多个特效命令，可以避免一些生硬的单纯图像变化效果，编辑出变化更丰富的创意影片。打开本书配套实例光盘中的"\Chapter 9\飘逸文字\Export\飘逸文字.mp4"文件，欣赏本实例的完成效果，在观看过程中分析所运用的编辑功能与制作方法。

图 9-167 观看影片完成效果

操作步骤

1　按"Ctrl+I"快捷键，打开"Import File"（导入文件）对话框后，导入本书实例光盘中的"\Chapter 9\飘逸文字\Media\"目录下准备的图像素材文件。

2　按"Ctrl+S"快捷键，在打开的"Save As"（保存为）对话框中为项目文件命名并保存到电脑中指定的目录。

3 按"Ctrl+N"快捷键,新建一个 Composition(合成)项目,选择 Preset 预设模式为 PAL D1 DV,持续时间为 8 秒,如图 9-168 所示。

4 将图像素材文件加入到 Timeline(时间线)窗口中,按"S"键打开 Scale(缩放)属性,将图像调整到 50%大小,以刚好覆盖合成的画面尺寸,作为影片的背景图像,如图 9-169 所示。

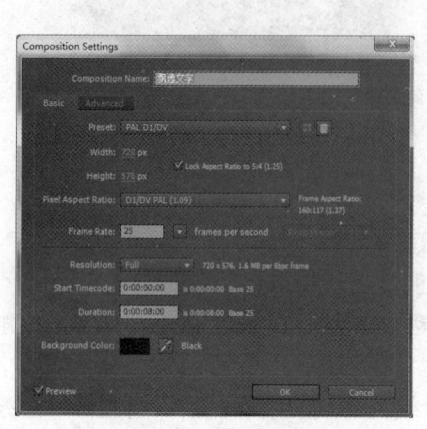

图 9-168 新建合成　　　　　　　　　　图 9-169 设置背景图像

5 在工具栏中选择水平文本工具,在合成窗口中输入文字:"山不在高,有仙则名。",设置其字体为方正隶书,大小为 100 px,填充色为蓝色,并设置 6 px 的白描边。

6 在 Timeline(时间线)窗口中的文字层上单击鼠标右键并选择"Layer Style(图层样式)→Drop Shadow(投影)"菜单命令,展开其属性选项,设置投影颜色为深蓝色,不透明度为 40%,如图 9-170 所示。

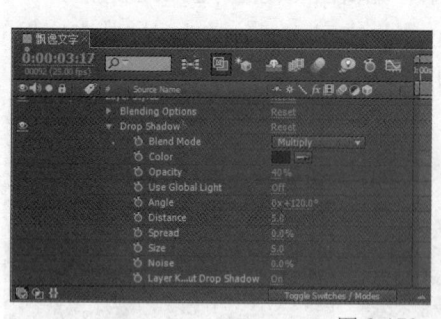

图 9-170 输入文字并设置投影效果

7 按"P"键,展开图层的 Position(位置)属性,然后在按住"Shift"键的同时按"T"键,打开图层的 Opacity(不透明度)选项,为其创建关键帧动画。

		00:00:00:00	00:00:03:00	00:00:05:00	00:00:08:00
	Position	-200,216	153,216	153,216	550,216
	Opacity	0%	100%	100%	0%

8 选择 Position（位置）属性在第 3 秒的关键帧，执行"Layer（图层）→Keyframe Assistant（关键帧辅助）→Ease Easy In（缓入）"命令，为其应用缓入效果，然后再为第 5 秒的关键帧应用 Ease Easy Out 缓出效果，如图 9-171 所示。

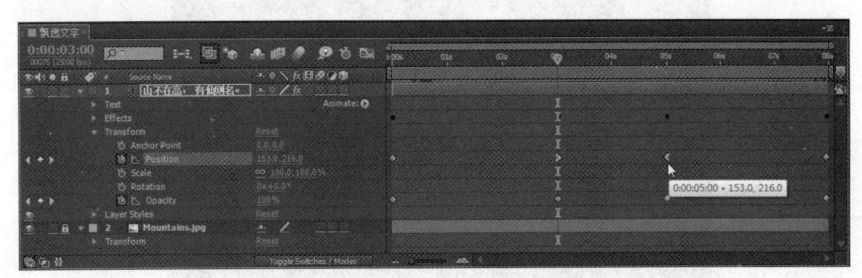

图 9-171　设置关键帧动画

9 在文字层上单击鼠标右键并选择"Effects（特效）→Distort（扭曲）→Turbulent Displace（噪波偏移）"菜单命令，为其应用噪波偏移特效并编辑动画效果，如图 9-172 所示。

	00:00:00:00	00:00:03:00	00:00:05:00	00:00:08:00
Amount	20	0	0	20
Size	300	20	20	300
Complexity	8			

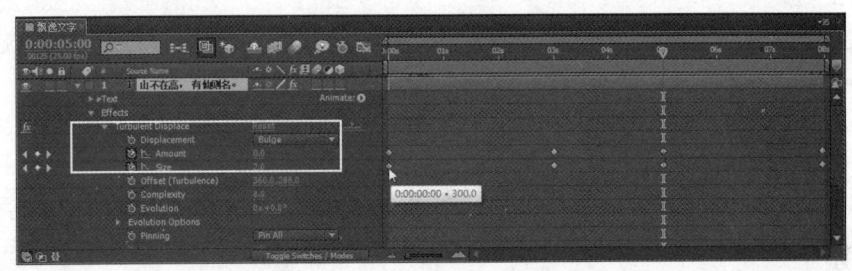

图 9-172　编辑特效动画

10 拖动时间指针，已经可以预览到文字从扭曲散乱逐渐显现变成清晰，再转变成扭曲形状并消失的动画效果。为了使文字的视觉效果更飘逸，再为其添加"Effects（特效）→Blur & Sharpen（模糊与锐化）→Camera Lens Blur（镜头模糊）"特效，并为其编辑在同样时间位置创建关键帧的特效动画，如图 9-173 所示。

	00:00:00:00	00:00:03:00	00:00:05:00	00:00:08:00
Blur Radius	10	0	0	10

图 9-173　编辑镜头模糊动画

11 按"Ctrl+S"快捷保存项目。按"Ctrl+M"快捷键打开 Render Queue 面板，设置合适的渲染输出参数，将编辑好的合成项目输出成影片文件，欣赏完成效果，如图 9-174 所示。

图 9-174　观看影片完成效果

9.5　习题

一、填空题

1. ＿＿＿＿＿＿＿＿＿＿特效可以以图像上的某个点为中心，产生特殊的放射或旋转效果，离中心越远模糊越强。

2. ＿＿＿＿＿＿＿＿＿＿特效可以为当前图像指定另外的一个图层作为模糊层，根据模糊层图像中重叠位置的像素明度来影响模糊程度，亮度越高越模糊。

3. ＿＿＿＿＿＿＿＿＿＿特效通过自由定位图像的 4 个边角的位置来拉伸图像，得到图像在空间上的透视效果。

4. ＿＿＿＿＿＿＿＿＿＿特效可以在图像的任意位置和角度创建反射线并产生镜像效果。

5. ＿＿＿＿＿＿＿＿＿＿特效的主要功能是旋转指定中心点周围的像素排列，模拟出漩涡效果。

6. ＿＿＿＿＿＿＿＿＿＿特效通过对规则纹理的不断细分衍生，来产生不规则的随机效果。

二、选择题

1. (　　) 特效主要应用在图像的直角坐标系与极坐标系间互相转换，得到不同的变形效果。

　　A. Corner Pin　　　　　　　　　　B. Puppet
　　C. Polar Coordinates　　　　　　　D. Threshold

2. 下列特效命令中，能够让下图中狗狗的耳朵变大的特效是 (　　)。

　　A. Magnify　　　B. Ripple　　　C. Liquify　　　D. Smear

第 10 章 综合实例

学习要点

> 掌握资讯栏目片头的制作方法
> 掌握记录片片头的制作方法
> 熟悉各种特效的应用

10.1 资讯栏目片头——第一资讯

在实际工作中编辑的项目，并不都需要大量的特效制作复杂的变化效果，有时候过于纷繁、凌乱的特效堆积，反而会使画面混乱，失去表现主体的基本目的。在制作时，更多的是要根据实际的情况，分析项目的内容特点、风格类型等因素来设计动态效果。本实例是为一个综合经济资讯播报类电视栏目设计制作的片头动画，就是一个用简单的特效效果，配合画面的动态表现，恰当地展现了栏目特点与风格的典型应用。

打开本书配套实例光盘中的"\Chapter 10\10.1\Export\第一资讯.mp4"文件，欣赏本实例的完成效果，在观看过程中分析运用的编辑功能与制作方法，如图 10-1 所示。

图 10-1 观看影片完成效果

（1）这个片头影片主要以文字特效来表现动态，使用 After Effects CS6 预设的文字动画特效，编辑简洁、干练的动画效果，使信息内容快速展现，与资讯栏目的风格主题相呼应。

（2）本实例的制作环节主要分为 3 个部分：编辑标题信息、应用预设动画和添加视觉特效。

(3) 本实例需要注意的地方有：在为一个文字图层应用多个预设动画特效时，需要先定位好时间指针的位置，然后展开图层的属性选项，取消对前一预设动画的 Animator（动画记录器）的选择状态，然后再添加新的预设动画，才能在时间指针的当前位置开始新的动画效果。

操作步骤

1 按"Ctrl+I"快捷键，打开"Import File"（导入文件）对话框后，导入本书实例光盘中的"\Chapter 10\10.1\Media\"目录下准备的视频和音频文件，如图 10-2 所示。

2 按"Ctrl+S"快捷键，在打开的"Save As"（保存为）对话框中为项目文件命名并保存到电脑中指定的目录。

3 将视频素材 bg.avi 加入到 Timeline（时间线）窗口中，直接以该素材的视频属性创建合成。

4 将音频素材"music.mp3"加入到 Timeline（时间线）窗口中，作为影片的背景音乐。为避免在后面的编辑中对背景造成误操作，可以先将它们锁定，如图 10-3 所示。

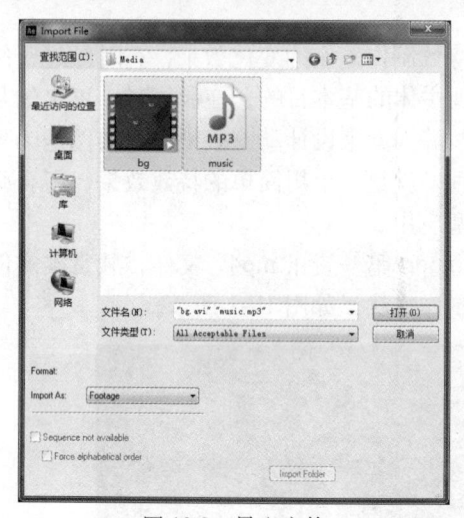

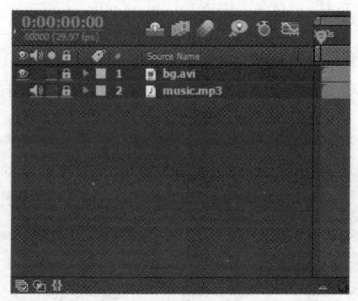

图 10-2 导入文件　　图 10-3 编辑背景内容

5 在工具栏中选择水平文本工具，在 Composition（合成）窗口中输入文字"最全面的行业信息"，设置字体为方正超粗黑，字号为 60 px，填充色为浅蓝色，如图 10-4 所示。

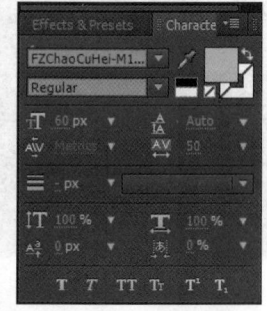

图 10-4 编辑文字条目

6 在 Timeline（时间线）窗口中的文字图层上单击鼠标右键，在弹出的菜单中选择"Effects（特效）→Perspective（透视）→Drop Shadow（投影）"命令，为文字图层应用深蓝色的投影效果，如图 10-5 所示。

图 10-5 应用投影特效

7 在 Timeline（时间线）窗口中选择文字图层并按两次"Ctrl+D"快捷键，然后分别双击复制得到新图层，进入其文字内容的编辑状态，将它们分别修改为新的文字内容，如图 10-6 所示。

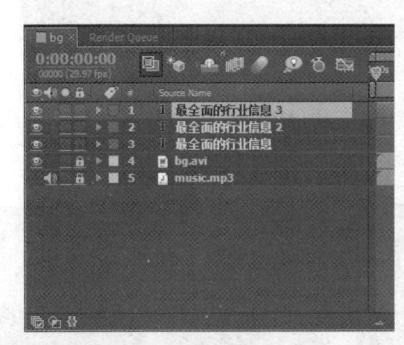

图 10-6 修改新图层的文字内容

8 为方便接下来的编辑操作，先在 Timeline（时间线）窗口中暂时将新复制得到的文字图层隐藏。将时间指针移动到开始的位置，然后打开 Effects & Presets（特效和预设）面板，选择 Animation Presets（预设动画）→Text（文字）→3D Text（3D 文字）→3D Flutter In From Left（3D 从左侧飘入）特效，将其添加到 Composition（合成）窗口中的文字对象上，为其应用该动画特效，如图 10-7 所示。

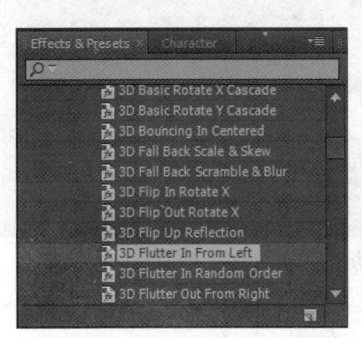

图 10-7 应用预设文字特效

9 将时间指针移动到第 3 秒的位置,展开文字图层的属性选项,任意单击 Timeline(时间线)窗口中的空白处,取消对前一预设动画的 Animator(动画记录器)的选择状态,然后再从特效和预设面板中为文字图层添加 Text(文字)→Animate Out(动画飞出)→Stretch Out Each Word(每个单词伸缩飞出)特效,即可编辑出文字在旋转飞入后,从第 3 秒的位置向画面内方向缩小飞出的动画效果,如图 10-8 所示。

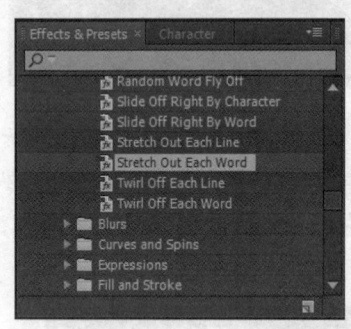

图 10-8　编辑文字飞出动画

10 展开新的 Animator 3(动画记录器)选项,将 Offset(偏移)选项的结束关键帧移动到 0:00:04:15 的位置结束,调整预设动画的时间位置,如图 10-9 所示。

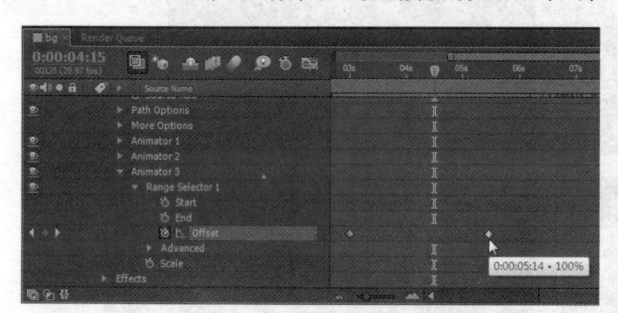

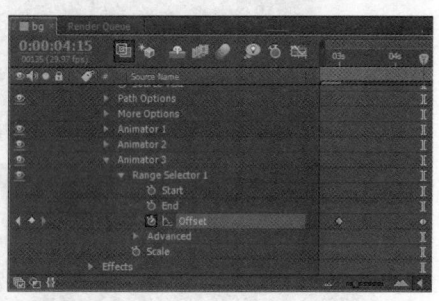

图 10-9　调整预设动画的时间位置

11 使用同样的方法,可以自行尝试其他的预设文字动画效果,编辑另外两个文字条目在飞入画面后,停顿一秒钟再飞出的动画,通过展开图层的属性选项,对预设动画的关键帧时间位置进行调整,得到第二个文字条目从 0:00:05:00 开始飞入,在 0:00:09:15 飞出画面;第三个文字条目从 0:00:10:00 开始飞入,在 0:00:14:15 飞出画面的动画效果,如图 10-10 所示。

图 10-10　编辑文字动画

12 选择水平文本工具,在 Composition(合成)窗口中输入标题文字"第一资讯",设置好字体、字号等属性后,同样为其添加投影特效,如图 10-11 所示。

图 10-11　编辑标题文字

13　将标题文字图层的入点调整到 0:00:14:15 的位置，然后为其添加预设的 3D Fly Down & Unfold（3D 飞下并展开）动画特效，并在 Timeline（时间线）窗口中调整动画的结束关键帧到合成的结束位置，完成效果如图 10-12 所示。

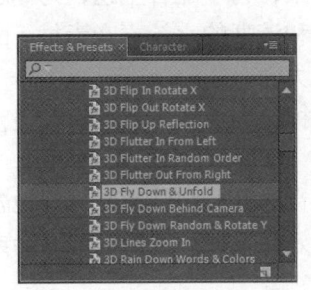

图 10-12　编辑标题文字动画

14　按"Ctrl+S"快捷键保存项目。按"Ctrl+M"快捷键，打开 Render Queue（渲染队列）面板，设置合适的渲染输出参数，将编辑好的合成项目输出成影片文件，欣赏完成效果，如图 10-13 所示。

图 10-13　影片完成效果

10.2　纪录片片头——水问

在实际制作影片项目时，除了需要在视觉上丰富特效，还需要声音的配合来烘托气氛，强化主题，做到声像合一，才能为影片增加更多的感染力。本实例是为一个关于自然水污染调查报道的纪录片制作的片头动画，就是一个在视觉和听觉上都契合主题的典型案例，无须复杂的视觉特效，也可以得到协调、有力的表现效果。

打开本书配套实例光盘中的"\Chapter 10\10.2\Export\水问.mp4"文件,欣赏本实例的完成效果,在观看过程中分析运用的编辑功能与制作方法。如图 10-14 所示。

图 10-14　观看影片完成效果

(1) 在这个片头影片中,视觉的特效表现并不复杂,为了配合主题,为标题文字制作了舒缓的波纹动画效果;然后通过选用柔和的背景音乐和清晰的水流声音素材,配合影片主题内容的表现需求,使影片获得图像与声音的双重表现力。

(2) 本实例的制作环节主要分为 3 个部分:编辑标题图像效果、编辑关键帧动画和编辑背景音效。

(3) 本实例中需要注意的地方有:为了使背景声音的开始与结束能更好地融入影片,可以通过为其添加音量关键帧,编辑声音的淡入、淡出效果,使声音渐进地开始或结束,不会突兀地出现或戛然而止地结束。

操作步骤

1　按"Ctrl+I"快捷键,打开"Import File"(导入文件)对话框后,以导入 Footage(素材)的方式,导入本书实例光盘中的"\Chapter 10\10.2\Media\"目录下准备的所有素材文件,如图 10-15 所示。

2　按"Ctrl+S"快捷键,在打开的"Save As"(保存为)对话框中为项目文件命名并保存到计算机中指定的目录。

3　按"Ctrl+N"快捷键,新建一个 Composition(合成)项目,选择 Preset 预设模式为 NTSC DV,Duration(持续时间)为 15 秒,如图 10-16 所示。

图 10-15　导入素材　　　　　　　　图 10-16　新建合成

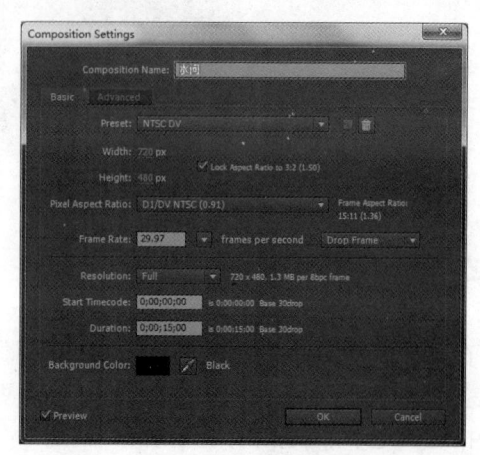

4 依次将图像素材和视频素材加入到时间线窗口中，并将两个文字图像调整到如图 10-17 所示的位置。

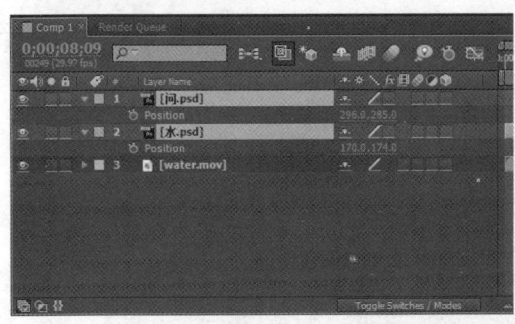

图 10-17　加入素材并调整位置

5 选择文字图像"水"的图层，为其添加"Effects（特效）→Generate（产生）→Fill（填充）"特效，设置填充色为浅蓝色（#D4FFF），将素材中的文字图像清晰地显示出来，如图 10-18 所示。

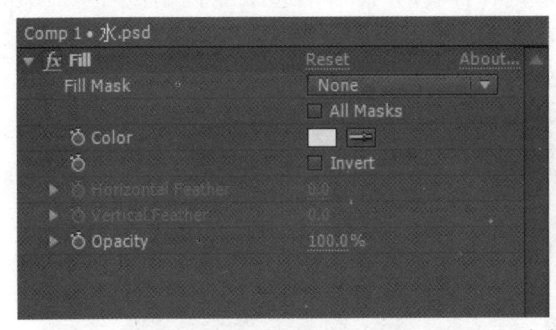

图 10-18　添加填充特效

6 在 Effects Controls（特效控制）面板中的空白处单击鼠标右键，继续为文字图像"水"添加"Stylized（风格化）→Glow（发光）"特效，为其设置浅蓝色到蓝色再到浅蓝色的发光效果，如图 10-19 所示。

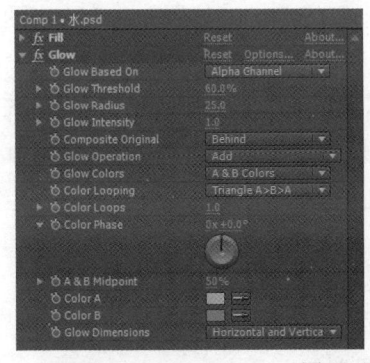

图 10-19　添加发光特效

7 为文字图像"水"添加"Distort（扭曲）→Ripple（波纹）"特效，然后在 Timeline（时间线）窗口中选择该图层并按"E"键，显示出所有添加在图层上的特效设置选项，再按"Shift+T"快捷键，显示出图层的 Opacity（不透明度）选项，为文字图像创建在逐渐显现的过程中，产生水波荡漾的关键帧动画，如图 10-20 所示。

		00:00:00:00	00:00:04:00	00:00:06:00	00:00:09:00
⏱	Radius		40		0
⏱	Opacity	0%		100%	

图 10-20　编辑关键帧动画

8　在 Effects Controls（特效控制）面板中选中所有添加到文字图像"水"图层上的特效，按"Ctrl+C"快捷键进行复制，然后在 Timeline（时间线）窗口中选择文字图像"问"图层，并按"Ctrl+V"快捷键，即可完成对所选特效的复制和粘贴，如图 10-21 所示。

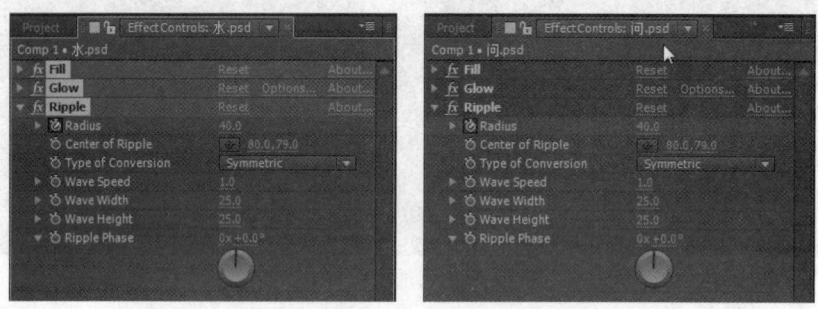

图 10-21　复制特效到新图层

9　在 Timeline（时间线）窗口中将文字图像"问"图层的入点调整到从第 4 秒开始，然后按"E"键，显示出所有添加在图层上的特效设置选项，再按"Shift+T"快捷键，显示出图层的 Opacity（不透明度）选项，调整图像上特效动画的关键帧位置，并为文字图像创建逐渐显现的动画效果，如图 10-22 所示。

		00:00:04:00	00:00:08:00	00:00:10:00	00:00:13:00
⏱	Radius		40		0
⏱	Opacity	0%		100%	

图 10-22　调整关键帧动画

10 在工具栏中选择水平文本工具■，在 Composition（合成）窗口中输入文字"自然水源环境调查纪录片"，设置字体为方正小标宋，字号为 30 px，填充色为蓝色，如图 10-23 所示。

图 10-23　输入副标题文字

11 为新输入的文字添加 Glow（发光）特效，保持特效默认的选项参数，为文字添加美化效果。然后为文字创建从 13 秒到 14 秒，从透明逐渐显现的关键帧动画效果，如图 10-24 所示。

图 10-24　添加特效并编辑动画

12 分别将音频素材"music.mp3"、"voice.wav"加入到 Timeline（时间线）窗口中，并将 voice.wav 图层的入点移动到 00:00:00:15 的位置。

13 展开图层 music.mp3 的属性选项，单击 Audio Levels（音频水平线）选项前面的关键帧记录器按钮■，为其编辑降低音量，同时在开始时淡入、结束时淡出的音频变化效果，如图 10-25 所示。

		00:00:00:00	00:00:01:00	00:00:14:00	00:00:14:29
■	Audio Levels	-15dB	-3dB	-3dB	-15dB

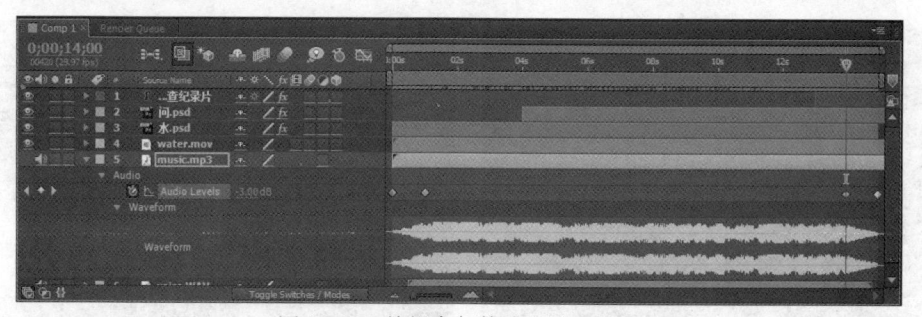

图 10-25　编辑音频的淡入淡出效果

14 使用同样的方法，为图层 voice.wav 编辑淡入淡出的音频效果，如图 10-26 所示。

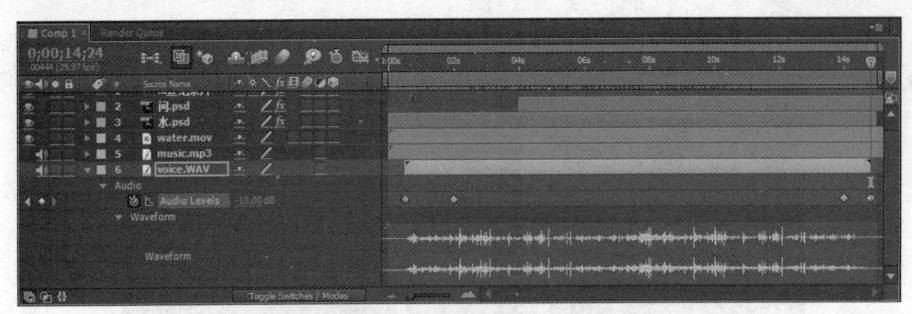

图 10-26　编辑音频的淡入淡出效果

15 按"Ctrl+S"快捷键保存项目。按"Ctrl+M" 快捷键打开 Render Queue（渲染队列）面板，设置合适的渲染输出参数，将编辑好的合成项目输出成影片文件，欣赏完成效果，如图 10-27 所示。

图 10-27　观看影片完成效果

10.3　访谈栏目片头——"人间"故事会

除了对图像进行变化处理的各种特效命令，恰当地组合利用 After Effects CS6 的一些基本的编辑功能，无须复杂的特效命令，也可以制作出让人意想不到的动画特效。本实例就是一个主要通过绘图工具、遮罩、蒙版功能的配合使用，制作的情感类访谈节目包装片头。

打开本书配套实例光盘中中"\Chapter 10\10.3\Export\人间.mp4"文件，欣赏本实例的完成效果，在观看过程中分析运用的编辑功能与制作方法。如图 10-28 所示。

图 10-28　观看影片完成效果

(1) 在这个片头影片中，主要的编辑工作是绘制遮罩、使用绘图工具以及编辑关键帧动画，对图像进行的特效处理也只是辅助应用。

(2) 本实例的制作环节主要分为 3 个部分：绘制遮罩、使用绘图工具创建笔触动画和编辑关键帧动画。

(3) 本实例中需要注意的地方有：在绘制遮罩时，要尽量细致地准确确定笔触范围；使用绘图工具绘制笔触动画时，笔触的宽度以及绘制路径，要符合文字笔画的图像范围。

操作步骤

1 按"Ctrl+I"快捷键，打开"Import File"（导入文件）对话框后，以导入 Footage（素材）的方式，导入本书实例光盘中的"\Chapter 10\10.3\Media\"目录下准备的所有素材文件，如图 10-29 所示。

2 按"Ctrl+S"快捷键，在打开的"Save As"（保存为）对话框中为项目文件命名并保存到计算机中指定的目录。

3 按"Ctrl+N"快捷键，新建一个 Composition（合成）项目，选择 Preset 预设模式为 NTSC DV，Duration（持续时间）为 15 秒，如图 10-30 所示。

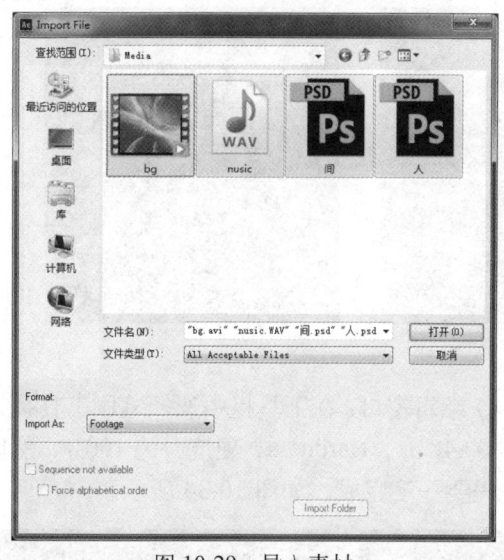

图 10-29　导入素材　　　　　　　　图 10-30　新建合成

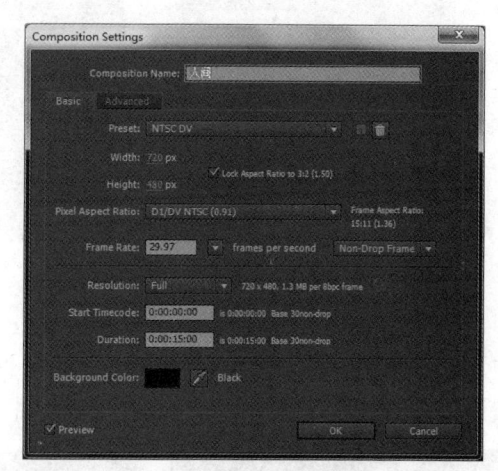

4 依次将音频、视频、图像素材加入到 Timeline（时间线）窗口中，并将两个文字图像调整到如图 10-31 所示的位置。

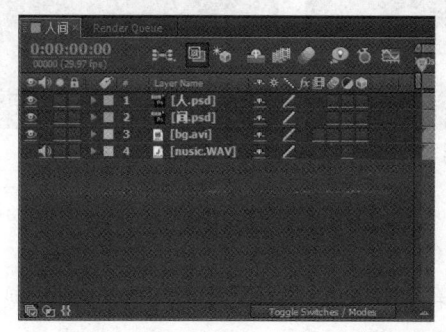

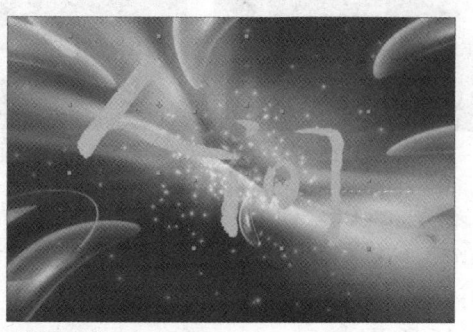

图 10-31　编排素材

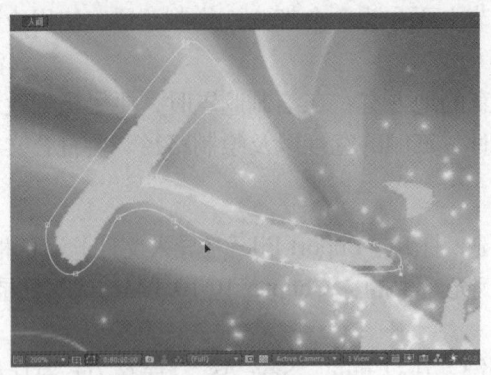

5 选择钢笔工具，在图层"人.psd"上沿笔画的图像范围绘制出一个遮罩，并在遮罩路径与笔画图像边缘间保持一定距离，如图 10-32 所示。

图 10-32 绘制遮罩

6 在 Timeline（时间线）窗口中选择图层"人.psd,"按"Ctrl+D"快捷键对其进行复制，然后将新复制得到的图层命名为"人.matte"，如图 10-33 所示。

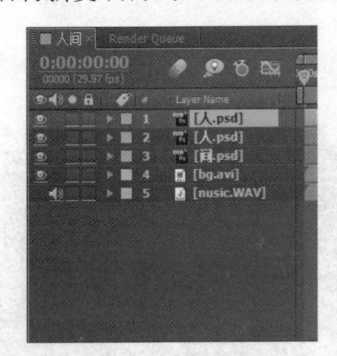

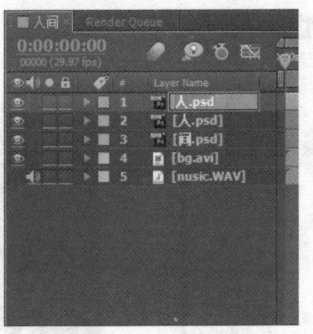

图 10-33 复制图层

7 双击图层"人.matte,"进入其 Layer（图层）编辑窗口；在工具栏中选择笔刷工具，在 Brushes（笔刷）面板中设置 Diameter（直径）为 48 px, Hardness（硬度）为 100%，然后按照文字的笔画顺序书写一遍，注意整个书写过程要一笔完成，如图 10-34 所示。

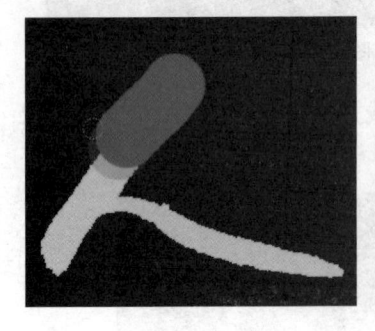

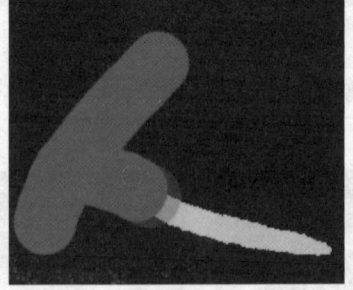

图 10-34 绘制笔画图像

8 在 Timeline（时间线）窗口中展开图层"人.matte"的属性选项，将 Paint on Transparent（在透明范围上绘图）选项设置为 On（打开）；然后为 Stroke Options（笔触选项）中的 End（结束）选项创建从第 1 秒～第 4 秒，数值为 0%～100%的关键帧动画，如图 10-35 所示。

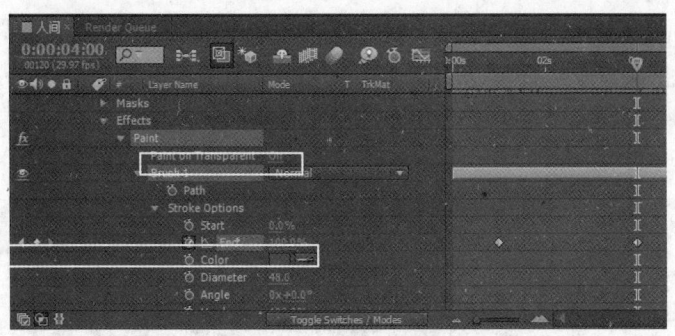

图 10-35　编辑关键帧动画

9　在 Timeline（时间线）窗口中单击 Toggle Switches /Modes（切换效果开关与混合模式面板）`Toggle Switches / Modes` 按钮，显示出混合模式面板，将图层"人.psd"的轨迹蒙版设置为 Alpha Matte"人.matte"，如图 10-36 所示，

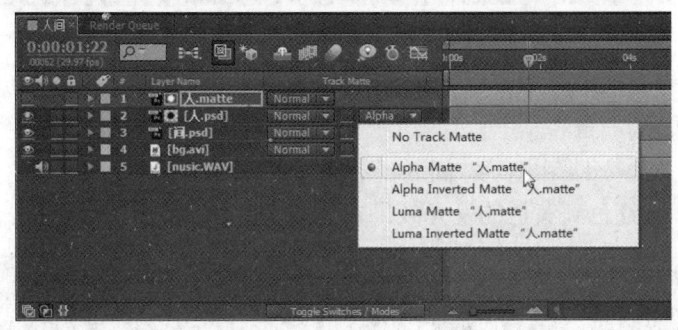

图 10-36　设置轨迹蒙版

10　拖动时间指针，即可在 Composition（合成）窗口中预览到编辑完成的写字动画了。

11　将时间指针移动到第 5 秒的位置，参考同样的方法为图层"间.psd"绘制遮罩；需要注意要按照笔画书写顺序，绘制出三个遮罩，如图 10-37 所示。

12　在 Timeline（时间线）窗口中选择图层"间.psd"，按"Ctrl+D"快捷键对其进行复制，然后将新复制得到的图层命名为"间.matte"。

13　双击图层"人.matte"，进入其 Layer（图层）编辑窗口；在工具栏中选择笔刷工具 ，在 Brushes（笔刷）面板中设置合适的笔画大，然后按照文字的笔画顺序，每个部分都一次性书写一遍，如图 10-38 所示。

图 10-37　绘制遮罩

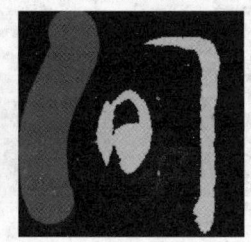

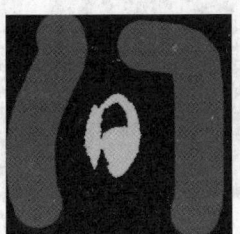

图 10-38　绘制笔画图像

14 在 Timeline（时间线）窗口中展开图层"间.matte"的属性选项，将 Paint on Transparent（在透明范围上绘图）选项设置为 On（打开）；然后参考前面的编辑方法，分别为 3 个笔画层编辑 End（结束）选项的数值从 0%～100%的关键帧动画，其中第一段为第 5 秒到第 6 秒，第二段为第 6 秒 15 帧到第 8 秒，第三段为第 8 秒 15 帧到第 10 秒，如图 10-39 所示。

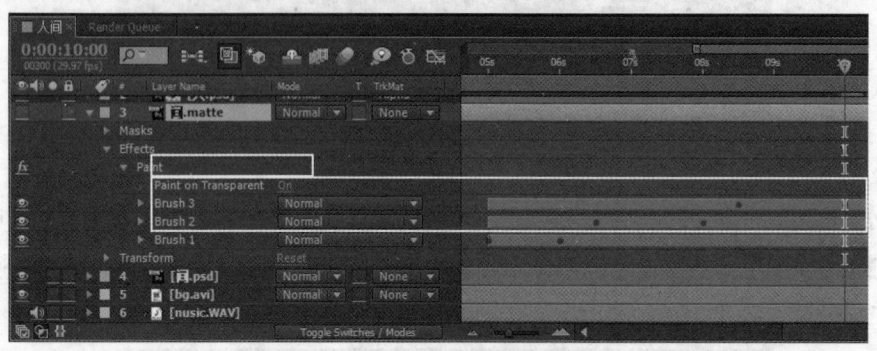

图 10-39 编辑关键帧动画

15 在混合模式面板中，将图层"间.psd"的轨迹蒙版设置为 Alpha Matte"人.matte"，至此即完成写字动画的编辑。

16 选择图层"人.psd"和图层"间.psd"，为它们添加"Stylized（风格化）→Glow（发光）"特效，为其设置红色到黄色的发光效果，如图 10-40 所示。

图 10-40 添加发光特效

17 在 Timeline（时间线）窗口中，将两个图层的混合模式设置为 Add（叠加），如图 10-41 所示。

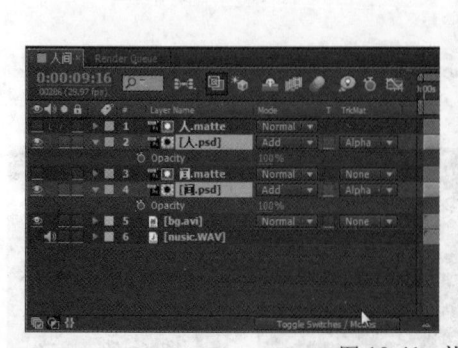

图 10-41 设置图层混合模式

18 按"S"键,展开两个图层的 Scale(缩放)选项,分别为图层"人.psd"创建在第 1 秒~第 4 秒,从 120%缩小到 90%;图层"间.psd"在第 5 秒~第 10 秒,从 120%缩小到 90% 的关键帧动画,如图 10-42 所示。

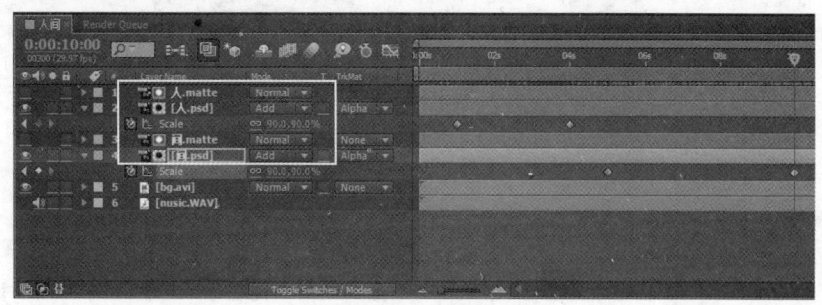

图 10-42 编辑关键帧动画

19 在工具栏中选择水平文本工具，在 Composition(合成)窗口中输入文字"故事会",设置字体为方正行楷,字号为 60 px,填充色为白色,并为其应用 Drop Shadow(投影)图层样式,设置投影颜色为暗红色,完成效果如图 10-43 所示。

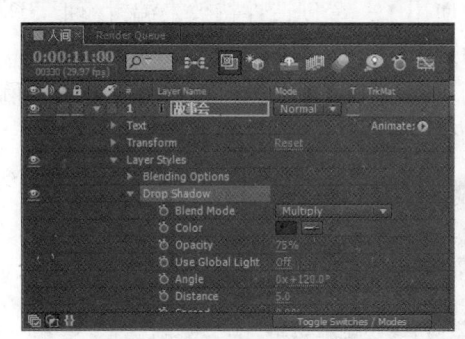

图 10-43 输入文字并设置效果

20 按"T"键展开图层的 Opacity(不透明度)选项,为其创建从第 11 秒到第 12 秒,不透明度从 0%~80%的关键帧动画。

21 展开音频层的属性选项,为其创建从开始到第 1 秒逐渐淡入,从第 14 秒到结束逐渐淡出的音频效果,如图 10-44 所示。

图 10-44 编辑音频淡入淡出效果

22 按"Ctrl+S"快捷键保存项目。按"Ctrl+M"快捷键,打开 Render Queue(渲染队列)面板,设置合适的渲染输出参数,将编辑好的合成项目输出成影片文件,欣赏完成效果,如图 10-45 所示。

图 10-45　观看影片完成效果

10.4　法制栏目片头——"焦点"

创造性特效命令可以突破图像在平面上的局限，产生多种创新性变化效果。将编辑好内容的合成项目以素材的形式嵌入在其他合成中使用，可以制作出一般素材不能实现的特殊效果。本实例是为一个法制宣传栏目制作的片头。使用了一个创造性特效来编辑模拟 3D 空间动画，并且用合成作为素材层来实现特殊的动画效果。

打开本书配套实例光盘中的"\Chapter 10\10.4\Export\焦点.mp4"文件，欣赏本实例的完成效果，在观看过程中分析运用的编辑功能与制作方法如图 10-46 所示。

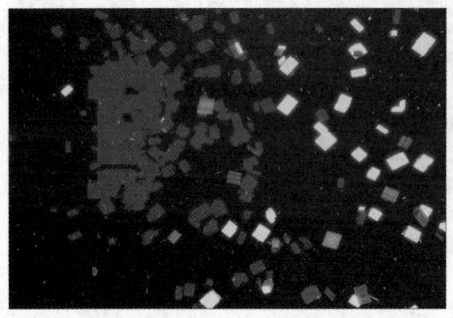

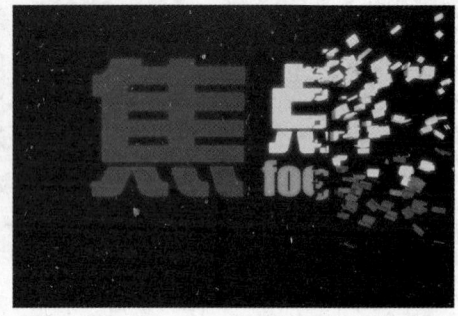

图 10-46　观看影片完成效果

（1）在这个片头影片中，主要的编辑工作是对 Shatter（爆炸）特效的参数设置以及通过创建关键帧动画，得到需要的 3D 空间爆炸效果。

（2）本实例的制作环节主要分为 2 个部分：应用爆炸特效并设置效果与动画、编辑动画时间变速。

（3）本实例中需要注意的地方为：爆炸特效的参数繁多，而且单个选项参数值的细微变化也会使生成的效果发生很大变化，需要仔细操作。

操作步骤

1　按"Ctrl+I"快捷键，打开"Import File"（导入文件）对话框后，以导入 Footage（素材）的方式，导入本书实例光盘中的"\Chapter 10\10.4\Media\"目录下准备的所有素材文件，如图 10-47 所示。

2　按"Ctrl+S"快捷键，在打开的"Save As"（保存为）对话框中为项目文件命名并保存到计算机中指定的目录。

第 10 章 综合实例 **269**

3 按"Ctrl+N"快捷键,新建一个 Composition(合成)项目"渐变",选择 Preset 预设模式为 NTSC DV,Duration(持续时间)为 6 秒,如图 10-48 所示。

图 10-47　导入素材　　　　　　　　　　10-48　新建合成

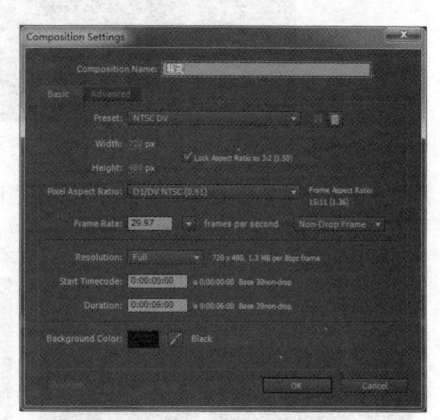

4 在 Timeline(时间线)窗口中单击鼠标右键并选择"New(新建)→Solid(固态层)"命令,新建一个固态图层,为其应用"Effects(特效)→Generate(生成)→Ramp(渐变)"特效,在 Effects Control(特效控制)面板中为其设置从黑到白的线性渐变效果,如图 10-49 所示。

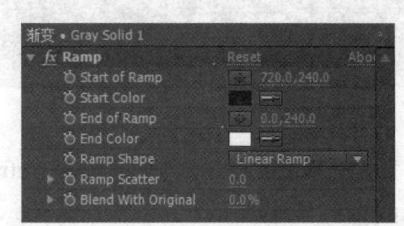

图 10-49　应用渐变特效

5 按"Ctrl+N"快捷键,新建一个合成项目"爆炸",然后将 Project(项目)窗口中的 Comp"渐变"、固态图像和导入的图像素材、音频素材加入到时间线窗口中,并取消 Comp "渐变"的显示,如图 10-50 所示。

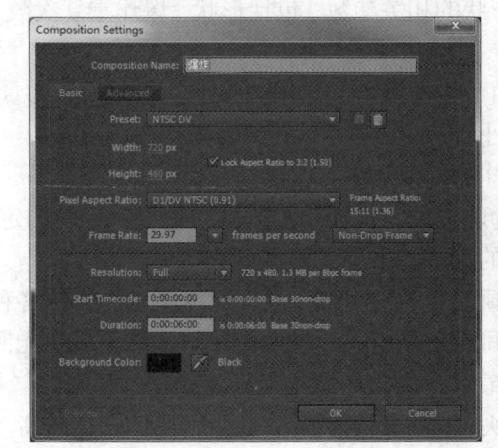

图 10-50　新建合成并编排素材

6　为固态图层应用渐变特效，在 Effects Control（特效控制）面板中为其设置从深红到黑的径向渐变效果，如图 10-51 所示。

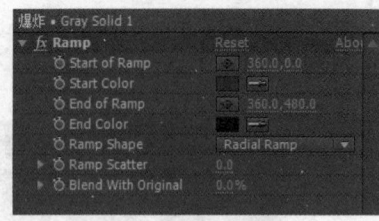

图 10-51　应用渐变效果

7　选择标题文字图层，为其应用"Effects（特效）→Simulation（模拟）→Shatter（爆炸）"特效，如图 10-52 所示。

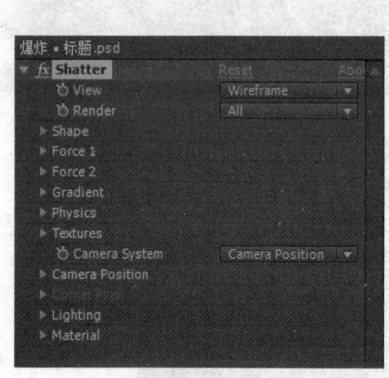

图 10-52　添加爆炸特效

- View（视图）：选择在视窗中的观察方式。Wireframe（线框）和 Wireframe Front View（前景线框）都不显示实体，只显示线框，其中 Wireframe Front View 会根据镜头机位的改变而改变显示；Wireframe+Forces（作用力）会在线框显示的基础上标注受力情况；Rendered（渲染结果）会直接显示最终效果。
- Render（渲染）：设置渲染图像的部分；All（全部）渲染所有图像，Layer（图层）只渲染不爆炸的部分，Piece（碎块）渲染只渲染碎块部分。
- Shape（外形）：设置爆炸产生碎块形状的相关参数，包括形状、爆炸重复次数、方向、起点、碎片厚度等。
- Force 1、Force 2（作用力）：设置用于生成爆炸的作用力参数，包括设置力量的作用点位置、深度、半径范围、力量大小等。
- Gradient（渐变）：设置用于生成爆炸的渐变效果。
- Physics（物理）：设置爆炸的各种物理参数，包括碎片的旋转速度、旋转的定位轴、碎片飞行的随机度、黏合度、重力的大小、方向、渐变倾向等。
- Textures（纹理）：设置爆炸碎片的颜色、不透明度、纹理、摄像机模式等各种参数。
- Lighting（灯光）：设置爆炸三维空间的光照模式，包括设置灯光的类型、光照强度、光照颜色、光源位置、光线传播的最远距离、环境光大小等参数。
- Material（材质）：设置爆炸所产生碎块的材质属性，包括漫反射系数（数值越高，碎块表面越显得粗糙）、镜面反射系数（数值越高，碎块表面越显得光滑）、高光区域范围等参数。

8 在 Effects Controls（特效控制）面板中，设置 View（视图）为 Rendered（渲染结果）；展开 Shape（外形）选项，设置 Pattern（形状）为 Squares & Triangle（方块和三角形），Repeations（重复）为 30，Extrusion Depth（喷出厚度）为 0.50，如图 10-53 所示。

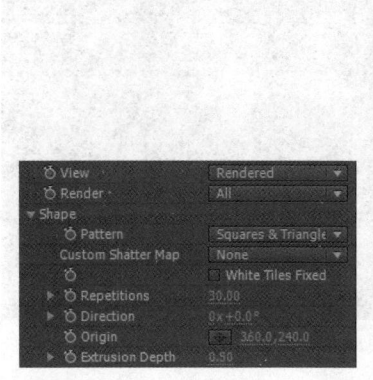

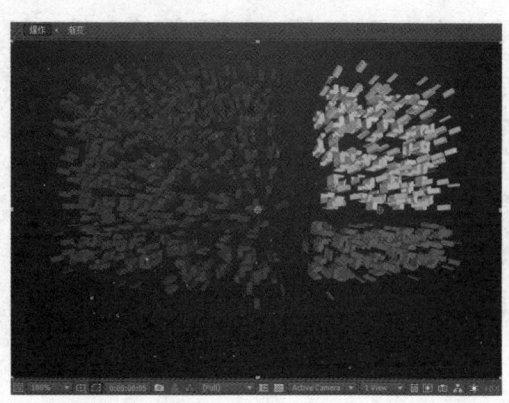

图 10-53 设置外形参数

9 展开 Force 1（第 1 作用力）选项，设置 Depth（深度）为 0.20，Radius（半径）为 2，Strength（强度）为 6，如图 10-54 所示。

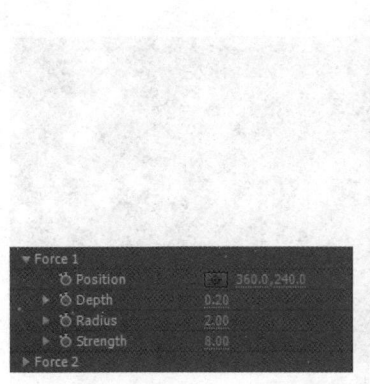

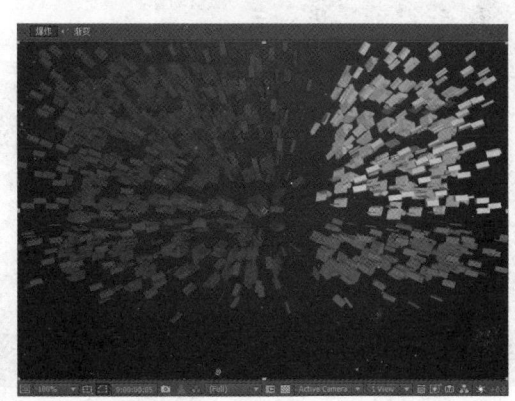

图 10-54 设置作用力参数

10 展开 Physics（物理）选项，设置 Rotation Speed（旋转速度）为 0.50，Randomness（随机）为 0.50，Viscosity（黏性）为 0，Mass Variance（碎片集中）为 30%，Gravity（重力）为 3，如图 10-55 所示。

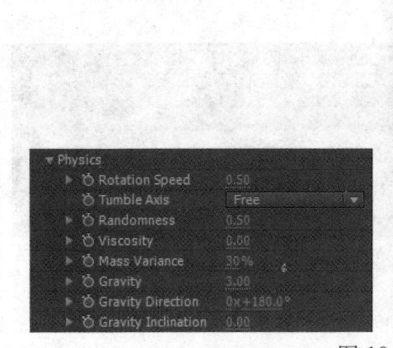

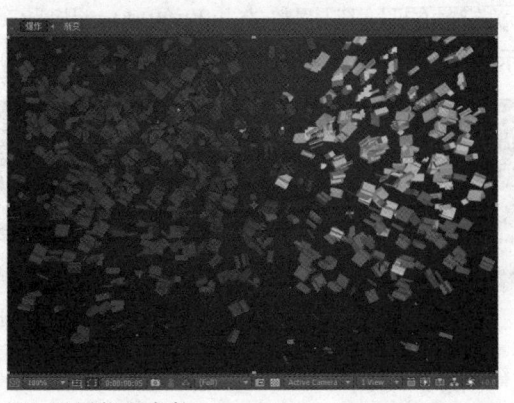

图 10-55 设置物理参数

11 展开 Gradient（渐变）选项，设置 Gradient Layer（渐变层）为合成图层"渐变"，将 Invert Gradient（反转渐变）设置为 On（打开），然后为 Shatter Threshold（爆炸开始）创建在 0:00:01:15~0:00:03:15，从 0%～100%的关键帧动画，如图 10-56 所示。

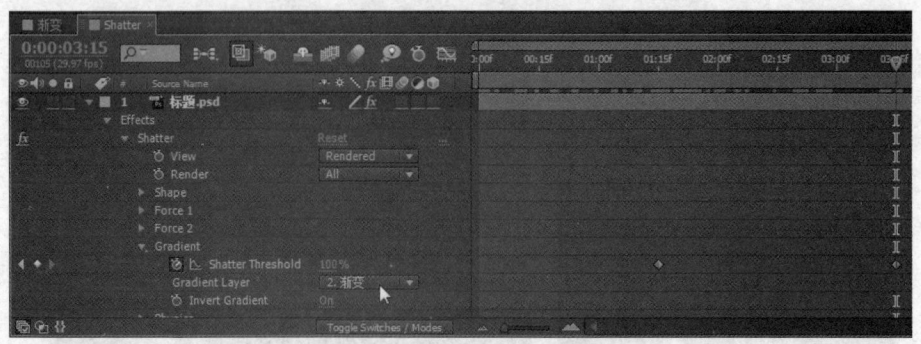

图 10-56　编辑关键帧动画

12 为标题文字图像添加 Glow（发光）特效，保持默认的选项参数，为爆炸碎片的动画增加画面表现力，如图 10-57 所示。

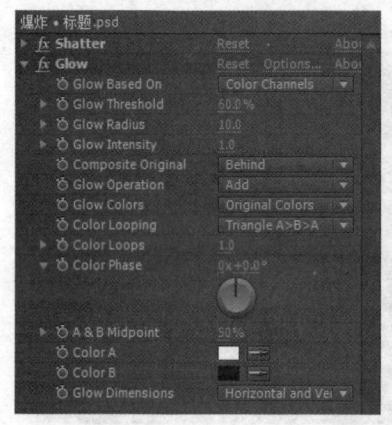

图 10-57　添加发光特效

13 按"Ctrl+N"快捷键，新建一个 Composition（合成）项目"焦点"将 Comp"爆炸"加入到 Timeline（时间线）窗口中，然后为其应用"Layer（图层）→Time（时间）→Enable Time Remapping（启用时间变速）"命令，将开始位置关键帧的时间码调整为 0:00:05:29，将结束位置关键帧的时间码调整为 0:00:00:00，得到 Comp"渐变"中的动画倒放的效果，如图 10-58 所示。

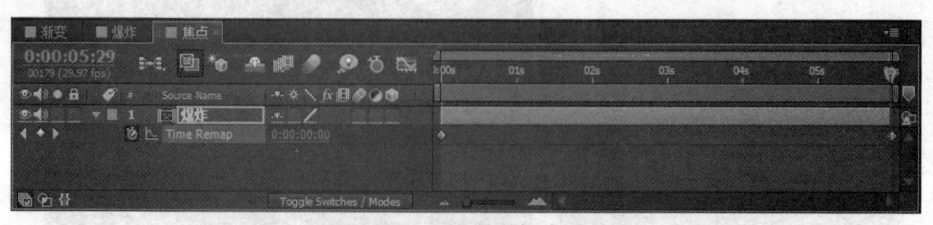

图 10-58　设置时间变速

14 在工具栏中选择水平文本工具，在 Composition（合成）窗口中输入文字：法制报道与宣传。设置字体为方正黑体，字号为 60 px，填充色为橙色，如图 10-59 所示。

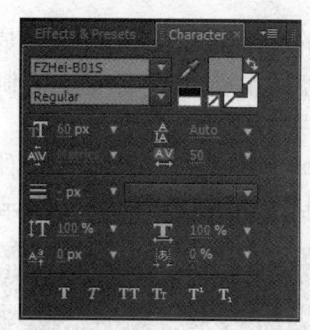

图 10-59　输入副标题文字

15 从特效和预设面板中为文字图层添加 Text（文字）→Animate In（动画进入）→Typewriter（打字机）特效，为副标题应用逐个显示每个字的动画效果。

16 在 Timeline（时间线）窗口中将副标题文字图层的入点调整到 0:00:04:10 的位置开始，然后展开其属性选项，将动画的结束关键帧移动到 0:00:05:20 的位置，如图 10-60 所示。

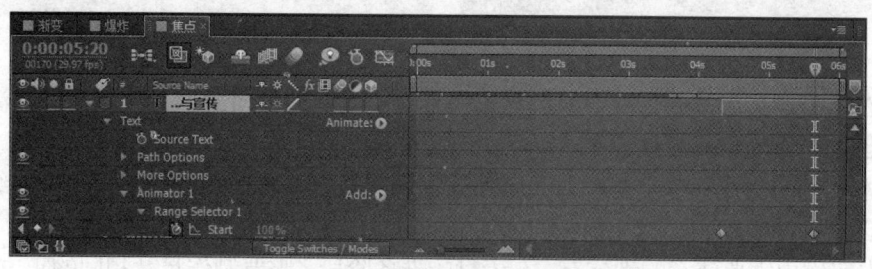

图 10-60　调整预设动画的关键帧位置

17 按"Ctrl+S"快捷键保存项目。按"Ctrl+M"快捷键，打开 Render Queue（渲染队列）面板，设置合适的渲染输出参数，将编辑好的合成项目输出成影片文件，欣赏完成效果，如图 10-61 所示。

图 10-61　影片完成效果

10.5　体育栏目片头——竞技面面观

真实的三维空间内容编辑，是 After Effects 特效编辑能力的一大特点。在编辑三维空间的影片项目时，除了要注意对象在三维空间中的属性特点外，还需要熟练掌握各种类型的灯光的使用以及配合摄像机的运动变化，创建出更逼真的立体空间效果。本实例是为一个体育类电视栏目设计制作的片头动画，通过对图层在三维空间中进行变换和组合，制作出真实的立方体效果，与栏目名称相呼应，并增加视觉表现的娱乐趣味。

打开本书配套实例光盘中的"\Chapter 10\10.5\Export\竞技面面观.mp4"文件，欣赏本实例的完成效果，在观看过程中分析运用的编辑功能与制作方法。如图 10-62 所示。

图 10-62　观看影片完成效果

（1）在这个片头影片中，主要的编辑工作是对三维立方体对象的制作以及通过添加和设置灯光，创建逼真的空间光线效果。

（2）本实例的制作环节主要分为 3 个部分：设置立方体各面图像的替换动画、编辑立方体对象、创建关键帧动画。

（3）本实例中需要注意的地方有：在素材的准备阶段，需要制作尺寸相同的正方形图形，才能在 After Effects 中顺利编辑出立方体效果。

操作步骤

1　执行"Edit（编辑）→Preference（参数设置）→Import（导入）"命令，在打开的"Preferences"（参数设置）对话框中，设置图像素材导入时的默认时间长度为 5 秒，如图 10-63 所示。

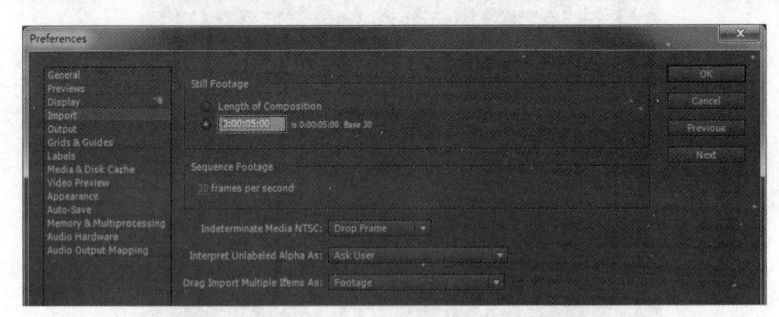

图 10-63　调整导入素材的默认持续时间

2　按"Ctrl+I"快捷键，打开"Import File"（导入文件）对话框后，以导入 Composition（合成）的方式，导入本书实例光盘中的"\Chapter 10\10.5\Media\"目录下的 A、B、C、D、E、F 文件，如图 10-64 所示。

3　再次按"Ctrl+I"快捷键，以导入 Footage（素材）的方式，导入光盘中本实例素材目录下准备的"title.psd"和"music.wav"文件，如图 10-65 所示。

4　按"Ctrl+S"快捷键，在打开的"Save As"（保存为）对话框中为项目文件命名并保存到计算机中指定的目录。

图 10-64　以合成方式导入 PSD 素材　　　　　10-65　导入的素材

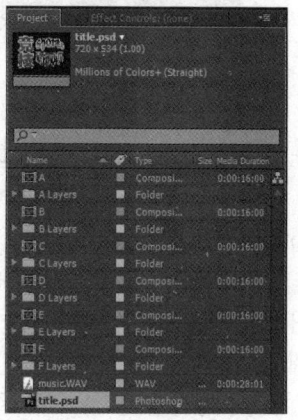

   5　在 Project（项目）窗口中双击 Comp "A"，打开其 Timeline（时间线）窗口；按 "Ctrl+K" 快捷键，在打开的 "Composition Settings"（合成设置）对话框中，将合成的持续时间修改为 16 秒，如图 10-66 所示。

   6　在 Timeline（时间线）窗口中选中所有的图层，执行 "Animation（动画）→Keyframe Assistant（关键帧助理）→Sequence Layers（序列化图层）" 命令，在弹出的 "Sequence Layers" 对话框中，勾选 "Overlap" 选项并设置 Duration（持续时间）为 1 秒，在下面的 Transition（过渡）下拉列表中选择 Dissolve Front Layer（溶解上一图层）选项，这样可以使序列化的图层之间形成 1 秒钟的重叠，并在重叠范围内使上面的图层逐渐溶解，显现出下面的图层内容，如图 10-67 所示。

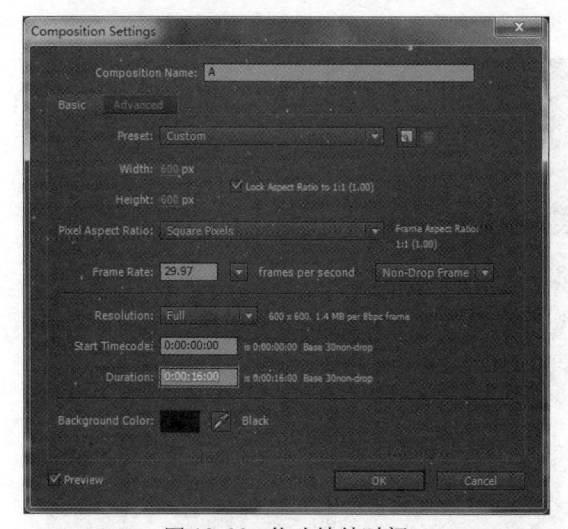

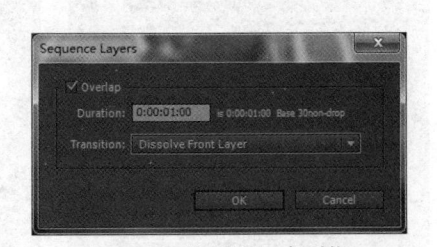

图 10-66　修改持续时间　　　　　图 10-67　设置图层序列化

   7　使用同样的方法，为 Project（项目）窗口中的其他合成项目中的图层设置图层序列化，如图 10-68 所示。

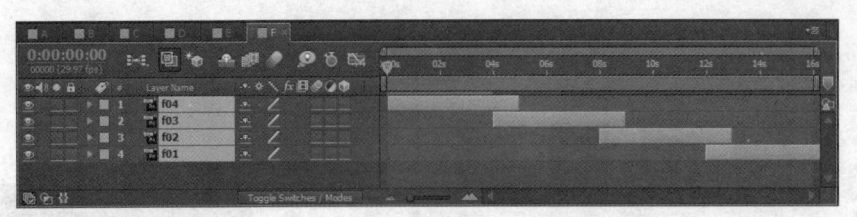

图 10-68 设置图层序列化

8 按 "Ctrl+N" 快捷键，新建一个 Composition（合成）项目，选择 Preset 预设模式为 PAL D1/DV Square Pixels，Duration（持续时间）为 16 秒，如图 10-69 所示。

9 在 Project（项目）窗口中选择导入的合成项目和图像、音频素材，将它们加入到新建合成的 Timeline（时间线）窗口中，并将图像素材 title.psd 的持续时间调整为与合成对齐，如图 10-70 所示。

10 为所有图像图层打开 3D 开关，然后展开图层 A、B 的 Position（位置）属性选项，并展开图层 C、D、E、F 的 Position（位置）和 Rotation（旋转）属性选项，按照如图 10-71 所示的参数设置，编辑出立方体图像效果。

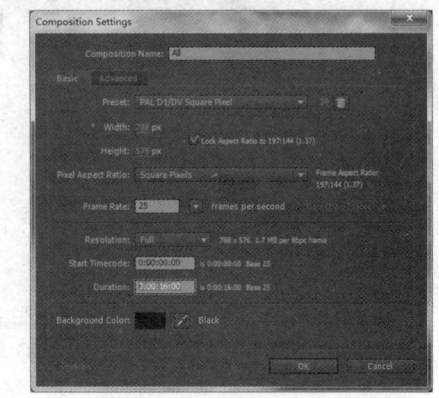

图 10-69 新建合成

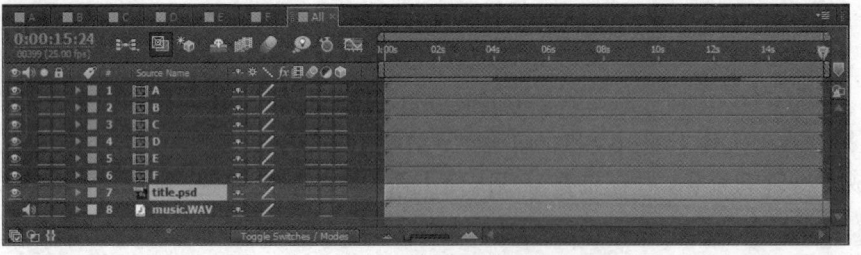

图 10-70 编排合成内容

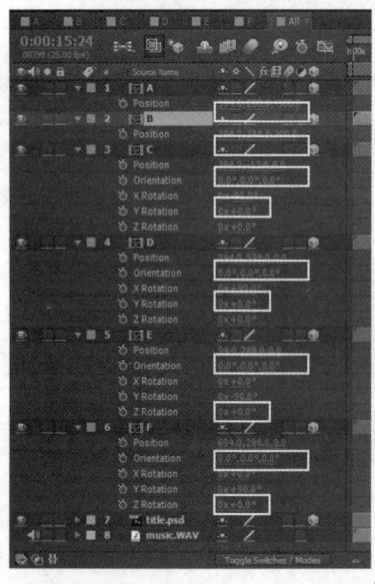

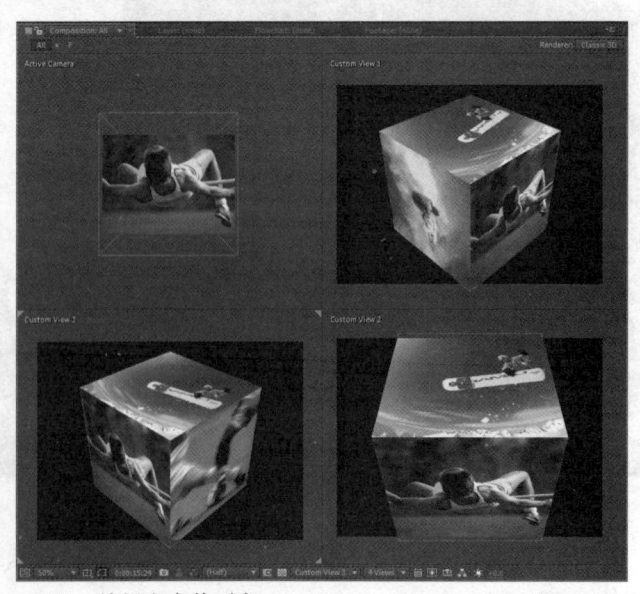

图 10-71 编辑立方体对象

11 在 Timeline（时间线）窗口中显示出 Parent（父级）面板，将图层 B、C、D、E、F 设置为图层 A 的子图层，这样在移动或旋转图层 A 时，即可得到整个立方体移动或旋转的效果，如图 10-72 所示。

图 10-72 设置父子图层关系

12 在 Timeline（时间线）窗口中展开图层 A 的属性选项，将其 Anchor Point（轴心点）设置为 300，300，300，即立方体的空间中心，如图 10-73 所示。

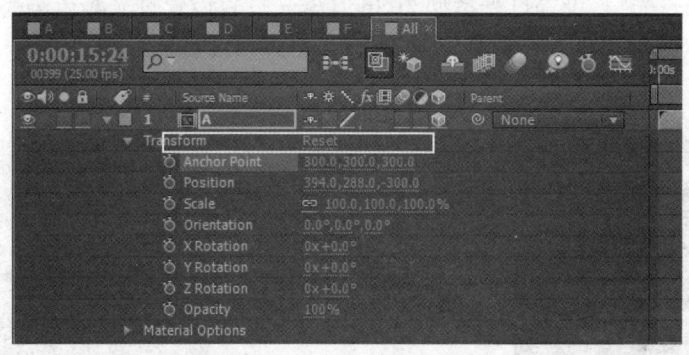

图 10-73 修改轴心点位置

13 新建一个 Solid（固态）图层，设置尺寸大小为 5000 像素×5000 像素，填充色为蓝色，然后在 Timeline（时间线）窗口中调整其持续时间到与合成对齐，修改其 Position（位置）为 394，700，0，Scale（缩放）为 500%，X Rotation（X 轴方向旋转）为 90°，如图 10-74 所示。

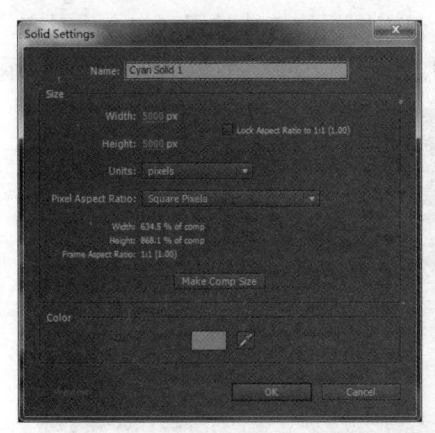

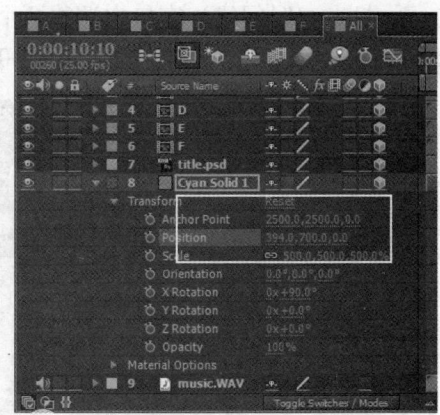

图 10-74 新建固态图层并修改位置

14 展开图层 A 的 Scale（缩放）选项，将其缩小到 50%；展开图层 title.psd 的 Position（位置）选项，将其移动到 394、288、300，如图 10-75 所示。

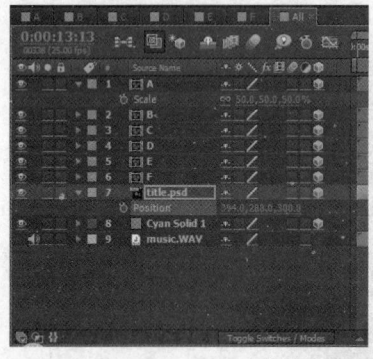

图 10-75　调整图层大小与位置

15 新建一个灯光层，设置灯光类型为 Ambient（环境灯），设置灯光颜色为浅黄色（FCFFD6），并设置 Intensity（强度）为 70%，如图 10-76 所示。

16 新建一个灯光层，设置灯光类型为 Spot（聚光灯），设置灯光颜色为淡黄色（F6FFB9），勾选 Casts Shadow（演员投影）选项，并设置 Shadow Darkness（投影暗度）为 70%，如图 10-77 所示。

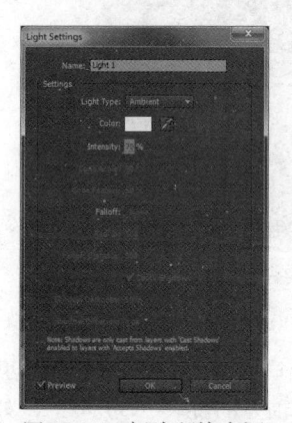

图 10-76　新建环境光源

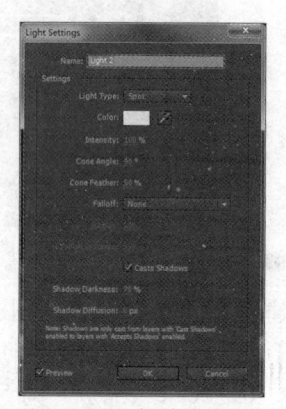

图 10-77　新建聚光灯

17 在 Timeline（时间线）窗口中调整两个灯光图层的持续时间到与合成对齐，修改其兴趣点位置为 525、470、260，灯光位置为-130、-380、-500，效果如图 10-78 所示。

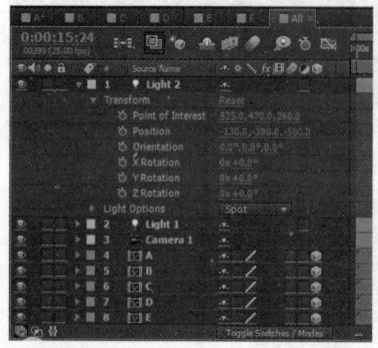

图 10-78　调整聚光灯位置

18 新建一个摄像机，设置 Preset（预设）为 24 mm，在 Timeline（时间线）窗口中调整其持续时间到与合成对齐，然后为其创建关键帧动画，如图 10-79 所示。

		00:00:00:00	00:00:06:00
⏱	Point of Interest	400，500，−320	375,400，−75
⏱	Position	−145，−300，−1225	−250，−105，−440

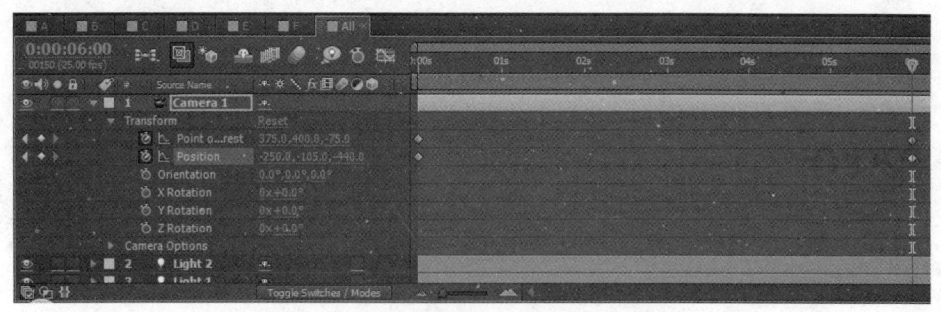

图 10-79　为摄像机创建关键帧动画

19 选择摄像机图层在动画结束位置的两个关键帧，执行"Layer（图层）→Keyframe Assistant（关键帧辅助）→Ease Easy In（缓入）"命令，为其应用缓入效果。

20 选择图层 A 并按"R"键，展开其旋转选项，在开始位置和结束位置为 X Rotation、Y Rotation、Z Rotation 创建关键帧，设置结束位置时立方体对象旋转 3 圈，如图 10-80 所示。

21 按"Ctrl+S"快捷键保存项目。按"Ctrl+M"快捷键打开 Render Queue（渲染队列）面板，设置合适的渲染输出参数，将编辑好的合成项目输出成影片文件，欣赏完成效果，如图 10-81 所示。

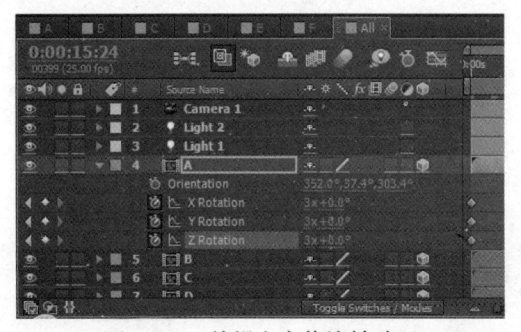

图 10-80　编辑立方体旋转动画

图 10-81　影片完成效果

课后习题答案

第 1 章

一、填空题
1. 帧速率　　帧/秒（fps）
2. 冒号(:)　　分号 (;)
3. Ctrl　　~
4. 项目

二、选择题
1. C　　2. B　　3. D　　4. B

第 2 章

一、填空题
1. Ctrl+I
2. Composition
3. Lock Aspect Ratio to（锁定外观比例为）
4. 入点　　出点
5. RAM Preview　　内存预览

二、选择题
1. B　　2. C　　3. B

第 3 章

一、填空题
1. Ripple Insert Edit（波纹插入编辑）
2. Alt
3. 调整
4. Time Stretch（时间伸缩）

二、选择题
1. C　　2. A　　3. C　　4. B

第 4 章

一、填空题
1. 关键帧记录器
2. Add Vertex Toll（添加节点工具）
3. 随着路径方向的变化而改变方向
4. Perspective Corner Pin（平行角点追踪）

二、选择题
1. C　　2. B　　3. B

第 5 章

一、填空题
1. 封闭
2. Mask Expansion（遮罩扩展）
3. Subtract（相减）
4. Color Difference Key（色彩差异键）

二、选择题
1. C　　2. D

第 6 章

一、填空题
1. 字符文本　　文本框
2. Source Text（源文本）
3. Perpendicular To Path（沿路径垂直）
4. 除首字符外全部小型大写

第 7 章

一、填空题
1. Broadcast Colors（广播色）
2. Change to Color（改变为颜色）
3. Color Balance（色彩平衡）
4. Leave Color（去色）

二、选择题
1. A　　2. B　　3. C

第 8 章

一、填空题
1. 0°到 360°　　从一个角度一次性移动到目标角度

2. Word Axis Mode（世界坐标系）
3. Only
4. Enable Depth of Field（开启景深）

二、选择题
1. B   2. C   3. A

第 9 章

一、填空题
1. Radial Blur（径向模糊）
2. Compound Blur（混合模糊）
3. Corner Pin（边角定位）
4. Mirror（镜像）
5. Twirl（漩涡）
6. Fractal（不规则纹理）

二、选择题
1. C   2. C

读者回函卡

亲爱的读者：

感谢您对海洋智慧IT图书出版工程的支持！为了今后能为您及时提供更实用、更精美、更优秀的计算机图书，请您抽出宝贵时间填写这份读者回函卡，然后剪下并邮寄或传真给我们，届时您将享有以下优惠待遇：

- 成为"读者俱乐部"会员，我们将赠送您会员卡，享有购书优惠折扣。
- 不定期抽取幸运读者参加我社举办的技术座谈研讨会。
- 意见中肯的热心读者能及时收到我社最新的免费图书资讯和赠送的图书。

姓　名：_____	性　别：□男 □女	年　龄：_____
职　业：_____	爱　好：_____	
联络电话：_____	电子邮件：_____	
通讯地址：_____		邮编：_____

1 您所购买的图书名：_____　购买地点：_____

2 您现在对本书所介绍的软件的运用程度是在：□初学阶段　□进阶/专业

3 本书吸引您的地方是：□封面　□内容易读　□作者　□价格　□印刷精美
　　□内容实用　□配套光盘内容　其他_____

4 您从何处得知本书：□逛书店　□宣传海报　□网页　□朋友介绍
　　□出版书目　□书市　□其他

5 您经常阅读哪类图书：
　　□平面设计　□网页设计　□工业设计　□Flash动画　□3D动画　□视频编辑
　　□DIY　□Linux　□Office　□Windows　□计算机编程　其他_____

6 您认为什么样的价位最合适：

7 请推荐一本您最近见过的最好的计算机图书：_____

8 书名：_____　出版社：_____

9 您对本书的评价：_____
_____

您还需要哪方面的计算机图书，对所需的图书有哪些要求：
_____

社址：北京市海淀区大慧寺路8号　网址：www.wisbook.com　技术支持：www.wisbook.com/bbs
编辑热线：010-62100088　010-62100023　传真：010-62173569
邮局汇款地址：北京市海淀区大慧寺路8号海洋出版社教材出版中心　邮编：100081

海洋出版社